思科网络设备安全项目化教程

刘叶梅　徐龙泉◎编著

人民邮电出版社
北京

图书在版编目（CIP）数据

思科网络设备安全项目化教程 / 刘叶梅，徐龙泉编著. -- 北京 : 人民邮电出版社，2022.12
ISBN 978-7-115-60364-7

Ⅰ. ①思… Ⅱ. ①刘… ②徐… Ⅲ. ①计算机网络－网络安全－教材 Ⅳ. ①TP393.08

中国版本图书馆CIP数据核字(2022)第203746号

内容提要

本书共 11 个项目，30 个任务，主要是从网络设备的安全访问，二层安全的防御，网络设备监控与管理，认证、授权、审计，基于区域的策略防火墙，虚拟专用网络，自适应安全设备，安全设备管理器，自适应安全设备实施 IPSec VPN，自适应安全设备实施 SSL VPN，构建管理安全的网络等方面设计了基于项目化的综合实训。

本书适合作为计算机网络、网络工程、网络安全等计算机相关专业的实训教材，也适合网络工程与安全技术爱好者，以及各类完成了计算机网络技术基础课程，希望进一步了解网络工程与安全相关技术及原理的技术人员作为技术读物进行补充学习。

◆ 编　　著　刘叶梅　徐龙泉
　责任编辑　李　静
　责任印制　马振武
◆ 人民邮电出版社出版发行　　北京市丰台区成寿寺路 11 号
　邮编　100164　　电子邮件　315@ptpress.com.cn
　网址　https://www.ptpress.com.cn
　北京隆昌伟业印刷有限公司印刷
◆ 开本：787×1092　1/16
　印张：12.5　　　　2022 年 12 月第 1 版
　字数：273 千字　　2022 年 12 月北京第 1 次印刷

定价：59.80 元

读者服务热线：(010)81055493　印装质量热线：(010)81055316
反盗版热线：(010)81055315

前　　言

本书由 11 个项目，30 个任务构成，可服务于计算机网络技术、网络工程、网络安全等相关专业师生。本书 11 个项目的内容如下所示。

- **项目一　网络设备的安全访问**。本项目从安全管理访问的配置、登录增强功能的配置、SSH 的配置 3 个方面进行了设计：配置并加密密码；配置登录警告横幅；配置增强用户名/密码安全功能；配置增强型虚拟登录安全功能；配置 SSH 服务器；研究终端仿真客户端软件并配置 SSH 客户端；配置 SCP 服务器。
- **项目二　二层安全的防御**。本项目从安全中继的配置、DHCP 侦听的配置两个方面进行了设计：配置中继端口模式；更改中继端口的本征 VLAN；配置接入端口；启用 Portfast 和 BPDU 防护；启用根防护；启用环路防护；禁用未使用的端口；将端口从默认 VLAN 1 移至备用 VLAN；在端口上配置 PVLAN Edge 功能；配置 DHCP；配置 VLAN 间通信；启用 DHCP 侦听；验证 DHCP 侦听。
- **项目三　网络设备监控与管理**。本项目从 SNMPv3 的配置、网络时间协议的配置、系统日志记录的配置 3 个方面进行了设计：配置 SNMPv3 安全功能；将路由器配置为其他设备的同步时钟源；安装启用系统日志服务器；配置日志记录陷阱级别；监控计算机上的系统日志结果。
- **项目四　认证、授权、审计（AAA）**。本项目从本地 AAA 认证的配置、基于服务器的 AAA 认证的配置两个方面进行了设计：使用思科 IOS 配置本地用户数据库；使用思科 IOS 配置 AAA 本地认证；安装 RADIUS 服务器；在 RADIUS 服务器上配置用户；配置 AAA 服务以访问 RADIUS 服务器；测试 AAA RADIUS 配置。
- **项目五　基于区域的策略防火墙（ZPF）**。本项目从 ZPF 的配置进行了设计：使用 CLI 配置基于区域的策略防火墙；使用 CLI 验证配置。
- **项目六　虚拟专用网络（VPN）**。本项目从站点间 VPN 的配置进行了设计：配置 IPSec VPN；验证站点间 IPSec VPN 配置；测试 IPSec VPN 操作。
- **项目七　自适应安全设备（ASA）**。本项目从 ASA 的基本配置和 ASA 的高级配置两个方面进行了设计：配置主机名和域名；配置登录和启用密码；设置日期和时间；配置内部和外部接口；测试与 ASA 的连接；配置 ASA 的静态默认路由；配置 PAT 和网络对象；修改 MPF 应用检查策略；将 ASA 配置为 DHCP 服务器/客户端；配置本地 AAA 用户认证；配置对 AAA 的 SSH 远程访问；使用网络对象为

DMZ 服务器配置静态 NAT；配置 ACL 以允许互联网用户访问 DMZ 服务器；验证外部和内部用户对 DMZ 服务器的访问权限。

- **项目八　安全设备管理器（ASDM）**。本项目从使用 ASDM 对自适应安全设备进行访问的配置，使用 ASDM 对自适应安全设备进行基础的配置，使用 ASDM 对自适应安全设备进行连通性的配置，使用 ASDM 配置 DMZ 服务器、静态 NAT 和 ACL 这 4 个方面进行了设计：使用 ASDM 配置静态路由；启用 VTY 密码；配置 ASDM 并验证对 ASA 的访问；配置 DHCP、地址转换和管理访问；使用 ASDM Packet Tracer 实用程序测试对外部网站的访问；配置 ASA 的静态默认路由；使用 ASDM ping 和 Traceroute 测试连接；修改 MPF 应用检查策略；配置 DMZ 服务器和静态 NAT；从外部网络对 DMZ 服务器的访问进行测试等。
- **项目九　自适应安全设备实施 IPSec VPN**。本项目从站点间 IPSec VPN 的配置方面进行了设计：配置基本的 VPN 连接信息；指定 IKE 策略参数；配置转换集；查看站点间 VPN 隧道配置；配置对等设备标识；查看配置摘要并将命令传递给 ASA；验证 ASDM VPN 连接配置文件；使用 ASDM 监控功能验证隧道等。
- **项目十　自适应安全设备实施 SSL VPN**。本项目从 AnyConnect 远程访问 SSL VPN 的配置和无客户端 SSL VPN 的配置两个方面进行了设计：配置 AAA 本地认证；配置客户端地址的分配；配置网络名称解析；验证 AnyConnect 客户端配置文件；执行 AnyConnect VPN 客户端的自动安装；配置 SSL VPN 用户界面；配置 VPN 组策略；配置书签列表等。
- **项目十一　构建管理安全的网络**。本项目从安全策略的基本配置，设备连通性的配置，路由器安全管理访问的配置，基于区域的策略防火墙的配置，交换机安全的配置，ASA 的基本配置，DMZ 服务器、静态 NAT 和 ACL 的配置，无客户端 SSL VPN 远程访问的配置，站点间 IPSec VPN 的配置 9 个方面结合前面所学的知识设计了一个综合的项目。

编写一本适合项目使用的教材确实不是一件容易的事情，特别感谢来自远光软件股份有限公司、珠海市技师学院等各方的帮助与支持。由于编者水平有限，书中难免有不妥和错误之处，恳请同行专家指正。

目　录

项目一 网络设备的安全访问

01

安全特性的相关命令需要配置在设备上，如果任何人都可以对设备进行管理，那么配置再多的安全技术命令也毫无意义。从这个角度来看，怎么强调保护网络设备管理都不为过。

如何保护远程管理的安全，包括如何用加密的方式保护远程管理访问，以及如何认证远程管理员的身份。给不同的管理员分配不同的管理权限，或者给不同的管理员分配拥有不同管理权限的账户，就成为需要解决的问题。为思科 IOS（互联网操作系统）管理员分配管理角色最简单的做法就是使用特权级别。思科设备定义的特权级别范围是 0～15，并且设定了下面 3 个级别。

0：只包含 disable、enable、exit、help 和 logout 命令。

1：用户模式。这种特权级别的用户可以使用用户模式（即提示符为 Router>的模式）下的所有命令。因此特权级别为 1 的用户可以执行 telnet/ssh 操作，可以使用 show 命令查看设备和配置信息，可以执行各种测试命令（如 ping、Traceroute、test）等。

15：特权 EXEC（命令解释器 exec 函数族）模式。这种特权级别的用户可以使用特权 EXEC 模式（即提示符为 Router#的模式）下的所有命令。其他特权级别则可以由用户自己定义能够使用的命令。

在全局配置模式下使用 privilege *mode* level *level command* 命令就可以重新设定一条命令的特权级别，这条命令中的 *mode* 是指那条命令的配置模式，而 *command* 是指那条命令本身。比如 privilege exec level 2 show running-config，可以把特权模式下的 show running-config 命令修改为 2 级特权使用的命令。通过这种做法，我们可以自定义一个（2～14）特权级别，然后有针对性地为其赋予专门的可用命令列表，修改用户可以在这台设备上操作的命令。当然，我们也可以通过这种方式修改预定义特权级别的可用命令，例如，使用 privilege exec level 1 configure terminal 命令可以把 configure terminal 命令配置为特权级别为 1 的命令。

Telnet 曾经是一种常用的远程管理协议，可以让设备的管理员通过 IP 网络向被管理设备发起管理访问。如果要把一台思科 IOS 设备配置为被管理设备，管理员可以在这台设备上配置 Telnet 密码和 enable 密码。前者是在远程管理员登录时，要求其提供，如果无法提供正确的 Telnet 密码，远程访问者就无法登录这台设备。后者是在管理员登录后输入 enable 密码时，要求其提供。如果无法提供，管理员就无法进入 IOS 的特权 EXEC 模式。如果被管理设备上没有配置 Telnet 密码，那么远程访问者就无法登录这台设备。

在这里，读者容易产生一种误解：既然被管理设备上不配置密码，用户就无法登录设备，那么为什么还要认为 Telnet 是一种安全性欠佳的协议？密码不能够保护设备管理的安全吗？实际上，我们配置的 Telnet 密码只能确保设备会在用户登录设备时，让设备去认证用户的身份。而远程管理网络往往需要跨越不安全的网络，这就导致用户在向设备发送密码的过程中，密码有可能被截获。Telnet 协议使用明文发送数据，因此只要有人抓取到了 Telnet 流量，就可以轻而易举地看到其中的信息，当然也就包括用户向设备提供的密码。这样一来，这个人就可以利用之前用户发送给设备的密码非法管理设备。

password 一词基本无法对译为“密码”，这个词更好的对译应该是中文的“（通行）口令”。虽然确实有一些追求严谨性的教材会把这个词写作“口令”，但多年来业内人士对该词译法的以讹传讹，让它的错误译法“密码”得到了更加广泛的流传。实际上，真正表示用来对信息进行加密的那个词，在英文中是 key（密钥）。这里的问题在于，password 的这种译法很容易让人产生两种误解：password 是用来对信息进行加密的；password 本身是以密文的形式传输的。甚至，在这两种误解的基础上，有人进一步混淆了认证口令和加密密码这两个截然不同的概念。password 本身不是密文，设备也不会通过它对明文进行任何加密运算，它的机密性必须通过密钥加密才能得到保证。读者在这里一定要谨记，用户身份认证和加密是两种不同的安全策略，前者用 password 来保证身份的真实度，后者用 key 来保证信息的机密性。除了它们都可以用来保障网络安全外，password 和 key 唯一的共同之处，大概就是不要让不该知道它们的人获取它们吧。

为了保证密码不会在传输的过程中被窃取，设备管理协议需要包含加密功能。SSH（安全外壳）就是这样一个跨越 IP 网络远程管理设备的协议。SSH 使用 TCP 协议 22 号端口。和 Telnet 不同的是，SSH 可以提供安全的通信机制，因为 SSH 协议的整个通信过程都是加密的，外部攻击者即使拦截了 SSH 设备管理数据，也无法获取其中的信息（包括密码）。

实际上，SSH 的配置较简单，按照下面几个步骤操作就可以完成。

第 1 步：配置 IP 域名。

```
Router(config)#ip domain-name domain-name
```

第 2 步：生成 RSA 密钥（建议至少使用 1024 位长度的模）。

```
Router(config)#crypto key generate rsa
```

第 3 步（可选）：启用 SSH 版本 2。SSHv1 存在大量安全隐患，应该尽量使用 SSHv2。

```
Router(config)#ip ssh version 2
```

第 4 步：创建本地用户名和密码（特权级别部分可选，可以根据实际需要设置）。

```
Router(config)#username username [privilege level] secret password
```

第 5 步：进入 VTY（虚拟终端）线路，让远程登录者使用本地数据库认证身份，并把登录协议设置为 SSH。

```
Router(config)#line vty 0 15
Router(config-line)#login local
Router(config-line)#transport input ssh
```

在上面的配置过程中，如果管理员希望使用 SSHv2（推荐），则需要执行第 3 步。管理员可以输入 show ip ssh 命令来查看设备当前运行的 SSH 版本，如果看到当前 SSH 版本为 1.99，说明设备当前同时运行 SSHv1 和 SSHv2。如果希望避免攻击者利用 SSHv1 的不足造成安全隐患，就应该执行第 3 步的配置操作。

完成上述配置之后，管理员就可以在客户端上使用诸如 PuTTY 的 SSH 客户端软件来向被管理设备的 IP 地址发起管理访问了。在登录时，设备会要求发起登录的人员输入用户名和密码。此外，被管理设备上的管理员使用 show ip ssh 命令不仅可以查看当前这台设备上运行的 SSH 版本，而且可以看到 RSA 密钥的模数，以及这台设备上当前的管理连接。保护设备管理访问是一个复杂的事情，绝不像配置 SSH 这样简单。

本项目的重点是如何在管理平面配置一些基本的安全防护功能。其中包括：配置并加密密码，防止未经授权的人员进入设备的特权 EXEC 模式及其上的各类设备配置模式；配置设备的登录密码，要求访问者在本地通过控制台接口或者远程通过 Telnet 协议登录和管理设备时，提供管理员密码；配置登录警告横幅，向登录人员陈述非法修改设备需要承担的法律后果。

关于远程登录管理设备的做法，如果使用 Telnet 协议进行管理，那么管理员和设备之间的全部通信都是以明文的形式转发的。如果有人截取到了通信数据，那么他就可以看到管理员向设备提供的管理员密码。为了防止通信数据被人截取，导致管理员密码被人获取和盗用，目前人们管理设备基本会使用加密的 SSH 协议。本项目也会演示如何进行设备配置，以允许管理员向它发起 SSH 管理访问。

任务 1：安全管理访问的配置

1. 任务目的

通过本任务，读者可以掌握：

- 配置并加密密码；
- 配置登录警告横幅。

2. 任务拓扑

本任务所用的拓扑如图 1-1 所示。

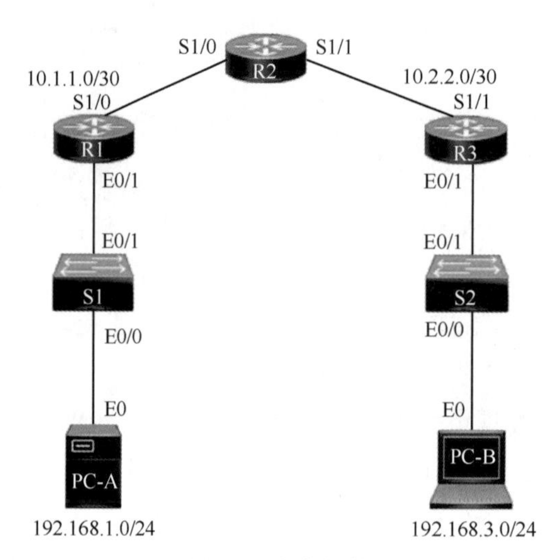

图 1-1　任务拓扑

本任务的 IP 地址分配见表 1-1。

表 1-1　IP 地址分配

设备	接口	IP 地址	子网掩码	默认网关	交换机端口
R1	E0/1	192.168.1.1	255.255.255.0	不适用	S1 E0/1
	S1/0	10.1.1.1	255.255.255.252	不适用	不适用
R2	S1/0	10.1.1.2	255.255.255.252	不适用	不适用
	S1/1	10.2.2.2	255.255.255.252	不适用	不适用
R3	E0/1	192.168.3.1	255.255.255.0	不适用	S2 E0/1
	S1/1	10.2.2.1	255.255.255.252	不适用	不适用
PC-A	E0	192.168.1.3	255.255.255.0	192.168.1.1	S1 E0/0
PC-B	E0	192.168.3.3	255.255.255.0	192.168.3.1	S2 E0/0

3. 任务步骤

步骤 1：在路由器 R1 和 R3 上配置并加密密码。

第 1 步：为所有路由器密码配置最小密码长度。

使用 **security passwords** 命令将最小密码长度设置为 10 个字符。

```
R1(config)# security passwords min-length 10
```

第 2 步：配置启用加密密码。

在两台路由器上配置启用加密密码。使用 9 类散列算法。

```
R1(config)# enable algorithm-type scrypt secret cisco12345
```

第 3 步：配置基本控制台、辅助端口和虚拟访问线路。

注意：此任务中的最小密码长度被设置为 10 个字符，但为了方便执行，密码相对较为简单。建议在生产网络中使用更复杂的密码。

a．配置控制台密码并启用路由器登录。为提高安全性，如果 5min 内无任何操作，可以使用 **exec-timeout** 命令注销此线路。**logging synchronous** 命令可以防止控制台消息中断命令的输入。

注意：为避免在本任务中重复登录路由器，可以将 **exec-timeout** 命令设置为 0 0，防止其过期。但是，这并不被认为是一种良好的安全实践。

```
R1(config)# line console 0
R1(config-line)# password ciscocon
R1(config-line)# exec-timeout 5 0
R1(config-line)# login
R1(config-line)# logging synchronous
```

b．为控制台配置新密码 **ciscoconpass**。

c．为路由器 R1 的 AUX 端口配置密码。

```
R1(config)# line aux 0
R1(config-line)# password ciscoauxpass
R1(config-line)# exec-timeout 5 0
R1(config-line)# login
```

d．通过 Telnet 从 R2 连接到 R1。

```
R2> telnet 10.1.1.1
```

e．在路由器 R1 的 VTY 线路上配置密码。

```
R1(config)# line vty 0 4
R1(config-line)# password ciscovtypass
R1(config-line)# exec-timeout 5 0
R1(config-line)# transport input telnet
R1(config-line)# login
```

注意：VTY 线路当前的默认值是 **transport input none**。

f．进入特权 EXEC 模式并发出 show run 命令。

g．对路由器 R3 重复步骤 3a 至步骤 3g 的配置部分。

第 4 步：加密明文密码。

a．使用 **service password-encryption** 命令加密控制台、AUX 和 VTY 密码。

```
R1(config)# service password-encryption
```

b．发出 **show run** 命令。

步骤 2：在路由器 R1 和 R3 上配置登录警告横幅。

配置在登录前显示的警告消息。

a．使用 **banner motd** 命令，通过当日消息（MOTD）横幅为未经授权的用户配置警告消息。用户连接到其中一台路由器时，在登录提示之前显示 MOTD 横幅。在本例中，使用美元符号（$）作为消息的开头和结尾。

```
R1(config)# banner motd $Unauthorized access strictly prohibited!$
R1(config)# exit
```

b．发出 **show run** 命令。

任务 2：登录增强功能的配置

1．任务目的

通过本任务，读者可以掌握：

- 配置增强用户名/密码安全功能；
- 配置增强型虚拟登录安全功能。

2．任务拓扑

本任务所用的拓扑如图 1-1 所示。

本任务的 IP 地址分配见表 1-1。

3．任务步骤

步骤：在路由器 R1 和 R3 上配置增强用户名/密码安全功能。

第 1 步：调查 username 命令的选项。

在全局配置模式下，输入以下命令。

```
R1(config)# username user01 algorithm-type?
```

第 2 步：使用加密密码创建新用户账户。

a．使用 SCRYPT 散列创建新用户账户，以加密密码。

```
R1(config)# username user01 algorithm-type scrypt secret user01pass
```

b．退出全局配置模式，并保存配置。

c．显示运行配置。

第 3 步：登录到控制台测试新账户。

a．将控制台线路设置为使用本地定义的登录账户。

```
R1(config)# line console 0
R1(config- line)# login local
R1(config-line)# end
R1# exit
```

b．退回到初始路由器界面，此界面显示：R1 con0 当前为可用状态，按 Return 键开始。

c．使用之前定义的用户名 **user01** 和密码 **user01pass** 登录。

d．登录后，发出 **show run** 命令。

e. 使用 enable 命令进入特权 EXEC 模式。

第 4 步：从 Telnet 会话登录来测试新账户。

a. 从 PC-A 与 R1 建立 Telnet 会话。默认情况下，在 Windows 7 中 Telnet 处于禁用状态。如有必要，可以在线搜索在 Windows 7 中启用 Telnet 的步骤。

```
PC-A> telnet 192.168.1.1
```

b. 将 VTY 线路设置为使用本地定义的登录账户。

```
R1(config)# line vty 0 4
R1(config-line)# login local
```

c. 再次通过 Telnet 从 PC-A 连接到 R1。

```
PC-A> telnet 192.168.1.1
```

d. 使用用户名 **user01** 和密码 **user01pass** 登录。

在与 R1 的 Telnet 会话期间，使用 enable 命令可以访问特权 EXEC 模式。

e. 为提升安全性，将 AUX 端口设置为使用本地定义的登录账户。

```
R1(config)# line aux 0
R1(config-line)# login local
```

f. 使用 **exit** 命令结束 Telnet 会话。

任务 3：SSH 的配置

1. 任务目的

通过本任务，读者可以掌握：

- 在 R1 上配置 SSH 服务器；
- 研究终端仿真客户端软件并配置 SSH 客户端；
- 在 R1 上配置 SCP 服务器。

2. 任务拓扑

本任务所用的拓扑如图 1-1 所示。

本任务的 IP 地址分配见表 1-1。

3. 任务步骤

步骤 1：在路由器 R1 和 R3 上配置 SSH 服务器。

在本任务中，使用 CLI 将路由器配置为使用 SSH（而不是 Telnet）进行安全管理。SSH 协议可以建立与路由器或其他网络设备的安全终端仿真连接。SSH 会对经过网络链路的所有信息进行加密，并验证远程计算机的身份。越来越多的网络专家用 SSH 来替代 Telnet。

> **注意：** 支持 SSH 的路由器，必须使用本地认证（AAA 服务或用户名）或密码认证进行配置。在本任务中，您可以配置 SSH 用户名和本地认证。

第 1 步：配置域名。

进入全局配置模式并配置域名。

```
R1# conf t
R1(config)# ip domain-name ccnasecurity.com
```

第 2 步：配置特权用户，以便从 SSH 客户端登录。

a．使用 **username** 命令创建具有最高可能权限级别的用户 ID 和加密密码。

```
R1(config)# username admin privilege 15 algorithm-type scrypt secret
cisco12345
```

注意：默认情况下，用户名不区分大小写。

b．退回到初始路由器登录界面。使用用户名 admin 和相关密码登录。

第 3 步：配置传入 VTY 线路。

指定权限级别 **15**，以便具有最高权限级别（15）的用户在访问 VTY 线路时被默认为特权 EXEC 模式。其他用户将被默认为用户 EXEC 模式。

使用本地用户账户进行强制登录和验证，并且仅接受 SSH 连接。

```
R1(config)# line vty 0 4
R1(config-line)# privilege level 15
R1(config-line)# login local
R1(config-line)# transport input ssh
R1(config-line)# exit
```

注意：如果将关键字 **telnet** 添加到 **transport input** 命令中，用户则可以使用 Telnet 和 SSH 登录，但是路由器的安全性会降低。如果仅指定了 SSH，则连接的主机必须安装 SSH 客户端。

第 4 步：清除路由器上的现有密钥对。

```
R1(config)# crypto key zeroize rsa
```

第 5 步：生成路由器的 RSA 加密密钥。

路由器使用 RSA 密钥，对所传输的 SSH 数据进行认证和加密。

a．使用 **1024** 位模数配置 RSA 密钥。默认值为 512，范围为 360～2048。

```
R1(config)# crypto key generate rsa general-keys modulus 1024 The
name for the keys will be: R1.ccnasecurity.com

% The key modulus size is 1024 bits
% Generating 1024 bit RSA keys, keys will be non-exportable...[OK]

R1(config)#
*Dec 16 21:24:16.175:%SSH-5-ENABLED:SSH 1.99 has been enabled
```

b．发出 **ip ssh version 2** 命令，以强制使用 SSH 版本 2。

```
R1(config)# ip ssh version 2
R1(config)# exit
```

第 6 步：验证 SSH 配置。

a．使用 **show ip ssh** 命令查看当前设置。

```
R1# show ip ssh
```

b．根据 **show ip ssh** 命令的输出填写以下信息：

- 启用的 SSH 版本；
- 认证超时时间；
- 认证重试次数。

第 7 步：配置 SSH 超时和认证参数。

可以使用以下命令将默认的 SSH 超时和认证参数改为更严格的设置。

```
R1(config)# ip ssh time-out 90
R1(config)# ip ssh authentication-retries 2
```

第 8 步：将运行配置保存到启动配置中。

```
R1# copy running-config startup-config
```

步骤 2：研究终端仿真客户端软件并配置 SSH 客户端。

第 1 步：研究终端仿真客户端软件。

通过网络搜索免费终端仿真客户端软件，例如 TeraTerm 或 PuTTY。

第 2 步：在 PC-A 和 PC-B 上安装 SSH 客户端。

a．如果尚未安装 SSH 客户端，请下载 TeraTerm 或 PuTTY。

b．将应用保存到桌面。

注意：此处所述的程序适用于 PuTTY 和 PC-A。

第 3 步：检验从 PC-A 到 R1 的 SSH 连接。

a．双击 PuTTY.exe 图标启动 PuTTY，如图 1-2 所示。

b．在 **Host Name (or IP address)**［主机名（或 IP 地址）］字段中输入 R1 F0/1 IP 地址 **192.168.1.1**。

c．确认选中了 **SSH** 单选项，如图 1-3 所示。

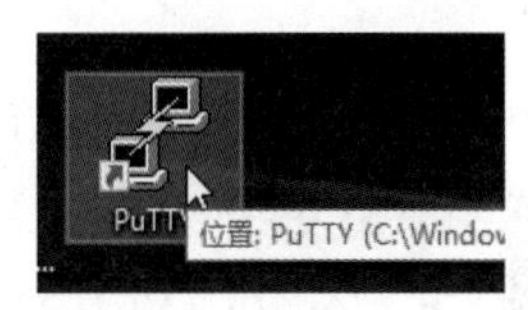

图 1-2　启动 PuTTY

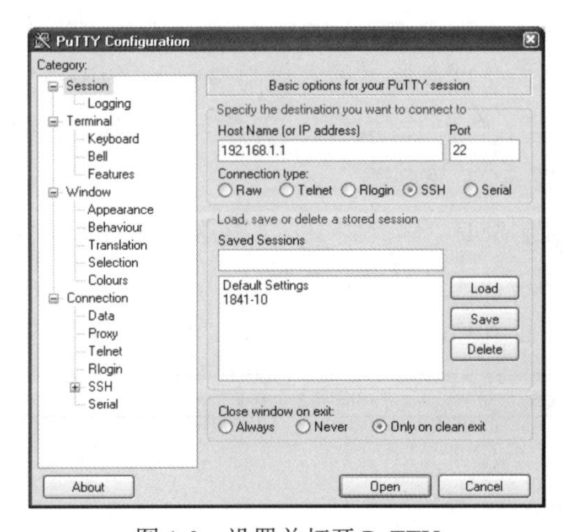

图 1-3　设置并打开 PuTTY

d．单击 **Open**（打开）。

e．在“PuTTY Security Alert”（PuTTY 安全警告）窗口中，单击是（Yes），如图 1-4 所示。

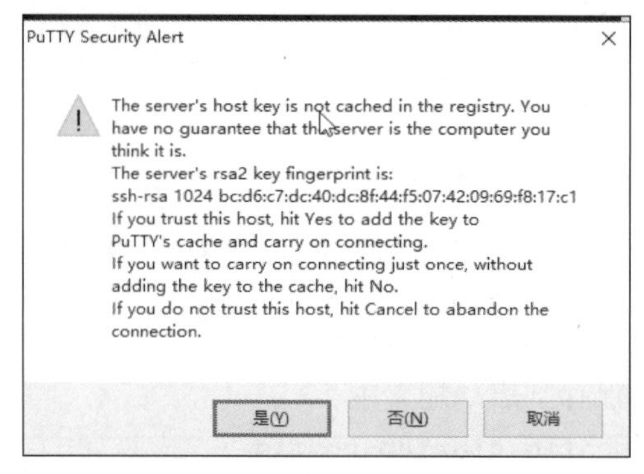

图 1-4 “PuTTY 安全警告”窗口

f．在图 1-5 所示的 PuTTY 窗口中输入用户名 **admin** 和密码 **cisco12345**。

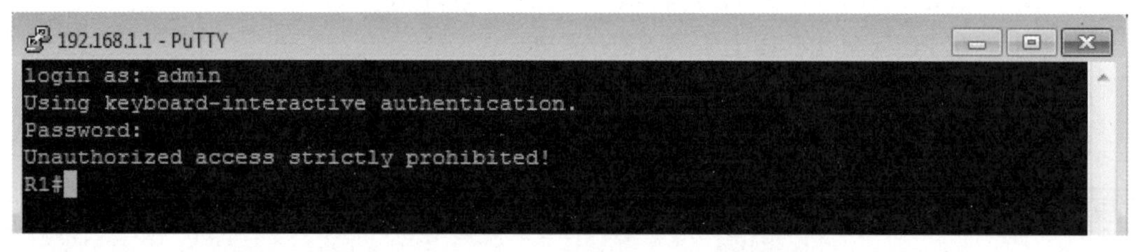

图 1-5 在 PuTTY 窗口中输入用户名和密码

g．在 R1 特权 EXEC 模式提示符后输入 **show users** 命令。

```
R1# show users
```

h．关闭 PuTTY SSH 会话窗口。

i．尝试从 PC-A 打开与路由器的 Telnet 会话。

j．从 PC-A 打开与路由器的 PuTTY SSH 会话。在 PuTTY 窗口中输入用户名 **user01** 和密码 **user01pass**，尝试连接未拥有权限级别 15 的用户。

k．使用 **enable** 命令进入特权 EXEC 模式并输入启用加密密码 **cisco12345**。

步骤 3：在 R1 上配置 SCP 服务器。

由于已在路由器上配置 SSH，因此将 R1 路由器配置为安全复制（SCP）服务器。

第 1 步：在 R1 上使用 AAA 认证和授权默认值。

在 R1 上设置 AAA 认证和授权默认值，以使用本地数据库进行登录。

注意：SCP 服务器要求用户拥有 15 级的访问权限。

a．在路由器上启用 AAA。

```
R1(config)# aaa new-model
```

b．使用 **aaa authentication** 命令将本地数据库用于默认登录认证方法。

```
R1(config)# aaa authentication login default local
```

c．使用 **aaa authorization** 命令将本地数据库用于默认命令授权。

```
R1(config)# aaa authorization exec default local
```

d．启用 R1 上的 SCP 服务器。

```
R1(config)# ip scp server enable
```

第 2 步：将 R1 上的运行配置复制到闪存。

SCP 服务器允许将文件复制到路由器的闪存中或从路由器闪存中复制文件。在此步骤中，首先您将在 R1 上创建运行配置的副本以进行刷入操作，然后您将使用 SCP 命令将此文件复制到 R3 中。

a．将 R1 上的运行配置保存到闪存上名为 R1-Config 的文件中。

```
R1# copy running-config R1-Config
```

b．验证新的 R1-Config 文件是否位于闪存上。

```
R1# show flash
-#- --length-- -----date/time  path
1     75551300 Feb 16 2015 15:19:22 +00:00 c1900-universalk9-mz.SPA.154
      -3.M2.bin
2         1643 Feb 17 2015 23:30:58 +00:00 R1-Config
181047296 bytes available (75563008 bytes used)
```

c．使用 SCP 命令把在步骤 2a 中创建的配置文件复制到 R3 中。

```
R3# copy scp: flash:
Address or name of remote host []?10.1.1.1
Source username [R3]?admin
Source filename []?R1-Config
Destination filename [R1-Config]?[Enter]
密码：cisco12345
!
2007 bytes copied in 9.056 secs (222 bytes/sec)
```

d．验证文件是否已被复制到 R3 的闪存中。

```
R3# show flash
-#- --length-- -----date/time-----path
1     75551300 Feb 16 2015   15:21:38 +00:00 c1900-universalk9-mz.SPA.
      154-3.M2.bin
2         1338 Feb 16 2015   23:46:10 +00:00 pre_autosec.cfg
3         2007 Feb 17 2015   23:42:00 +00:00 R1-Config
181043200 bytes available (75567104 bytes used)
```

e．发出 more 命令查看 R1-Config 文件的内容。

```
R3# more R1-Config
!
version 15.4
service timestamps debug datetime msec
service timestamps log datetime msec no
```

```
service password-encryption
!
hostname R1
!
<Output omitted>
!
end
R3#
```

第 3 步：保存配置。

在特权 EXEC 模式提示符下，将运行配置保存到启动配置中。

```
R1# copy running-config startup-config
```

项目二 二层安全的防御

02

二层网络安全通常会和局域网（LAN）安全术语相互替换使用，因为第二层网络基础设施主要由互联的以太网交换机组成，同时大多数最终用户设备（例如计算机、打印机、IP 电话和其他主机）都需要通过接入层交换机连接到网络。统计结果显示，超过 80%的攻击来自局域网内部。这就是说，大部分网络攻击都是利用局域网中某些协议或者特性的弱点，来针对局域网中的交换机、客户端发起攻击。这些攻击及其对应的安全解决方案是第二层安全威胁及防御的主题。大多数在局域网中发起的安全攻击都可以通过交换机上的一些特性轻松得到防御，因为交换机上的思科 IOS 软件提供了很多用于保护局域网安全的功能。

保护中继端口可以帮助阻止 VLAN（虚拟局域网）跳跃攻击。防止基本 VLAN 跳跃攻击最有效的方法是在所有端口上明确禁用中继，明确指定需要中继的端口除外。在需要中继的端口上，禁用 DTP（动态中继协议）协商并手动启用中继。如果接口上不需要中继，则把此端口配置为接入端口即可。

为了避免第二层网络中出现环路，交换机会使用生成树协议（STP）来防止环路。生成树防止环路的方式是通过交换机相互发送网桥协议数据单元（BPDU）来交换数据进行选举，并且阻塞落选的端口，从而在逻辑上打断环路。同时，为了确保网络管理员能够按照自己的需求塑造第二层网络，端口的选举情况需要根据一位网络管理员可以配置的参数来决定，这就给攻击者制造了可乘之机。如一位攻击者把自己的设备同时连接到了两台交换机上，这就在网络中制造了一个环路，同时，攻击者给自己的设备分配了最高的优先级（网桥优先级=0），让它能够通过发送（伪装的）BPDU，在选举中成为根网桥。于是，原本两台交换机之间的某个端口就会因为落选（成为替代端口）而被 STP 阻塞。这样一来，两台交换机所连的终端之间如果需要通信，那么它们之间的所有数据就只能通过攻击者的设备进行转发了。至此，攻击者就可以通过操纵 STP，在网络中发起一次中间人攻击。

规避这类攻击的逻辑，是需要区分哪些交换机端口可以连接交换机，或者哪些交换机端口可以连接根网桥，哪些交换机端口只能连接终端设备。下面介绍一些具体的应对技术。

- **BPDU 防护**。如果网络管理员在全局启用了 BPDU 防护，那么这台交换机上所有配置了 Portfast 的端口只要接收到 BPDU，BPDU 防护特性就会立刻让这个端口进入关闭状态，即 error-disabled 状态。BPDU 防护的启用命令是在全局配置模式下输入 spanning-tree bpduguard enable 命令。Portfast 特性的作用是让一个交换机端口绕过常规的侦听状态和学习状态，直接从阻塞状态过渡到转发状态。使用 Portfast 不仅可以提升端口转发的效率，而且可以避免这些端口的状态导致相关生成树的参与设备全部重新计算 STP 树。这种特性只应该在那些连接终端设备的接入模式端口上使用，不能在连接交换机的中继端口上部署。在端口配置模式下输入 spanning-tree portfast 命令可以让一个端口执行 Portfast。另外，如果在全局配置模式下输入 spanning-tree portfast default 命令则可以让设备上所有非中继端口执行 Portfast。
- **BPDU 过滤**。如果网络管理员并不希望采用关闭端口的策略来应对（原本不应该接收到 BPDU 的）端口接收到 BPDU 的情形，则可以在不应该接收到 BPDU 的端口上使用 spanning-tree bpdufilter enable 命令来实施 BPDU 过滤。所有在端口配置模式下配置了 BPDU 过滤的端口，会忽略接收到的 BPDU，同时这类端口也不再对外发送 BPDU 消息。BPDU 过滤也可以在全局配置模式下使用 spanning-tree portfast bpdufilter default 命令启用。配置这条命令之后，所有启用了 Portfast 的端口就不会再发送 BPDU。同时，一旦这些配置了 Portfast 的端口接收到了 BPDU，这个端口上配置的 Portfast 就会失效。既然 Portfast 失效，那么这个端口上的 BPDU 过滤自然也就失效了。因此，在全局（针对所有启用了 Portfast 的端口）实施 BPDU 过滤和针对特定接口启用 BPDU 过滤，端口在接收到 BPDU 消息时，采取的措施是不同的。
- **根防护**。如果网络管理员并不反对用户把自己的交换机连接到局域网的交换机上，只是不允许用户连接的交换机成为根网桥，那就可以在对应端口的接口配置模式下使用 spanning-tree guard root 命令执行根防护。只要配置了根防护的端口所连的交换机成为根网桥，这个端口就会进入阻塞状态，这种状态称为根不一致状态。

DHCP（动态主机配置协议）可以通过客户端-服务器模型来给网络中的设备自动分配包括 IP 地址、子网掩码、默认网关的信息，避免网络管理员在所有设备上一一进行配置。DHCP 基于 UDP（用户数据报协议），使用 UDP 端口 67（服务器）和 68（客户端）。

显然，DHCP 并不是工作在第二层的协议，但各类 DHCP 欺骗攻击都发生在局域网范围内，因此应该在交换机上配置策略进行防御。

DHCP 欺骗攻击的方式如下。

- **欺骗 DHCP 其他客户端**：攻击者伪装成 DHCP 服务器，向请求配置信息的客户端提供错误的信息，如把默认网关指向攻击者的设备，从而让 DHCP 客户端把所有原本要发送给网关的设备都发送给自己，由此达到中间人攻击的效果。
- **欺骗 DHCP 服务器**：攻击者伪装成 DHCP 客户端，反复向 DHCP 服务器请求 IP 地址，从而耗竭 DHCP 服务器上的 IP 地址，让新连接的 DHCP 客户端无法获取到可用的 IP 地址，从而达到拒绝服务攻击的效果。

伪装成 DHCP 服务器的欺骗攻击的防备逻辑和处理 STP 操纵攻击的逻辑类似，就是对交换机的端口进行区分，指定哪些端口连接的是 DHCP 服务器，并且只允许这些端口发送 DHCPoffer。其他端口如果接收到 DHCPoffer，则让交换机采取针对性的策略。

对于发送 DHCP 请求来耗竭 DHCP 服务器上可用 IP 地址的拒绝服务攻击，则可以采取在端口上配置限速策略的方式，让每个端口只能以合理的速率发送 DHCP 请求。如果一个端口发送 DHCP 请求的频率超过了网络管理员设置的策略，则让交换机对该端口采取行动。

DHCP 侦听提供了上面的功能，可以把交换机端口分为信任端口和不信任端口两类。在使用的过程中，网络管理员需要把连接 DHCP 服务器的端口配置为信任端口，其余端口皆为不信任端口。如果不信任端口所连接的设备发送了只有 DHCP 服务器才能发送的 DHCP 消息（包括 DHCPoffer、DHCPack 和 DHCPnak），则这些消息就会被交换机丢弃。

攻击者发送了一条 DHCPoffer 消息，发这条消息的目的可能是把自己的地址提供给 DHCP 客户端，让它作为默认网关。最后，这条消息被 DHCP 侦听策略丢弃了，因为攻击者连接的是交换机上的不信任端口，所以交换机丢弃了他发送的 DHCPoffer 消息。

此外，DHCP 侦听也可以限制端口上每秒接收到的 DHCP 消息数量。当交换机接收 DHCP 消息的数量超出了策略限制的数量，交换机就会关闭对应的端口。一般来说，通过发送大量 DHCP 请求来耗尽 DHCP 服务器上的可用 IP 地址，需要每秒发送成千上万条请求消息，所以限制端口上每秒接收到的 DHCP 消息数量就可以防止 DHCP 服务器上的可用 IP 地址被耗尽。

由于攻击者发送了太多的 DHCP 请求，交换机在一秒钟内接收到的 DHCP 请求数量，超过了网络管理员配置的限制数量，于是交换机关闭了连接攻击者的交换机端口。不要在 DHCP 侦听信任端口上实施限速，这样做既没有必要，又增加了网络无法提供 DHCP 服务的风险。配置 DHCP 侦听首先需要在全局配置模式下使用 ip dhcp snooping 命令启用。在启用之后，所有端口默认皆为不信任端口，因此网络管理员需要进入连接 DHCP 服务器的交换机端口配置模式，输入 ip dhcp snooping trust 命令将其配置为信任端口。如果需要给一个端口设置每秒可以接收的 DHCP 消息数量，也需要进入对应端口的配置模式，输入 ip dhcp snooping limit rate *rate* 命令。一旦网络管理员在全局中启用了 DHCP 侦听，所有端口默认都会成为不信任端口。在网络管理员进入某个端口并将其配置为信任端口之前，DHCP 服务器无法正常为客户端提供服务。如果不希望在这段短暂的时间内出现 DHCP 服务器服务中断的情况，网络管理员则可以先进入 DHCP 服务器所连端口的配置模式，将其配置为信任端口。

网络管理员也可以仅针对交换机上的某个 VLAN 配置 DHCP 侦听。如果需要这样配置，那么网络管理员也首先需要在全局配置模式下使用 ip dhcp snooping 命令启用 DHCP 侦听，然后在全局配置模式下使用 ip dhcp snooping vlan [vlan-id]命令来设置针对哪个 VLAN 启用 DHCP 侦听。接着进入对应的 VLAN 成员端口中，连接 DHCP 服务器的端口，将其配置为信任端口。完成 DHCP 侦听的配置之后，网络管理员可以使用 show ip dhcp snooping 命令检查自己的配置。

最后，一旦启用了 DHCP 侦听，交换机就会生成一张 DHCP 侦听绑定表。同时，交换机会侦听自己端口上接收到的 DHCP 消息，并且记录消息的源 MAC（介质访问控制）地址、源 IP 地址、地址租期、VLAN 和接收到这个消息的接口。这张表可以使用 show ip dhcp snooping binding 命令进行查看。

任务 1：安全中继的配置

1．任务目的

通过本任务，读者可以掌握：

- 配置中继端口模式；
- 更改中继端口的本征 VLAN；
- 检验中继配置；
- 启用广播风暴控制；
- 配置接入端口；
- 启用 Portfast 和 BPDU 防护；
- 验证 BPDU 防护；
- 启用根防护；
- 启用环路防护；
- 配置并检验端口安全功能；
- 禁用未使用的端口；
- 将端口从默认 VLAN 1 移至备用 VLAN；
- 在端口上配置 PVLAN Edge 功能。

2．任务拓扑

本任务所用的拓扑如图 2-1 所示。

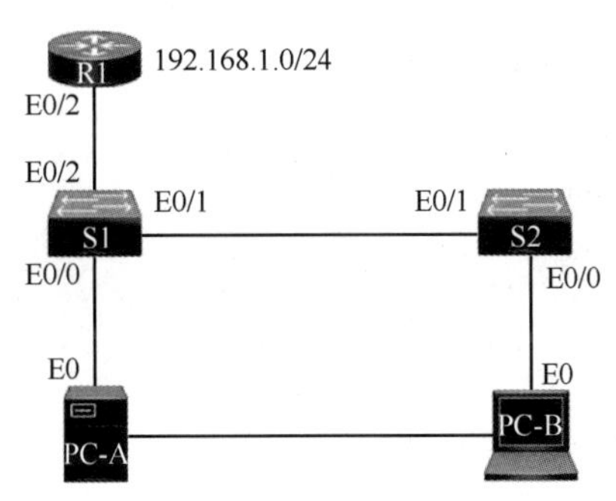

图 2-1　任务拓扑

本任务的 IP 地址分配见表 2-1。

表 2-1　IP 地址分配

设备	接口	IP 地址	子网掩码	默认网关	交换机端口
R1	E0/2	192.168.1.1	255.255.255.0	不适用	S1 E0/2
S1	VLAN 1	192.168.1.2	255.255.255.0	不适用	不适用
S2	VLAN 1	192.168.1.3	255.255.255.0	不适用	不适用
PC-A	E0	192.168.1.10	255.255.255.0	192.168.1.1	S1 E0/0
PC-B	E0	192.168.1.11	255.255.255.0	192.168.1.1	S2 E0/0

3. 任务步骤

步骤 1：保护中继端口。

第 1 步：将 S1 配置为根交换机。

在本任务中，S2 目前是根网桥。您需要通过更改网桥 ID 优先级级别，将 S1 配置为根网桥。

a. 从 S1 上的控制台进入全局配置模式。

```
S1>enable
Password: cisco12345
S1#conf t
Enter configuration commands, one per line.  End with CNTL/Z
S1(config)#
```

b. S1 和 S2 的默认优先级为 32769（32768 + 1，具有系统 ID 扩展）。将 S1 的优先级设置为 **0**，使其成为根交换机。

```
S1(config)# spanning-tree vlan 1 priority 0
S1(config)# exit
```

注意：您还可以使用 **spanning-tree vlan 1 root primary** 命令，使 S1 成为 VLAN 1 的根交换机。

c. 使用 **show spanning-tree** 命令，以验证 S1 是否为根网桥，查看正在使用的端口及其状态。

```
S1#show spanning-tree
VLAN0001
```

```
  Spanning tree enabled protocol ieee
  Root ID    Priority    1
             Address     aabb.cc00.2000
             This bridge is the root
             Hello Time   2 sec  Max Age 20 sec  Forward Delay 15 sec
  Bridge ID  Priority    1       (priority 0 sys-id-ext 1)
             Address     aabb.cc00.2000
             Hello Time   2 sec  Max Age 20 sec  Forward Delay 15 sec
             Aging Time  300 sec

Interface           Role Sts Cost      Prio.Nbr Type
------------------- ---- --- --------- -------- -----------------------
Et0/0               Desg FWD 100       128.1    P2p
Et0/1               Desg FWD 100       128.2    P2p
Et0/2               Desg FWD 100       128.3    P2p
```

第 2 步：在 S1 和 S2 上配置 TRUNK 端口。

a．将 S1 端口 E0/1 配置为 TRUNK 端口。

```
S1(config)# interface e0/1
S1(config-if)# switchport mode trunk
```

注意：如果使用 3560 交换机执行本任务，用户必须先输入 **switchport trunk encapsulation dot1q** 命令。

b．将 S2 端口 E0/1 配置为 TRUNK 端口。

```
S2(config)# interface e0/1
S2(config-if) # switchport mode trunk
```

c．使用 **show interface trunk** 命令验证 S1 端口 E0/1 是否处于中继模式。

```
S1#show interface trunk
 Port        Mode          Encapsulation  Status        Native vlan
 Et0/1       on            802.1q        trunking      1
 Port        Vlans allowed on trunk
 Et0/1       1-4094
 Port        Vlans allowed and active in management domain
 Et0/1       1
 Port        Vlans in spanning tree forwarding state and not pruned
 Et0/1       1
```

第 3 步：更改 S1 和 S2 上 TRUNK 端口的本征 VLAN。

a．将中继端口的本征 VLAN 更改为未使用的 VLAN，有助于阻止 VLAN 跳跃攻击。

b．将 S1 端口 E0/1 上的本征 VLAN 设置为未使用的 VLAN 99。

```
S1(config)# interface e0/1
S1(config-if)# switchport trunk native vlan 99
S1(config-if)# end
```

c．短时间后应显示以下消息。

```
*Feb 23 12:14:15.599: %CDP-4-NATIVE_VLAN_MISMATCH: Native VLAN mismatch
 discovered on Ethernet0/1 (99), with S2 Ethernet0/1
```

d. 将 S2 端口 E0/1 上的本征 VLAN 设置为 VLAN 99。

```
S2(config)# interface e0/1
S2(config-if)# switchport trunk native vlan 99
S2(config-if)# end
```

第 4 步：阻止 S1 和 S2 上 DTP 的使用。

将中继端口设置为**非协商**状态也有助于通过关闭 DTP 帧的生成来防御 VLAN 跳跃攻击。

```
S1(config)# interface e0/1
S1(config-if)# switchport nonegotiate
S2(config)# interface e0/1
S2(config-if)# switchport nonegotiate
```

第 5 步：验证端口 E0/1 上的中继配置。

```
S1#show interfaces e0/1 trunk
Port        Mode             Encapsulation  Status        Native vlan
Et0/1       on               802.1q         trunking      99
Port        Vlans allowed on trunk
Et0/1       1-4094
Port        Vlans allowed and active in management domain
Et0/1       1
Port        Vlans in spanning tree forwarding state and not pruned
Et0/1       1
S1#show interfaces e0/1 switchport
 Name: Et0/1
 Switchport: Enabled
 Administrative Mode: trunk
 Operational Mode: trunk
 Administrative Trunking Encapsulation: dot1q
 Operational Trunking Encapsulation: dot1q
 Negotiation of Trunking: Off
 Access Mode VLAN: 1 (default)
 Trunking Native Mode VLAN: 99 (Inactive)
 Administrative Native VLAN tagging: enabled
 Voice VLAN: none
 Administrative private-vlan host-association: none
 Administrative private-vlan mapping: none
 Administrative private-vlan trunk native VLAN: none
 Administrative private-vlan trunk Native VLAN tagging: enabled
 Administrative private-vlan trunk encapsulation: dot1q
 Administrative private-vlan trunk normal VLANs: none
 Administrative private-vlan trunk associations: none
 Administrative private-vlan trunk mappings: none
 Operational private-vlan: none
 Trunking VLANs Enabled: ALL
 Pruning VLANs Enabled: 2-1001
 Capture Mode Disabled
 Capture VLANs Allowed: ALL
 Protected: false
```

```
 Appliance trust: none
```

第 6 步：使用 **show run** 命令验证配置。

使用 **show run** 命令显示运行配置，从其中包含文本字符串“0/1”的第一行开始。

```
S1# show run | begin 0/1
interface Ethernet0/1
 switchport trunk native vlan 99
 switchport mode trunk
 switchport nonegotiate
<output omitted>
```

步骤 2：保护端口。

网络攻击者希望通过操纵 STP 根网桥参数，将他们的系统或他们添加到网络中的非法交换机伪造为拓扑中的根网桥。如果配置 Portfast 的端口接收到 BPDU，STP 可以使用一种称为“BPDU 防护”的功能将该端口置于阻塞状态。

第 1 步：禁用 S1 端口上的中继。

a．在 S1 上，将连接 R1 的端口 E0/2 配置为仅限访问模式。

```
S1(config)# interface e0/2
S1(config-if)# switchport mode access
```

b．在 S1 上，将连接 PC-A 的端口 E0/0 配置为仅限访问模式。

```
S1(config)# interface e0/0
S1(config-if)# switchport mode access
```

第 2 步：禁用 S2 端口上的中继。

在 S2 上，将连接 PC-B 的端口 E0/0 配置为仅限访问模式。

```
S2(config)# interface e0/0
S2(config-if)# switchport mode access
```

步骤 3：抵御 STP 攻击。

该拓扑只有两台交换机，没有冗余路径，但 STP 仍处于活动状态。在此步骤中，您需要启用交换机安全功能，这有助于降低攻击者通过 STP 相关方法操纵交换机的可能性。

第 1 步：在 S1 和 S2 端口上启用 Portfast。

在连接单个工作站或服务器的接口上配置 Portfast，使上述端口能够更快切换为活动状态。

a．在 S1 端口 E0/2 上启用 Portfast。

```
S1(config)# interface e0/2
S1(config-if)# spanning-tree portfast
%Warning: portfast should only be enabled on ports connected to a single
 host. Connecting hubs, concentrators, switches, bridges, etc... to this
 interface  when portfast is enabled, can cause temporary bridging loops.
 Use with CAUTION

%Portfast has been configured on Ethernet0/2 but will only
 have effect when the interface is in a non-trunking mode
```

b．在 S1 端口 E0/0 上启用 Portfast。

```
S1(config)# interface e0/0
S1(config-if)# spanning-tree portfast
```

c．在 S2 端口 E0/0 上启用 Portfast。

```
S2(config)# interface e0/0
S2(config-if)# spanning-tree portfast
```

第 2 步：在 S1 和 S2 端口上启用 BPDU 防护。

BPDU 防护功能有助于防止端口上出现非法交换机和欺骗操作。

a．在交换机端口 E0/0 上启用 BPDU 防护。

```
S1(config)# interface e0/0
S1(config-if)# spanning-tree bpduguard enable
S2(config)# interface e0/0
S2(config-if)# spanning-tree bpduguard enable
```

注意：在全局配置模式下，还可以使用 **spanning-tree portfast default** 和 **spanning-tree portfast bpduguard** 命令全局启用 Portfast 和 BPDU 防护。

注意：可以在启用 Portfast 的所有端口上启用 BPDU 防护。这些端口永远不应接收到 BPDU。最好将 BPDU 防护部署在面向用户的端口上，以防攻击者进行非法交换机网络扩展。如果端口启用了 BPDU 防护并且接收到 BPDU，则此端口将被禁用，必须手动重新启用。可以在端口上配置 **err-disable timeout**，以便经过指定的时间后自动恢复。

b. 在 S1 上使用 **show spanning-tree interface e0/0 detail** 命令验证是否已配置 BPDU 防护。

```
S1#show spanning-tree interface e0/0 detail
   Port 1 (Ethernet0/0) of VLAN0001 is designated forwarding
   Port path cost 100, Port priority 128, Port Identifier 128.1
   Designated root has priority 1, address aabb.cc00.2000
   Designated bridge has priority 1, address aabb.cc00.2000
   Designated port id is 128.1, designated path cost 0
   Timers: message age 0, forward delay 0, hold 0
   Number of transitions to forwarding state: 1
   The port is in the portfast edge mode
   Link type is point-to-point by default
   Bpdu guard is enabled
   BPDU: sent 2224, received 0
```

第 3 步：启用根防护。

根防护是另一种有助于防止非法交换机和欺骗操作的选项。可以在交换机的非根端口的所有端口上启用根防护。通常仅在连接到永远不应接收到上级 BPDU 的边缘交换机的端口上启用根防护。每台交换机应只有一个根端口，这是连接根交换机的最有效路径。

a．以下命令用于在 S2 端口 E0/1 上配置根防护。通常，如果另一台交换机连接到此端口，则会执行此操作。最好将根防护部署在连接不应该作为根网桥的交换机的端口上。在任务拓扑中，S1 端口 E0/1 将是根防护的最合理候选接口。

```
S2(config)# interface e0/1
S2(config-if)# spanning-tree guard root
```

b．发出 **show run | begin 0/1** 命令，以验证是否已配置根防护。

```
S2# show run | begin 0/1
interface Ethernet0/1
spanning-tree guard root
```

注意：S2 端口 E0/1 当前不是开启状态，因此它不参与 STP。否则，可以使用 **show spanning-tree interface e0/1 detail** 命令。

注意：**show run | begin** 命令中的表达式区分大小写。

c．如果启用 BPDU 防护的端口接收到上级 BPDU，则端口将进入根不一致状态。使用 **show spanning-tree inconsistentports** 命令确定当前是否有任何本不应该接收到上级 BPDU 的端口正在接收上级 BPDU。

```
S2# show spanning-tree inconsistentports
Name     Interface   Inconsistency
-------------------- ---------------------- ------------------
Number of inconsistent ports (segments) in the system: 0
```

注意：只要设备不尝试成为根设备，根保护就允许所连接的交换机参与 STP。如果根防护阻止端口，后续会自动执行恢复。如果上级 BPDU 停止，端口将恢复转发状态。

第 4 步：启用环路防护。

STP 环路防护功能可针对第二层转发环路（STP 环路）提供额外保护。冗余拓扑中的 STP 阻塞端口被错误转换成转发状态时，将会产生 STP 环路。发生这种情况通常是因为物理冗余拓扑中的一个端口（不一定是 STP 阻塞端口）不再接收 STP BPDU，使所有端口处于转发状态。如果启用环路防护的端口停止从网段上的指定端口侦听 BPDU，则会进入环路不一致状态，而不是转换为转发状态。环路不一致基本上是阻塞状态，不会转发任何流量。当端口再次检测到 BPDU 时，它会通过返回阻塞状态自动恢复。

a．环路防护应该应用于非指定端口，因此，可以在非根交换机上配置全局命令。

```
S2(config)# spanning-tree loopguard default
```

b．验证环路防护配置。

```
S2# show spanning-tree summary
Switch is in pvst mode
Extended system ID           is enabled
Portfast Default             is disabled
PortFast BPDU Guard Default  is disabled
Portfast BPDU Filter Default is disabled
Loopguard Default            is enabled
EtherChannel misconfig guard is enabled
UplinkFast                   is disabled
BackboneFast                 is disabled
Configured Pathcost method used is short

Name                   Blocking Listening Learning Forwarding STP Active
---------------------- -------- --------- -------- ---------- ----------
```

```
VLAN0001                          0         0        0          3          3
---------------------- -------- --------- -------- ---------- ---------
```

步骤4：配置端口安全并禁用未使用的端口。

交换机可能遭受CAM表（也称为MAC地址表）溢出攻击、MAC欺骗攻击以及与交换机端口的未授权连接。在本任务中，您需要配置端口安全以限制可在交换机端口上获取的MAC地址数量，并在超出该数量后禁用端口。

第1步：记录R1接口E0/2的MAC地址。

在R1 CLI中，使用**show interface**命令并记录接口的MAC地址。

```
R1# show interface e0/2
Ethernet0/2 is up, line protocol is up
  Hardware is AmdP2, address is aabb.cc00.1020 (bia aabb.cc00.1020)
  Internet address is 192.168.1.1/24
  MTU 1500 bytes, BW 10000 Kbit/sec, DLY 1000 usec,  reliability 255/255,
txload 1/255,
  rxload 1/255
  Encapsulation ARPA, loopback not set
  Keepalive set (10 sec)
<Output Omitted>
```

第2步：配置基本端口安全。

应在所有正在使用的接入端口上执行此操作程序。此处以S1端口E0/2为例。

a．在S1 CLI中，进入连接到路由器的端口的配置模式。

```
S1(config)# interface e0/2
```

b．关闭交换机端口。

```
S1(config-if)# shutdown
```

c．在接口上启用端口安全。

```
S1(config-if)# switchport port-security
```

注意：交换机端口必须配置为接入端口，以启用端口安全。

注意：输入**switchport port-security**命令即可将最大MAC地址数量设置为1，将违规操作对策设置为关闭。**switchport port-security maximum**和**switchport port-security violation**命令可用于更改默认行为。

d．为本步骤的第1步中记录的R1接口E0/2的MAC地址配置静态条目。

```
S1(config-if)# switchport port-security mac-address xxxx.xxxx.xxxx
```

注意：*xxxx.xxxx.xxxx*是路由器接口E0/2的实际MAC地址。

注意：您还可以使用**switchport port-security mac-address sticky**命令将在端口上动态获知的所有安全MAC地址（最高为设置的最大值）添加到交换机运行配置中。

e．启用交换机端口。

```
S1(config-if)# no shutdown
```

第3步：验证S1端口E0/2上的端口安全。

a. 在 S1 上，发出 **show port-security** 命令，以验证是否已在 S1 端口 E0/2 上配置端口安全。

```
S1# show port-security interface e0/2
Port Security              : Enabled
Port Status                : Secure-up
Violation Mode             : Shutdown
Aging Time                 : 0 mins
Aging Type                 : Absolute
SecureStatic Address Aging : Disabled
Maximum MAC Addresses : 1
Total MAC Addresses : 1
Configured MAC Addresses : 1
Sticky MAC Addresses       : 0
Last Source Address:Vlan : aabb.cc00.1020:1
Security Violation Count : 0
```

b. 在 R1 CLI 中，对 PC-A 执行 ping 操作以验证连接，可确保交换机获知 R1 接口 E0/2 的 MAC 地址。

```
R1# ping 192.168.1.10
```

c. 此时，更改路由器接口上的 MAC 地址，触发安全违规机制。进入接口 E0/2 的配置模式。使用 **aaaa.bbbb.cccc** 作为地址，在接口上配置 MAC 地址。

```
R1(config)# interface e0/2
R1(config-if)# mac-address aaaa.bbbb.cccc
R1(config-if)# end
```

注意：您还可以更改连接到 S1 端口 E0/0 的计算机 MAC 地址，并获得与此处所示类似的结果。

d. 在 R1 CLI 中，对 PC-A 执行 ping 操作。

e. 在 S1 控制台上，观察端口 E0/2 检测到违规 MAC 地址时的消息。

```
    *Feb 24 06:04:43.378: %PM-4-ERR_DISABLE: psecure-violation error detected
on Et0/2, putting Et0/2 in err-disable state
    *Feb 24 06:04:43.378: %PORT_SECURITY-2-PSECURE_VIOLATION: Security
violation occurred, caused by MAC address aaaa.bbbb.cccc on port Ethernet0/2.
    *Feb 24 06:04:44.382: %LINEPROTO-5-UPDOWN: Line protocol on Interface
Ethernet0/2, changed state to down
    *Feb 24 06:04:45.378: %LINK-3-UPDOWN: Interface Ethernet0/2, changed
state to down
```

f. 在交换机上，使用 **show port-security** 命令验证是否已发生端口安全违规。

```
S1# show port-security
Secure Port MaxSecureAddr CurrentAddr SecurityViolation Security Action
               (Count)       (Count)          (Count)
---------------------------------------------------------------------
      Et0/2              1            1                  1         Shutdown
----------------------------------------------------------------------
Total Addresses in System (excluding one mac per port)      : 0 Max
Addresses limit in System (excluding one mac per port) : 4096
```

```
S1# show port-security interface e0/2
Port Security              : Enabled
Port Status                : Secure-shutdown
Violation Mode             : Shutdown
Aging Time                 : 0 mins
Aging Type                 : Absolute
SecureStatic Address Aging : Disabled
Maximum MAC Addresses : 1
Total MAC Addresses : 1
Configured MAC Addresses : 1
Sticky MAC Addresses       : 0

         Last Source Address:Vlan    :
aaaa.bbbb.cccc:1 Security Violation Count  1

S1# show port-security address
           Secure Mac Address Table
-----------------------------------------------------------------------
Vlan    Mac Address       Type                          Ports
Remaining Age
                                                              (mins)
----    -----------       ----                          -----
-------------
   1    aabb.cc00.1020    SecureConfigured              Et0/2
-----------------------------------------------------------------------
Total Addresses in System (excluding one mac per port)     : 0
Max Addresses limit in System (excluding one mac per port) : 4096
```

g. 从路由器中删除硬编码的 MAC 地址，然后重新启用接口 E0/2。

```
R1(config)# interface e0/2
R1(config-if)# no mac-address aaaa.bbbb.cccc
```

注意：此操作将恢复原始接口 E0/2 的 MAC 地址。

在 R1 中，尝试再次对 192.168.1.10 处的 PC-A 执行 ping 操作。

第 4 步：清除 S1 端口 E0/2 错误禁用状态。

a. 在 S1 控制台中，清除错误并使用下面示例中所示的命令重新启用端口，将端口状态从安全关闭更改为安全开启。

```
S1(config)# interface e0/2
S1(config-if)# shutdown
S1(config-if)# no shutdown
```

注意：这里假设使用违规 MAC 地址的设备/接口已删除并替换为原始设备/接口配置。

b. 在 R1 中，再次对 PC-A 执行 ping 操作。这次应该会成功。

```
R1# ping 192.168.1.10
```

第 5 步：删除 S1 端口 E0/2 上的基本安全配置。

从 S1 控制台中，删除端口 E0/2 上的安全配置。此操作也可用于重新启用端口，但必

须重新配置 **port-security** 命令。

```
S1(config)# interface e0/2
S1(config-if)# no switchport port-security
S1(config-if)# no switchport port-security mac-address fc99.4775.c3e1
```

还可以使用以下命令将端口重置为默认设置。

```
S1(config)# default interface e0/2
S1(config)# interface e0/2
```

注意：此 **default interface** 命令还要求您将端口重新配置为接口，以重新启用安全命令。

第 6 步：（可选）为 VoIP 配置接口安全。

此示例显示了语音接口的典型接口安全配置。允许使用 3 个 MAC 地址，且可动态获知这些地址。一个 MAC 地址用于 IP 电话，一个 MAC 地址用于交换机，一个 MAC 地址用于连接到 IP 电话的计算机。此策略的违规导致关闭该接口。将学习的 MAC 地址的老化超时设置为两个小时。

以下示例显示了 S2 端口 E0/0。

```
S2(config)# interface e0/0
S2(config-if)# switchport mode access
S2(config-if)# switchport port-security
S2(config-if)# switchport port-security maximum 3
S2(config-if)# switchport port-security violation shutdown
S2(config-if)# switchport port-security aging time 120
```

第 7 步：禁用 S1 和 S2 上未使用的端口。

作为进一步的安全措施，禁用未在交换机上使用的端口。

a. 在 S1 上使用端口 E0/1、E0/2 和 E0/0。剩余的端口将被关闭。

```
S1(config)# interface e0/3
S1(config-if-range)# shutdown
```

b. 在 S2 上使用端口 E0/1 和 E0/0。剩余的端口将被关闭。

```
S2(config)# interface range e0/2 - 3
S2(config-if-range)# shutdown
```

第 8 步：将活动端口移到默认 VLAN 1 以外的 VLAN 中。

为了进一步保障安全，您可以将所有活动的最终用户端口和路由器端口移到两台交换机上默认 VLAN 1 以外的 VLAN 中。

a. 使用以下命令为每台交换机上的用户配置新的 VLAN。

```
S1(config)# vlan 20
S1(config-vlan)# name Users
S2(config)# vlan 20
S2(config-vlan)# name Users
```

b. 将当前的活动接入（非中继）端口添加到新的 VLAN 中。

```
S1(config)# interface e0/0
S1(config-if-range)# switchport access vlan 20
```

```
S2(config)# interface e0/0
S2(config-if)# switchport access vlan 20
```

注意：这将阻止最终用户主机与交换机的管理 VLAN IP 地址（当前为 VLAN 1）之间的通信。仍然可以使用控制台连接访问和配置交换机。

注意：要为交换机提供 SSH 访问，可以将特定端口指定为管理端口，并将其添加到连接特定管理工作站的 VLAN 1。还有一项更复杂的解决方案是，为交换机管理创建新的 VLAN（或使用现有的本征中继 VLAN 99），并为管理和用户 VLAN 配置单独的子网。

第 9 步：配置具有 PVLAN Edge 功能的端口。

一些应用程序要求同一台交换机上的端口之间不在第二层转发流量，这样邻居之间就不会看到对方生成的流量。在这种环境下，使用专用 VLAN（PVLAN）Edge 功能（也称为受保护端口）可以确保交换机上的这些端口之间不会交换单播、广播或组播流量。PVLAN Edge 功能仅可为同一台交换机上的端口实施且在本地有效。

例如，为阻止 S1（端口 E0/0）上的主机 PC-A 与另一个 S1 端口（例如，先前关闭的端口 E0/3）上的主机之间交换流量，可以使用 **switchport protected** 命令激活这两个端口上的 PVLAN Edge 功能。使用 **no switchport protected** 端口配置命令可禁用受保护的端口。

a．在端口配置模式下，使用以下命令配置 PVLAN Edge 功能。

```
S1(config)# interface e0/0
S1(config-if)# switchport protected
S1(config-if)# interface e0/3
S1(config-if)# switchport protected
S1(config-if)# no shut
S1(config-if)# end
```

b．验证是否已在端口 E0/0 上启用 PVLAN Edge 功能（受保护端口）。

```
S1# show interfaces Et0/0 switchport
Name: Et0/0
Switchport: Enabled
Administrative Mode: dynamic auto
Operational Mode: static access
Administrative Trunking Encapsulation: dot1q Negotiation of Trunking: On
Access Mode VLAN: 20 (Users)
Trunking Native Mode VLAN: 1 (default)
Administrative Native VLAN tagging: enabled
Voice VLAN: none
Administrative private-vlan host-association: none
Administrative private-vlan mapping: none
Administrative private-vlan trunk native VLAN: none
Administrative private-vlan trunk Native VLAN tagging: enabled
Administrative private-vlan trunk encapsulation: dot1q
Administrative private-vlan trunk normal VLANs: none
Administrative private-vlan trunk private VLANs: none Operational
private-vlan: none
```

```
Trunking VLANs Enabled: ALL
Pruning VLANs Enabled: 2-1001
Capture Mode  Disabled
Capture VLANs Allowed: ALL
Protected: true
Unknown unicast blocked: disabled
Unknown multicast blocked: disabled
Appliance trust: none
```

c．使用以下命令禁用受保护端口 E0/0 和 E0/3。

```
S1(config)# interface  e0/0
S1(config-if- range)# no switchport protected
S1(config)# interface e0/3
S1(config-if-range)# no switchport protected
```

任务 2：DHCP 侦听的配置

1．任务目的

通过本任务，读者可以掌握：

- 在 R1 上配置 DHCP；
- 在 R1 上配置 VLAN 间通信；
- 将 S1 端口 E0/2 配置为中继端口；
- 验证 PC-A 和 B 上的 DHCP 操作；
- 启用 DHCP 侦听；
- 验证 DHCP 侦听。

2．任务拓扑

本任务所用的拓扑如图 2-1 所示。

本任务的 IP 地址分配见表 2-1。

3．任务步骤

步骤 1：设置 DHCP。

第 1 步：在 R1 上为 VLAN 1 设置 DHCP。

```
R1(config)# ip dhcp pool CCNAS
R1(dhcp-config)# network 192.168.1.0 255.255.255.0
R1(dhcp-config)# default-router 192.168.1.1
R1(config)# ip dhcp excluded-address 192.168.1.1 192.168.1.4
```

第 2 步：在 R1 上为 VLAN 20 设置 DHCP。

```
R1(config)# ip dhcp pool 20Users
R1(dhcp-config)# network 192.168.20.0 255.255.255.0
R1(dhcp-config)# default-router 192.168.20.1
R1(config)# ip dhcp excluded-address 192.168.20.1
```

步骤 2：配置 VLAN 间通信。

第 1 步：在 R1 上配置子接口。

```
R1(config)# interface e0/2
R1(config-if)# shutdown
R1(config-if)# no ip address 192.168.1.1 255.255.255.0
R1(config-if)# no shutdown
R1(config-if)# int e0/2.1
R1(config-if)# encapsulation dot1q 1
R1(config-if)# ip address 192.168.1.1 255.255.255.0
R1(config-if)# int e0/2.20
R1(config-if)# encapsulation dot1q 20
R1(config-if)# ip address 192.168.20.1 255.255.255.0
R1(config-if)# int e0/2.99
R1(config-if)# encapsulation dot1q 99
R1(config-if)# ip address 192.168.99.1 255.255.255.0
```

第 2 步：将 S1 端口 E0/2 配置为中继端口。

```
S1(config)# int e0/2
S1(config-if)# switchport mode trunk
S1(config-if)# switchport trunk native vlan 99
```

第 3 步：配置 PC-A 和 PC-B，以使用 DHCP 获取 IP 地址。

更改 PC-A 和 PC-B 上的网络设置，以自动获取 IP 地址。

第 4 步：验证 DHCP 操作。

在 PC-A 和 PC-B 的命令提示符后使用 ipconfig，如图 2-2 所示。

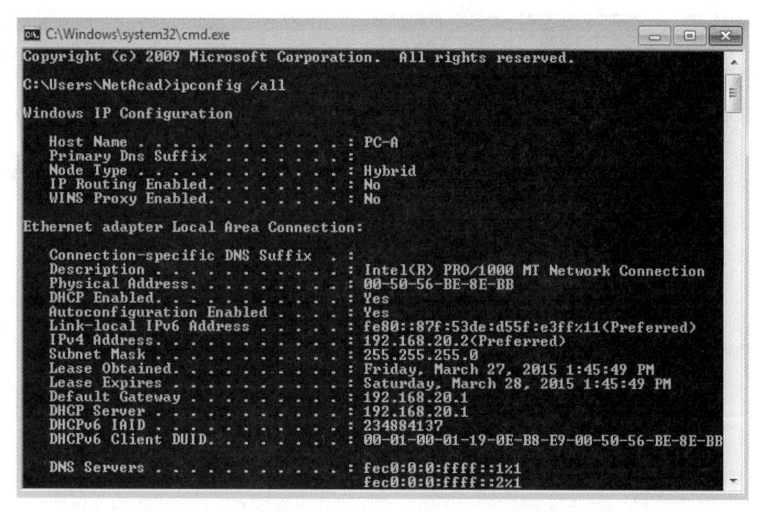

图 2-2　验证 DHCP 操作

步骤 3：配置 DHCP 侦听。

第 1 步：全局启用 DHCP 侦听。

```
S1(config)# ip dhcp snooping
S1(config)# ip dhcp snooping information option
```

第 2 步：为 VLAN 1 和 VLAN 20 启用 DHCP 侦听。

```
S1(config)# ip dhcp snooping vlan 1,20
```

第 3 步：限制端口上的 DHCP 请求数量。

```
S1(config)# interface e0/0
S1(config-if)# ip dhcp snooping limit rate 10
S1(config-if)# exit
```

第 4 步：识别可信端口。仅允许通过可信端口执行 DHCP 响应。

```
S1(config)# interface e0/2
S1(config-if)# description connects to DHCP server
S1(config-if)# ip dhcp snooping trust
```

第 5 步：验证 DHCP 侦听配置。

```
S1# show ip dhcp snooping
DHCP snooping is configured on following VLANs:
1,20
DHCP snooping is operational on following VLANs: 1,20
DHCP snooping is configured on the following L3 Interfaces:
Insertion of option 82 is enabled
   circuit-id default format: vlan-mod-port
   remote-id: aabb.cc00.2000 (MAC)
Option 82 on untrusted port is not allowed
Verification of hwaddr field is enabled
Verification of giaddr field is enabled
DHCP snooping trust/rate is configured on the following Interfaces:
Interface                  Trusted     Allow option     Rate limit (pps)
-----------------------    -------     ------------     ----------------
Ethernet0/2                yes         yes              unlimited
Ethernet0/0                no          no               10
```

项目三 网络设备监控与管理

03

在网络管理中，有很多协议可以帮助网络管理员完成管理工作，简单网络管理协议（SNMP）就是其中一项重要的协议。SNMP 可以实现集中式的网络管理架构，让网络管理员不仅有能力实时了解整个网络存在的问题，而且有机会集中统一监控和管理网络中的各种设备资源。另外，要想实现设备之间的时间同步，需要使用网络时间协议（NTP）让各个网络设备与时钟源同步。

SNMP 虽名为“简单网络管理协议”，但这个协议其实一点也不简单，唯一可以称得上“简单”的是，SNMP 定义的设备管理信息交互方式。SNMP 采用了服务器/客户端模型，其中管理设备称为网络管理系统（NMS），而被管理设备上运行一个 SNMP 代理程序，这个代理程序的作用是执行 SNMP 定义的操作。在这个架构中，NMS 是 SNMP 的客户端，而被管理设备是 SNMP 的服务器。

根据 SNMP 的定义，被管理设备和网络管理工作站之间大致有两种交互方式。最常用的一种是通过请求–响应的方式来查询设备的信息，以及对设备的设置进行修改。这种交互方式主要的操作如下。

- Get：NMS 发送请求消息，要求被管理设备提供信息。
- Set：NMS 对被管理设备执行操作，包括为被管理设备设置变量，或者在被管理设备上触发某个行为。

如果被管理设备只有在 NMS 发起请求时才能被动进行响应，那么网络势必在应对各类安全攻击和设备故障方面乏善可陈。因此，SNMP 定义了一种被管理设备主动向管理设备发送消息的方式。当设备检测到某个事件超出了门限值，它就会主动发送这类消息。这样一来，被管理设备就可以在发生重大事件时，主动向 NMS 报告了。此报告消息称为 Trap（陷阱）。

- Trap：被管理设备向 NMS 发送的一种未经请求的消息。它可以用于通告 NMS，被管理设备上发生了重大的事件。

SNMP 是一款基于 UDP 的协议，运行 SNMP 的 NMS 会使用 UDP 161 端口来接收和发送（除 InformRequest 之外的）Request 及 Response 消息，同时使用 UDP 162 端口来接收 Trap（和 InformRequest）消息，而运行 SNMP 的被管理设备会使用 UDP 161 端口来接收和发送 Response 及（除 InformRequest 之外的）Request 消息，同时使用任意源端口来发送 Trap（和 InformRequest）消息。

SNMP 一共推出了 3 个版本，其中只有 SNMPv3 在远程管理和安全性方面进行了强化。虽然 SNMPv1 和 SNMPv2 都提供了团体字符串认证功能，但运行它们的 NMS 和被管理设备之间的 SNMP 通信都是用明文传输的。显然，这两个版本的 SNMP 存在安全隐患。SNMPv3 在认证之外还提供了完整性校验和加密功能；不仅如此，SNMPv3 支持使用 MD5（信息摘要算法第五版）或 SHA（安全散列算法）认证。有鉴于此，如果使用 SNMP 来对网络执行管理和监控，就应该尽可能使用 SNMPv3。

SNMP 的原理并不简单，涉及的概念也很庞杂，但是在 IOS 系统上实施 SNMPv3 并不困难，下面进行简单介绍。

- 第 1 步：限制哪些 NMS 可以访问这台被管理设备的方式不止一种，比如可以用一个访问控制列表（ACL），定义哪些 NMS 可以访问这台设备，然后在 SNMP 配置命令中调用这里配置的 ACL。
- 第 2 步：在全局配置模式下，使用 snmp-server view view-name oid 命令定义一个 SNMP 视图，规定 NMS 可以访问 MIB（管理信息库）中的哪些对象标识符（OID），以备后面进行调用。
- 第 3 步：在全局配置模式下，使用 snmp-server group group-name v3 priv read view-name write view-name access [acl-number|acl-name] 命令设置一个 SNMP 组，并且调用前面配置的 SNMP 视图，定义 NMS 在进行读操作和写操作时，分别可以针对这台设备上的哪些对象标识符。同时，这条命令可以用于调用前面配置的访问控制列表，限制来自哪里的 NMS 可以对这台设备发起对应的管理访问。
- 第 4 步：在全局配置模式下，使用 snmp-server user user-name group-name v3 auth {md5|sha} auth-password priv {des|3des|aes{128|192|256}}命令配置哪些用户可以访问这台设备，以及 NMS 和这台设备之间的通信如何进行保护。同时，这条命令需要调用前面配置好的 SNMP 组。

这里唯一需要专门说明的是第 2 步定义对象标识符的问题。一般不介绍 SMI（管理信息结构）和 MIB“基本”不会妨碍读者理解 SNMP 的配置。但这里就是一个例外。简而言之，SMI 定义了一个被管理对象命名树，其中包含了网络管理员希望通过 SNMP 来管理和查询的各类元素，如 CPU 使用率、入站 IP 数据包数量、设备的 IP 地址等。被管理对象命名树是一个树形结构，厂商也可以在这棵树中定义自己的被管理对象。第 2 步中命令的作用是输入我们希望 NMS 管理的元素。在实际配置中，如何设置 OID 需要根据网络的需求来查询 SMI 被管理对象命名树或厂商的指导手册。

NTP 可以让设备与设备之间通过网络来同步时间，这样不仅可以减少网络管理员在各台设备上一一配置时间的工作量，而且可以让设备上的时间更加准确，避免人为操作引入的巨大误差。NTP 使用 UDP 123 端口来接收和发送时间信息。总的来说，NTP 也可以看成一个服务器/客户端模式的协议。一台设备需要指定另一台设备作为自己的 NTP 服务器，从 NTP 服务器那里获取时间信息。目前最新版的 NTP 是第 4 层，被定义在 RFC（征求意见稿）5905 中。

NTP 使用了一种分层的时间源系统。在这个分层架构中，最顶层是第 0 层设备。第 0 层设备都是高精度的计时设备[如原子钟、GPS（全球定位系统）时钟]，一般称其为参考时钟。设备所在的层数代表了它和参考时钟之间的距离。但为了保证时间的精度，最底层只能为第 15 层。第 16 层表示设备不同步。

在充当 NTP 客户端的 IOS 设备上指定 NTP 服务器非常简单，只需要在全局配置模式下，输入 ntp server ip-address 命令，指定 NTP 服务器的 IP 地址。设置了 NTP 服务器之后，在 IOS 系统中输入 show ntp status 命令，可以看到该客户端属于哪一层以及服务器的 IP 地址等。

除此之外，如果希望执行 NTP 认证，让 NTP 客户端认证 NTP 服务器，就需要在 NTP 客户端（和 NTP 服务器）上的全局配置模式下执行以下 3 步配置。

- 第 1 步：使用 ntp authenticate 命令启用 NTP 认证。
- 第 2 步：使用 ntp authentication-key number md5 key 命令配置 NTP 认证密钥编号和认证密钥。
- 第 3 步：输入 ntp trusted-key key-number 命令用某个编号的密钥来认证对端。

系统日志最初是艾瑞克·欧曼开发的 Sendmail 项目中提供的一项功能。近些年，使用 Sendmail 作为邮件代理的用户已经越来越少了，但系统日志作为一种独立的应用却得到了广泛的采用，尽管厂商、系统之间的系统日志实现方式往往存在一定的差异，而且有时无法兼容。

设备管理员可以根据自己的需要，决定让思科 IOS 设备把生成的系统日志消息发送到哪里。比如，除了把系统日志消息发送到控制台、VTY 线路供管理员同步浏览外，设备管理员还可以把系统日志消息发送到设备的缓冲区，以便随时在本地使用 CLI（命令行界面）的 show logging 命令来查看这台设备的系统日志。在真实网络中，更为常见的做法是让大量设备把系统日志发送到一台集中式的系统日志设备中，由那台设备统一进行保存，并在有需要时供网络运维人员统一浏览。不仅如此，设备管理员还可以指定发往某处的系统日志必须达到某个严重性级别。比如，在全局配置模式下，使用 logging buffered level 命令就可以设置保存在本地缓冲区的系统日志必须达到（也就是数字上小于）某个级别。

如果让一台 IOS 设备把系统日志发送到某台外部系统日志设备，则需要输入全局配置命令 logging ip-address，但必须达到某个严重性级别，才能将系统日志消息发送到外部系统日志设备。可以在全局配置模式下，输入 logging trap level 命令来定义级别。

上述两种协议在网络中发挥着非常重要的作用，但也正因为如此，如果不对这些协议加以保护，则会让攻击者有机可乘。倘若漏洞被攻击者利用，这些协议反之也能够给网络安全带来巨大的威胁。因此，在实际网络管理工作中，我们应该对这些管理协议辅以相应的安全措施，防止攻击者乘虚而入。本项目首先会讲解如何在思科设备上，针对 SNMP 和 NTP 配置安全措施。然后会讲解系统日志的配置，因为系统日志在监控设备安装状态中，往往发挥着关键的作用。

任务 1：SNMPv3 的配置

1．任务目的

通过本任务，读者可以掌握：

使用 ACL 配置 SNMPv3 安全功能。

2．任务拓扑

本任务所用的拓扑如图 3-1 所示。

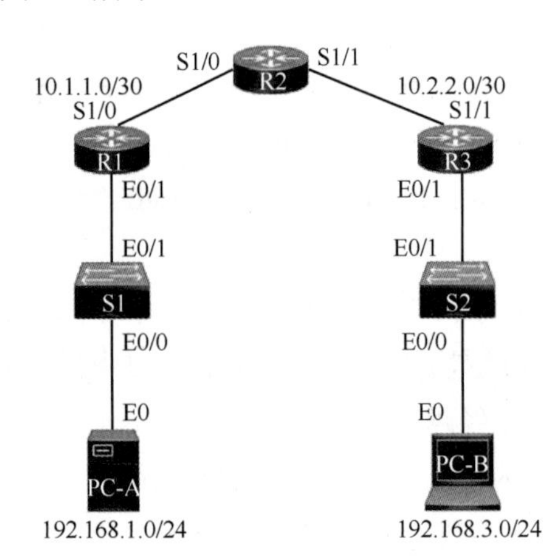

图 3-1 任务拓扑

本任务的 IP 地址分配见表 3-1。

表 3-1 IP 地址分配

设备	接口	IP 地址	子网掩码	默认网关	交换机端口
R1	E0/1	192.168.1.1	255.255.255.0	不适用	S1 E0/1
	S1/0	10.1.1.1	255.255.255.252	不适用	不适用
R2	S1/0	10.1.1.2	255.255.255.252	不适用	不适用
	S1/1	10.2.2.2	255.255.255.252	不适用	不适用
R3	E0/1	192.168.3.1	255.255.255.0	不适用	S2 E0/1
	S1/1	10.2.2.1	255.255.255.252	不适用	不适用
PC-A	E0	192.168.1.3	255.255.255.0	192.168.1.1	S1 E0/0
PC-B	E0	192.168.3.3	255.255.255.0	192.168.3.1	S2 E0/0

3．任务步骤

任务：使用 ACL 配置 SNMPv3 安全功能。

SNMP 可以帮助网络管理员监控网络性能，管理网络设备并解决网络问题。SNMPv3 通过在网络上对 SNMP 管理数据包进行认证和加密来实现安全访问。我们将在 R1 上使用 ACL 配置 SNMPv3。

第 1 步：在 R1 上配置 ACL，以限制对 192.168.1.0 LAN 上的 SNMP 的访问。

a．创建名为 **PERMIT-SNMP** 的标准访问列表。

```
R1(config)# ip access-list standard PERMIT-SNMP
```

b．添加一条 permit 语句，以便仅允许访问 R1 LAN 上的数据包。

```
R1(config-std-nacl)# permit 192.168.1.0 0.0.0.255
R1(config-std-nacl)# exit
```

第 2 步：配置 SNMP 视图。

配置名为 **SNMP-RO** 的 SNMP 视图，以涵盖 ISO MIB 系列。

```
R1(config)# snmp-server view SNMP-RO iso included
```

第 3 步：配置 SNMP 组。

调用组名 SNMP-G1，将该组配置为使用 SNMPv3，并通过使用 priv 关键字要求进行认证和加密。将在第 2 步中创建的视图关联到该组，并通过 read 参数为其提供只读访问权限。最后，指定在第 1 步中配置的 ACL PERMIT-SNMP，以限制对本地 LAN 的 SNMP 的访问。

```
R1(config)# snmp-server group SNMP-G1 v3 priv read SNMP-RO access PERMIT-
SNMP
```

第 4 步：配置 SNMP 用户。

配置 **SNMP-Admin** 用户，并将此用户关联到在第 3 步中配置的 **SNMP-G1** 组。将认证方法设置为 **sha**，将认证密码设置为 **Authpass**。使用 **aes 128** 位进行加密，密码为 **Encrypass**。

```
R1(config)# snmp-server user SNMP-Admin SNMP-G1 v3 auth sha Authpass priv
aes
128 Encrypass
R1(config)# end
```

第 5 步：验证 SNMP 配置。

a．在特权 EXEC 模式下使用 **show snmp group** 命令查看 SNMP 组配置。验证是否已正确配置组。

> **注意：** 如果需要对该组进行更改，请使用 **no snmp group** 命令从配置中删除该组，然后使用正确的参数重新添加。

```
R1# show snmp group
groupname: ILMI                                 security model: v1
contextname: <no context specified>             storage-type: permanent
readview: *ilmi                                 writeview: *ilmi
notifyview: <no notifyview specified>
row status: active
```

```
    groupname: ILMI                                    security model: v2c
    contextname: <no context specified>               storage-type: permanent
    readview: *ilmi                                    writeview: *ilmi
    notifyview: <no notifyview specified>
    row status: active
    groupname: SNMP-G1                                 security model: v3 priv
contextname:
    <no context specified>                             storage-type:  nonvolatile
readview:
    SNMP-RO                                            writeview: <no writeview
specified>
    notifyview: <no notifyview specified>
    row status: active access-list: PERMIT-SNMP
```

b．使用 **show snmp user** 命令查看 SNMP 用户信息。

> 注意：出于安全原因，**snmp-server user** 命令在配置中是隐藏的。但是，如果需要对 SNMP 用户进行更改，可以使用 **no snmp-server user** 命令从配置中删除该用户，然后使用新参数重新添加。

```
R1# show snmp user
User name: SNMP-Admin
Engine ID: 800000009030030F70DA30DA0
storage-type: nonvolatile   active
Authentication Protocol: SHA
Privacy Protocol: AES128
Group-name: SNMP-G1
```

任务 2：网络时间协议的配置

1．任务目的

通过本任务，读者可以掌握：

使用 NTP，将路由器配置为其他设备的同步时钟源。

2．任务拓扑

本任务所用的拓扑如图 3-1 所示。

本任务的 IP 地址分配见表 3-1。

3．任务步骤

步骤：使用 NTP 配置同步时钟源。

R2 将成为路由器 R1 和 R3 的主 NTP 时钟源。

> 注意：R2 也可以作为交换机 S1 和 S2 的主时钟源，但是没有必要为本任务配置这些交换机。

第 1 步：使用思科 IOS 命令设置 NTP 主设备。

R2 是本任务中的 NTP 主设备。所有其他路由器和交换机直接或间接地从 R2 获知时间。为此，必须确保 R2 设置了正确的协调世界时。

a．使用 **show clock** 命令显示路由器上设置的当前时间。

```
R2# show clock
*19:48:38.858 UTC Wed Feb 18 2015
```

b．要在路由器上设置时间，需要使用 **clock set** *time* 命令。

```
R2# clock set 20:12:00 Dec 17 2014
R2#
*Dec 17 20:12:18.000:%SYS-6-CLOCKUPDATE: System clock has been updated
from 01:20:26 UTC Mon Dec 15 2014 to 20:12:00 UTC Wed Dec 17 2014,
 configured from console by admin on console
```

c．定义认证密钥编号、散列类型以及将用于认证的密码，配置 NTP 认证。密码区分大小写。

```
R2# config t
R2(config)# ntp authentication-key 1 md5 NTPpassword
```

d．配置将用于在 R2 上认证的受信任的密钥。

```
R2(config)# ntp trusted-key 1
```

e．启用 R2 上的 NTP 认证功能。

```
R2(config)# ntp authenticate
```

f．在全局配置模式下，使用 **ntp master** *stratum-number* 命令将 R2 配置为 NTP 主设备。层数表示与原始源的距离。本任务，在 R2 上使用层数 3。当设备从 NTP 源获知时间时，其层数将变得大于其源的层数。

```
R2(config)# ntp master 3
```

第 2 步：使用 CLI 将 R1 和 R3 配置为 NTP 客户端。

a．通过定义认证密钥编号、散列类型以及将用于认证的密码，来配置 NTP 认证。

```
R1# config t
R1(config)# ntp authentication-key 1 md5 NTPpassword
```

b．配置将用于认证的受信任的密钥。此命令可防止意外将设备同步到不受信任的时钟源。

```
R1(config)# ntp trusted-key 1
```

c．启用 NTP 认证功能。

```
R1(config)# ntp authenticate
```

d．将 R1 和 R3 设置为 R2 的 NTP 客户端，使用 **ntp server** *hostname* 命令。主机名也可以是 IP 地址。**ntp update-calendar** 命令会根据 NTP 时间定期更新日历。

```
R1(config)# ntp server 10.1.1.2
R1(config)# ntp update-calendar
```

e．使用 **show ntp associations** 命令验证 R1 是否已与 R2 建立关联。还可以通过添加 **detail** 参数来使用命令的更详细版本。可能需要一些时间才能形成 NTP 关联。

```
R1# show ntp associations
Address     ref clock    st   when   poll  reach   delay   offset   disp
~10.1.1.2 127.127.1.1   3     14     64     3   0.000   -280073 3939.7
*sys.peer, # selected, +candidate, -outlyer, x falseticker, ~ configured
```

f. 使用 **debug ntp all** 命令，以在 R1 与 R2 同步时查看 R1 上的 NTP 活动。

```
R1# debug ntp all
NTP events debugging is on
NTP core messages debugging is on
NTP clock adjustments debugging is on NTP
reference clocks debugging is on
NTP packets debugging is on
Dec 17 20.12:18.554: NTP message sent to 10.1.1.2, from interface 'Serial1/0'
(10.1.1.1)
Dec 17 20.12:18.574: NTP message received from 10.1.1.2 on interface 'Serial1/0'
(10.1.1.1)
Dec 17 20:12:18.574: NTP Core(DEBUG): ntp_receive: message received
Dec 17 20:12:18.574: NTP Core(DEBUG): ntp_reccive: peer is 0x645A3120, next
action is 1
Dec 17 20:12:18.574: NTP Core(DEBUG): receive: packet given to process_
packet Dec
17 20:12:18.578: NTP Core(INFO): system event 'event_peer/strat_chg' (0x04)
status
'sync_alarm, sync_ntp, 5 events, event_clock_reset' (0xC655)
Dec 17 20:12:18.578: NTP Core(INFO): synchronized to 10.1.1.2, stratum 3
Dec 17 20:12:18.578: NTP Core(INFO): system event 'event_sync_chg' (0x03)
status 'leap_none,
sync_ntp, 6 events, event_peer/strat_chg' (0x664)
Dec 17 20:12:18.578: NTP Core(NOTICE): Clock is synchronized.
Dec 17 20:12:18.578: NTP Core(INFO): system event 'event_peer/strat_chg' (0x04)
status 'leap_none, sync_ntp, 7 events, event_sync_chg' (0x673)
Dec 17 20:12:23.554: NTP: Calendar updated
```

g. 使用 **undebug all** 或 **no debug ntp all** 命令关闭调试。

```
R1# undebug all
```

h. 与 R2 建立关联后，验证 R1 上的时间。

```
R1# show clock
*20:12:24.859 UTC Wed Dec 17 2014
```

任务 3：系统日志记录的配置

1. 任务目的

通过本任务，读者可以掌握：

- 在计算机上安装系统日志服务器并启用它；
- 在路由器上配置日志记录陷阱级别；

■ 更改路由器并监控计算机上的系统日志结果。

2. 任务拓扑

本任务所用的拓扑如图 3-1 所示。

本任务的 IP 地址分配见表 3-1。

3. 任务步骤

步骤：在 R1 和 PC-A 上配置系统日志支持。

第 1 步：安装系统日志服务器。

Tftpd64 包括 TFTP 服务器、TFTP 客户端以及系统日志服务器和查看器。Kiwi 系统日志守护程序只是一个专用的系统日志服务器。我们可以在本任务中使用任意一个。两者都提供免费版本，并在 Microsoft Windows 上运行。

> **注意：** 本任务使用 Tftpd64 应用提供系统日志服务器功能。

第 2 步：配置 R1，以使用 CLI 将消息记录到系统日志服务器上。

a．通过对 R1 接口 E0/1 的 IP 地址 192.168.1.1 执行 ping 操作，验证 R1 和 PC-A 之间是否有连接。如果不成功，需要在继续操作之前根据需要进行故障排除。

b．在任务 2 中配置了 NTP 以同步网络上的时间。使用系统日志监控网络时，在系统日志消息中显示正确的时间和日期至关重要。如果不知道消息的正确日期和时间，就很难确定是什么网络事件导致了该消息出现。

使用 **show run** 命令验证是否在路由器上启用了日志记录的时间戳服务。如果未启用时间戳服务，请使用以下命令。

```
R1(config)# service timestamps log datetime msec
```

c．在路由器上配置 syslog 服务，以将 syslog 消息发送到 syslog 服务器。

```
R1(config)# logging host 192.168.1.3
```

第 3 步：在 R1 上配置日志记录严重性级别。

设置日志记录陷阱可以支持日志记录功能。陷阱是一个阈值，达到此阈值后，将会触发一条日志消息。可以调整日志记录消息的严重性级别，以便允许网络管理员确定将哪种消息发送到系统日志服务器。路由器支持不同级别的日志记录。严重性从 0（紧急）到 7（调试），一共分为 8 个级别。其中 0 级表示系统不稳定，7 级则表示会发送包含路由器信息的消息。

> **注意：** 系统日志的默认级别为 6（信息性日志记录）。控制台和监控日志记录的默认值为 7（调试）。

a．使用 **logging trap** 命令确定命令选项和可用的各种陷阱级别。

```
R1(config)# logging trap?
<0-7>          Logging severity level
alerts         Immediate action needed             (severity=1)
critical       Critical conditions                 (severity=2)
```

```
debugging     Debugging messages                    (severity=7)
emergencies   System is unusable                    (severity=0)
errors        Error conditions                      (severity=3)
informational Informational messages                (severity=6)
notifications Normal but significant conditions     (severity=5)
warnings      Warning conditions                    (severity=4)
<cr>
```

b．定义发送到系统日志服务器的消息的严重性级别。要配置严重性级别，可使用关键字或严重性级别编号（0～7）。严重性级别、关键字及含义见表 3-2。

表 3-2　严重性级别、关键字及含义

严重性级别	关键字	含义
0	emergencies	系统不可用
1	alerts	需要立即采取措施
2	critical	严重情况
3	errors	错误情况
4	warnings	警告情况
5	notifications	正常但比较重要的情况
6	informational	参考性消息
7	debugging	调试消息

注意： 严重性级别包括指定的级别以及严重性级别较低的级别。例如，如果将级别设置为 4，或使用关键字警告，将可捕获严重性级别为 4、3、2、1 和 0 的消息。

c．使用 **logging trap** 命令为 R1 设置严重性级别。

```
R1(config)# logging trap warnings
```

第 4 步：显示 R1 日志记录的当前状态。

使用 **show logging** 命令查看已启用日志记录的类型和级别。

```
R1# show logging
 Syslog logging: enabled (0 messages dropped, 3 messages rate-limited, 0 flushes,
0 overruns,
 xml disabled, filtering disabled)
 No Active Message Discriminator
 No Inactive Message Discriminator
     Console logging: level debugging, 72 messages logged, xml disabled,
                      filtering disabled
     Monitor logging: level debugging, 0 messages logged, xml disabled,
                      filtering disabled
     Buffer logging: level debugging, 72 messages logged, xml disabled,
                      filtering disabled
     Exception Logging: size (4096 bytes)
     Count and timestamp logging messages: disabled
     Persistent logging: disabled
 No active filter modules
```

```
    Trap logging: level warnings, 54 message lines logged Logging
        to 192.168.1.13           (udp port 514, audit disabled,
              link up),
              3 message lines logged,
              0 message lines rate-limited,
              0 message lines dropped-by-MD,
              xml disabled, sequence number disabled
              filtering disabled
        Logging to 192.168.1.3  (udp port 514, audit disabled,
              link up),
              3 message lines logged,
              0 message lines rate-limited,
              0 message lines dropped-by-MD,
              xml disabled, sequence number disabled
              filtering disabled
        Logging Source-Interface:       VRF Name:
<output omitted>>
```

项目四 认证、授权、审计（AAA）

04

路由器访问安全的最基本形式是为控制台、VTY 和 Aux（辅助）线路创建密码。用户访问路由器时，系统仅提示其输入密码。配置特权 EXEC 模式启用加密密码可进一步提高安全性，但每种访问模式仍然只需要一个基本密码。除基本密码外，用户还可以在本地路由器数据库中定义具有不同权限级别的特定用户名或账户，将数据库作为一个整体应用于路由器。将控制台、VTY 或 Aux 线路配置为：引用此本地数据库时，如果使用这些线路访问路由器，系统将提示用户输入用户名和密码。

AAA（认证、授权、审计）在保护设备管理平面中发挥着重要的作用。它们提供的服务分别确保了访问设备的人员是合法用户。人员可以执行的操作是合法操作，以及访问人员曾经执行的操作可以追溯。这 3 项服务可以在很大程度上确保设备管理平面的安全，避免让网络安全的千里之堤溃于设备自身管理平面的萧墙之内。认证的作用是让用户证明自己身份的操作，让访问设备的用户提供自己是合法用户的凭据，这里所说的凭据包括用户名和密码、数字证书、指纹、脸部识别等。总之，认证的目的是设备要求用户回答“你是谁”这个问题，并且提供凭据来证明自己确实是（自己宣称的）那个人。授权的作用是通过用户的身份，判断这位用户可以访问哪些资源、执行哪些操作、查看哪些信息。因此，授权用于设备根据用户提供的身份来判断该用户拥有什么样的权限。审计的作用是记录各个用户曾经在这台设备上执行了哪些操作，以及这些操作都是在什么时候进行的。使用 AAA 可以对登录过程进行额外控制。在本项目中，您首先需要构建一个多路由器网络，并配置路由器和主机；然后需要使用 CLI 命令通过 AAA 为路由器配置基本本地认证；最后您需要在外部计算机上安装 RADIUS（远程身份认证拨号用户服务）服务器，并使用 AAA 通过 RADIUS 服务器对用户进行认证。

AAA 有两种基本的实现架构。其中一种比较简单的架构是在设备本地对用户进行认证。就是说，用户要登录的设备会在本地通过内部的一个数据库来对用户提供的登录凭证进行认证，而不需要借助任何其他设备来管理这些数据。直接使用网络设备充当 AAA 服务器，在本地对用户提供的数据进行校验，这种做法适合规模很小的网络区域。

在任务 1 中，我们需要通过配置，在路由器本地对登录的用户进行认证，然后尝试测试配置的结果。

在任务 1 中，我们展示了如何通过被访问设备本地的数据库来认证用户。如果想要在小规模网络区域中为有限的几位用户提供基本的认证功能，上述方法可以胜任。但这种方法的可扩展性不佳，因为网络管理员必须在每台路由器上进行配置。当网络区域规模扩大，网络中包含了各类拥有不同管理权限的账户，这些账户会因为人员流动频繁变更，同时用户的操作行为还必须记录时，就只能采用集中式的架构，通过一台专门的 AAA 服务器来提供这些功能。具体来说，就是让网络中的被访问设备与一台专门的外部服务器通信。当用户登录设备时，这台设备就会把用户提供的凭证交给外部服务器进行校验，授权和审计记录也通过外部服务器来实现。被访问设备和外部服务器之间，则通过 TACACS+（新版终端访问控制器接入控制系统）或 RADIUS 协议进行通信。这样一来，就实现了 AAA 数据和处理的集中化，不仅可以大大简化账户创建和维护工作，而且可以更好地提供 AAA 中所涵盖的全部服务。在规模稍大的网络区域中，被登录的设备数量庞大，用户信息的变更频率也很高，采用这种一一在所有设备上配置 AAA 的方式扩展性过差。因此，规模稍大的网络区域往往只能采用集中式 AAA 服务器的部署方式，使用一台专门的 AAA 服务器统一为网络中大量设备提供 AAA 服务。总的来说，使用独立 AAA 服务器的做法在网络中比较常用。

在 AAA 的架构中，用户尝试登录的路由器称为网络接入服务器（NAS）。显然，NAS 和 AAA 服务器之间，需要借助某种通信协议。目前，NAS 和 AAA 服务器之间使用的通信协议有 RADIUS 和 TACACS+两种。

RADIUS 是 NAS 和 AAA 服务器之间的公有标准 AAA 协议。其中，NAS 充当 AAA 客户端。RADIUS 是一种基于 UDP 的协议。这项协议把 AAA 分为了认证授权和审计两个模块。针对认证授权服务，RADIUS 使用的官方端口号是 UDP 1812 端口，不过 RADIUS 曾经针对认证授权服务使用过 UDP 1645 端口，后来因为与其他服务冲突而改用 UDP 1812 端口。针对审计服务，RADIUS 使用的官方端口号则是 UDP 1813 端口。RADIUS 审计曾经使用过 UDP 1646 端口，后来也因为与另一种服务冲突而改用 1813 端口。由于 RADIUS 把认证和授权两项服务合并，因此 RADIUS 服务器会通过访问接收消息提供授权级别。RADIUS 消息包含了以下 5 个字段。

- **代码**：表示这个 RADIUS 消息的类型。如访问请求消息代码为 1，访问接收消息代码为 2，审计请求消息代码为 4，审计响应消息代码为 5。此外，RADIUS 定义的其他消息也有对应的代码，比如 RADIUS 服务器如果拒绝这次访问，那么就会发送一个代码值为 3 的访问拒绝消息。
- **标识符**：集中式 AAA 服务环境中很有可能会有大量 NAS 发送请求消息，每台 NAS 也有可能在短时间内发送大量请求消息的情况。而标识符字段的作用就是标识出请求消息和响应消息的对应关系。

- **长度**：表示这个消息含头部在内的总长度。
- **认证码**：让 NAS 确认，自己接收到的消息的确是由合法的 AAA 服务器发送过来的。同时，认证码也会用来对密码进行加密。
- **属性值对**（AVP）：由 3 个部分组成，它们分别为 8 位长度的类型（Type）字段、8 位长度的长度（Length）字段和不定长度的值（Value）字段，这 3 个字段也常常合称为 TLV。AVP 的作用就是提供 RADIUS 消息中进行请求和响应的内容。比如，一个访问请求数据包中就可以包含用户名、（使用 NAS 和 AAA 服务器之间的共享密钥加密后的）密码、NAS 的 IP 地址等 TLV。属性值对的英文注释中采用了可数名词复数，因为一个 RADIUS 数据包中可能且往往携带多组 TLV。每个 TLV 中的 L 标识这个 TLV 从 T 开始到 V 结束的长度。长度字段则标识了从头部开始到最后一个 AVP 结束的总长度。通过这些 TLV，NAS 可以把用户提供的身份信息通过访问请求消息发送给 AAA 服务器，而 AAA 服务器也可以把授权信息通过访问接收消息发送给 NAS。

RADIUS 协议是公有标准的协议，而 TACACS+是 NAS 和 AAA 服务器之间的思科私有标准 AAA 协议。虽然 TACACS+是思科私有的协议，但是很多主流厂商的产品可以对 TACACS+提供部分支持，其中包括阿尔卡特朗讯、思杰、IBM、瞻博、北电网络等。与 RADIUS 协议的不同之处在于，TACACS+是一种基于 TCP 的协议，使用 TCP 49 端口提供认证、授权和审计服务。在 NAS 和 AAA 服务器之间执行 TACACS+通信前，双方首先需要建立 TCP 连接。在 TACACS+的流程中，认证、授权和审计是 3 个独立的模块。另外，AAA 服务器响应 NAS 认证请求是分步推进的。比如，AAA 服务器会先通过认证响应消息向 NAS 请求提供用户名，接收到 NAS 通过认证继续消息并向 NAS 提供用户名后，再通过下一个认证响应消息向 NAS 请求提供密码。TACACS+头部包含以下几个字段。

- **主版本**：作用是标识 TACACS+消息的主版本号。
- **辅助版本**：作用是标识 TACACS+消息的辅助版本号，也就是在主版本的基础上进行了几次修订。
- **数据包类型**：作用是标识 TACACS+消息是认证消息、授权消息还是审计消息。
- **序列号**：作用是标识 TACACS+会话的序列号。在同一个会话中，后一个 TACACS+消息的序列号是在前一个 TACACS+消息序列号的基础上加 1。
- **标记**：作用是标识数据包的一些特征，比如这个消息是否进行了加密。
- **会话 ID**：作用是标识一次 TACACS+会话。
- **长度**：作用是标识 TACACS+消息的总长度。这个字段标识的消息总长度不包括头部长度。

任务 2 会演示在这类环境中，如何对充当被管理设备的思科路由器和 AAA 服务器进行配置，同时对配置的结果进行测试。

任务 1：本地 AAA 认证的配置

1．任务目的

通过本任务，读者可以掌握：

- 使用思科 IOS 配置本地用户数据库；
- 使用思科 IOS 配置 AAA 本地认证。

2．任务拓扑

本任务所用的拓扑如图 4-1 所示。

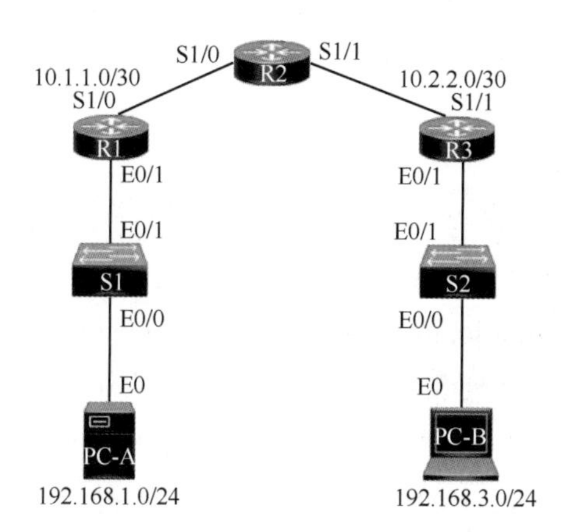

图 4-1　任务拓扑

本任务的 IP 地址分配见表 4-1。

表 4-1　IP 地址分配

设备	接口	IP 地址	子网掩码	默认网关	交换机端口
R1	E0/1	192.168.1.1	255.255.255.0	不适用	S1 E0/1
	S1/0	10.1.1.1	255.255.255.252	不适用	不适用
R2	S1/0	10.1.1.2	255.255.255.252	不适用	不适用
	S1/1	10.2.2.2	255.255.255.252	不适用	不适用
R3	E0/1	192.168.3.1	255.255.255.0	不适用	S2 E0/1
	S1/1	10.2.2.1	255.255.255.252	不适用	不适用
PC-A	E0	192.168.1.3	255.255.255.0	192.168.1.1	S1 E0/0
PC-B	E0	192.168.3.3	255.255.255.0	192.168.3.1	S2 E0/0

3．任务步骤

步骤 1：使用思科 IOS 配置本地用户数据库。

a．使用 SCRYPT 散列创建本地用户账户，以加密密码。

```
R3(config)# username Admin01 privilege 15 algorithm-type scrypt secret
Admin01pass
```

b．退出全局配置模式并显示运行配置。

步骤 2：使用思科 IOS 配置 AAA 本地认证。

在 R3 上，在全局配置模式下，使用 **aaa new-model** 命令启用服务。由于正在实施本地认证，因此使用本地认证作为第一种方法，以不认证作为辅助方法。

如果对远程服务器使用认证方法（如 TACACS+或 RADIUS），则可以为无法访问服务器时的回退操作配置辅助认证方法。通常，辅助方法是用本地数据库认证。在这种情况下，如果未在本地数据库中配置用户名，则路由器允许所有用户登录访问此设备。

第 1 步：启用 AAA 服务。

```
R3(config)# aaa new-model
```

第 2 步：使用本地数据库实施 AAA 服务，以实现控制台访问。

a．发出 **aaa authentication login default** *method1[method2][method3]* 命令以及使用关键字 **local** 和 **none** 的方法列表，创建默认登录认证列表。

```
R3(config)# aaa authentication login default local-case none
```

注意： 如果未设置默认登录认证列表，则路由器可能会被锁定，且您将被迫为特定路由器使用密码恢复过程。需要特别注意，local-case 参数用于区分用户名的大小写。

b．退回到显示以下信息的初始路由器界面。

```
R3 con0 is now available
Press RETURN to get started
```

使用密码 **Admin01pass** 以 **Admin01** 的身份登录控制台。请牢记，用户名和密码均区分大小写。

注意： 如果与路由器控制台端口的会话超时，则必须使用默认认证列表登录。

c．退回到显示以下信息的初始路由器界面。

```
R3 con0 is now available
Press RETURN to get started
```

d．尝试使用任意密码以 **baduser** 的身份登录控制台。

第 3 步：使用本地数据库为 Telnet 创建 AAA 认证配置文件。

a．为路由器的 Telnet 访问创建唯一的认证列表。这样无法回退至不认证，因此如果本地数据库中没有用户名，则禁用 Telnet 访问。要创建非默认的认证配置文件，请指定列表名称 TELNET_LINES 并将其应用于 VTY 线路。

```
R3(config)# aaa authentication login TELNET_LINES local
R3(config)# line vty 0 4
R3(config-line)# login authentication TELNET_LINES
```

b．通过打开从 PC-B 到 R3 的 Telnet 会话来验证是否已使用此认证配置文件。

```
PC-B> telnet 192.168.3.1
Trying 192.168.3.1 ...
```

c．使用密码 **Admin01pass** 以 **Admin01** 的身份登录。

d．使用 **exit** 命令退出 Telnet 会话，并再次通过 Telnet 连接到 R3。

e．尝试使用任意密码以 **baduser** 的身份登录。

步骤 3：使用思科 IOS 调试观察 AAA 认证。

在本步骤中，您可以使用 **debug** 命令观察成功和失败的认证尝试。

第 1 步：验证是否已正确配置系统时钟和调试时间戳。

a．在 R3 用户或特权 EXEC 模式提示符后，使用 **show clock** 命令确定路由器的当前时间。如果时间和日期不正确，则使用 **clock set HH:MM:SS DD month YYYY** 命令从特权 EXEC 模式下设置时间。此处提供了 R3 的示例。

```
R3# clock set 14:15:00 26 December 2014
```

b．使用 **show run** 命令验证是否有详细的时间戳信息可用于调试输出。此命令显示运行配置中包括文本“timestamps”（时间戳）的所有线路。

```
R3# show run | include timestamps
service timestamps debug datetime msec
service timestamps log datetime msec
```

c．如果不存在 **service timestamps debug** 命令，则在全局配置模式下输入此命令。

```
R3(config)# service timestamps debug datetime msec R3(config)#
exit
```

d．在特权 EXEC 模式提示符下，将运行配置保存到启动配置中。

```
R3# copy running-config startup-config
```

第 2 步：使用 debug 验证用户访问权限。

a．激活 AAA 认证的调试。

```
R3# debug aaa authentication
AAA Authentication debugging is on
```

b．启动从 R2 到 R3 的 Telnet 会话。

c．使用用户名 **Admin01** 和密码 **Admin01pass** 登录。观察控制台会话窗口中的 AAA 认证事件。系统应显示以下调试消息。

```
R3#
Feb 20 08:45:49.383: AAA/BIND(0000000F): Bind i/f
Feb 20 08:45:49.383: AAA/AUTHEN/LOGIN (0000000F): Pick method list 'TEL-
NET_LINES'
```

d．在 Telnet 窗口中，进入特权 EXEC 模式。使用启用加密密码 **cisco12345**。系统应显示以下调试消息。在第 3 个条目（代码中阴影部分）中，注意用户名（Admin01）、虚拟端口号（tty132）和远程 Telnet 客户端地址（10.2.2.2）。另外请注意，最后一个状态条目是“PASS”。

```
R3#
Feb 20 08:46:43.223: AAA: parse name=tty132 idb type=-1 tty=-1
Feb 20 08:46:43.223: AAA: name=tty132 flags=0x11 type=5 shelf=0 slot=0
adapter=0
port=132 channel=0
Feb 20 08:46:43.223: AAA/MEMORY: create_user (0x32716AC8) user=
'Admin01' ruser='NULL'
ds0=0 port='tty132' rem_addr='10.2.2.2' authen_type=ASCII service=
ENABLE priv=15
initial_task_id='0', vrf= (id=0)
Feb 20 08:46:43.223: AAA/AUTHEN/START (2655524682): port='tty132' list=''
action=LOGIN
service=ENABLE
Feb 20 08:46:43.223: AAA/AUTHEN/START (2

R3#655524682): non-console enable - default to enable password Feb
20 08:46:43.223: AAA/AUTHEN/START (2655524682): Method=ENABLE
Feb 20 08:46:43.223: AAA/AUTHEN (2655524682): status = GETPASS R3#
Feb 20 08:46:46.315: AAA/AUTHEN/CONT (2655524682): continue_login
(user='(undef)')
Feb 20 08:46:46.315: AAA/AUTHEN (2655524682): status = GETPASS
Feb 20 08:46:46.315: AAA/AUTHEN/CONT (2655524682): Method=ENABLE
Feb 20 08:46:46.543: AAA/AUTHEN (2655524682): status = PASS
```

e. 在 Telnet 窗口中，使用 **disable** 命令退出特权 EXEC 模式。尝试再次进入特权 EXEC 模式，但这次使用错误的密码。观察 R3 上的调试输出，注意这次状态为“FAIL”。

```
Feb 20 08:47:36.127: AAA/AUTHEN (4254493175): status = GETPASS
Feb 20 08:47:36.127: AAA/AUTHEN/CONT (4254493175): Method=ENABLE
Feb 20 08:47:36.355: AAA/AUTHEN(4254493175): password incorrect
Feb 20 08:47:36.355: AAA/AUTHEN (4254493175): status = FAIL
Feb 20 08:47:36.355: AAA/MEMORY: free_user (0x32148CE4) user='NULL' ruser
='NULL' port='tty132' rem_addr='10.2.2.2' authen_type=ASCII service=
ENABLE priv=15 vrf= (id=0)
R3#
```

f. 在 Telnet 窗口中，退出路由器的 Telnet 会话。再次打开路由器的 Telnet 会话，但这次尝试使用用户名 **Admin01** 和错误的密码登录。控制台窗口中的调试输出应类似以下内容。

```
Feb 20 08:48:17.887: AAA/AUTHEN/LOGIN (00000010): Pick method list
'TELNET_LINES'
```

g. 在特权 EXEC 模式提示符后使用 **undebug all** 命令关闭所有调试。

任务 2：基于服务器的 AAA 认证的配置

1. 任务目的

通过本任务，读者可以掌握：

- 在计算机上安装 RADIUS 服务器；
- 在 RADIUS 服务器上配置用户；
- 使用思科 IOS 在路由器上配置 AAA 服务以访问 RADIUS 服务器，从而进行认证；
- 测试 AAA RADIUS 的配置。

2. 任务拓扑

本任务所用的拓扑如图 4-1 所示。

本任务的 IP 地址分配见表 4-1。

3. 任务步骤

步骤 1：将 R1 恢复到基本配置。

为避免混淆已在 AAA RADIUS 配置中输入的内容，首先将路由器 R1 恢复到基本配置。

第 1 步：重新加载并恢复 R1 上的基本配置。

a．连接到 R1 控制台，并使用用户名 **user01** 和密码 **user01pass** 登录。

b．使用密码 **cisco12345** 进入特权 EXEC 模式。

c．重新加载路由器并在系统提示保存设置时输入 **no**。

```
R1# reload
System configuration has been modified. Save? [yes/no]: no
Proceed with reload? [confirm]
```

第 2 步：验证连接。

a．从主机 PC-A 对 PC-B 执行 ping 操作验证连接。如果 ping 不成功，请对路由器和计算机配置进行故障排除。

b．如果已退出控制台，请使用密码 **user01pass** 再次以 **user01** 的身份登录，然后使用密码 **cisco12345** 访问特权 EXEC 模式。

步骤 2：下载并在 PC-A 上安装 RADIUS 服务器。

RADIUS 服务器有免费的，也有付费的。本任务使用 WinRadius，这是一种基于标准的免费 RADIUS 服务器，可在 Windows 操作系统上运行。此软件的免费版本仅可支持 5 个用户名。

第 1 步：下载 WinRadius 软件。

a．在桌面上或其他存储文件的位置创建名为 **WinRadius** 的文件夹，如图 4-2 所示。

b．将 WinRadius 压缩文件解压缩到步骤 2/第 1 步/a 创建的文件夹中。没有安装设置。解压后的 **WinRadius.exe** 是可执行文件，如图 4-3 所示。

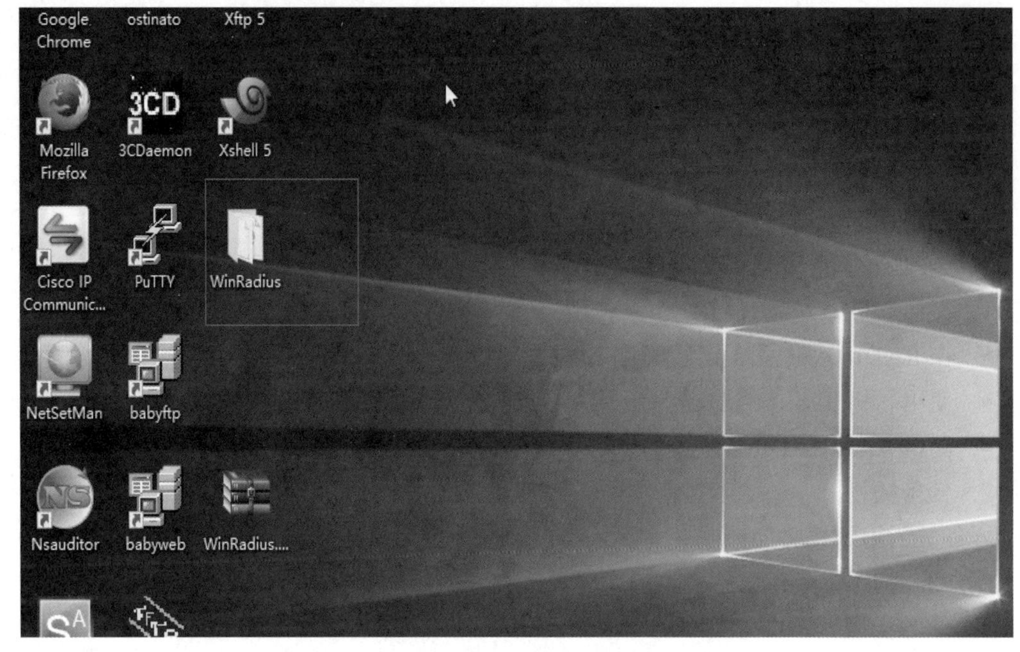

图 4-2　桌面上创建名为 WinRadius 的文件夹

RadiusTest.exe	2003/2/12 8:44	应用程序	216 KB
Readme-说明.htm	2009/2/10 21:21	HTML 文档	3 KB
WinRadius.exe	2003/1/1 1:19	应用程序	576 KB
WinRadius.mdb	2005/5/18 22:43	MDB 文件	116 KB

图 4-3　WinRadius.exe 是可执行文件

c．在桌面上为 WinRadius.exe 创建快捷方式。

注意： 如果在使用 Microsoft Windows Vista 操作系统或 Microsoft Windows 7 操作系统的计算机上使用 WinRadius，则可能无法成功创建 ODBC（开放数据库连接），因为它无法写入注册表。

可能的解决方案如下。

（1）兼容性设置

- 右键单击 WinRadius.exe 图标，然后选择**属性**。
- 在**属性**对话框中，选择**兼容性**选项卡。在此选项卡中，选中**以兼容模式运行这个程序**复选框。然后，在下面的下拉菜单中，选择适合您的计算机的操作系统（例如 Windows 7），如图 4-4 所示。
- 单击**确定**。

（2）以管理员设置运行

- 右键单击 WinRadius.exe 图标，然后选择**属性**。
- 在**属性**对话框中，选择**兼容性**选项卡。在此选项卡中，选中**以管理员身份运行此程序**复选框，如图 4-5 所示。
- 单击**确定**。

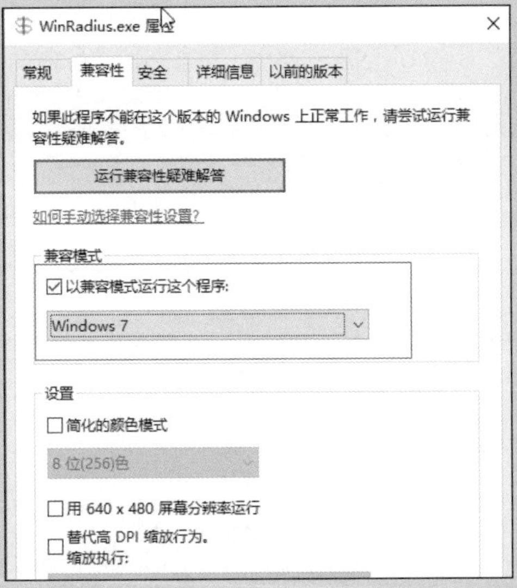

图 4-4　以兼容模式运行这个程序

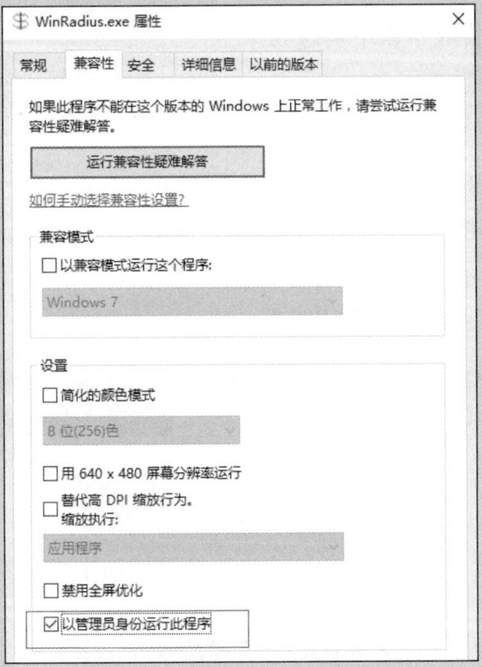

图 4-5　以管理员身份运行此程序

（3）每次启动时都以管理员身份运行

- 右键单击 WinRadius.exe 图标，然后选择 **Run as Administrator**（以管理员身份运行）。
- 当 WinRadius 启动时，单击 “User Account Control”（用户账户控制）对话框中的 **Yes**（是），弹出 Windows 安全警报，如图 4-6 所示。

图 4-6　弹出 Windows 安全警报

第 2 步：配置 WinRadius 服务器数据库。

a．启动 WinRadius.exe 应用。WinRadius 使用本地数据库来存储用户信息。首次启动此应用时，系统将显示以下消息。

```
Please go to "Settings/Database" and create the ODBC for your RADIUS database
(请转至 "设置/数据库" 并为您的 RADIUS 数据库创建 ODBC)。Launch
ODBC failed(启动 ODBC 失败)。
```

b．从主菜单中选择 **Settings**（设置）→**Database**（数据库）。在系统显示的内容中，单击 **Configure ODBC automatically**（自动配置 ODBC）选项，然后单击 **OK**（确定）选项，如图 4-7 所示。此时可以看到一条消息，提示 ODBC 创建成功。退出 WinRadius 并重新启动该应用以便使更改生效。

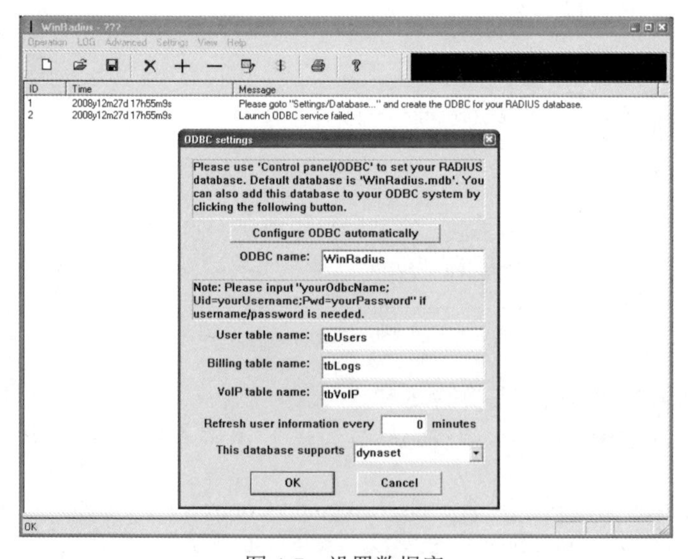

图 4-7　设置数据库

c．WinRadius 再次启动时，我们可以看到图 4-8 所示的消息。

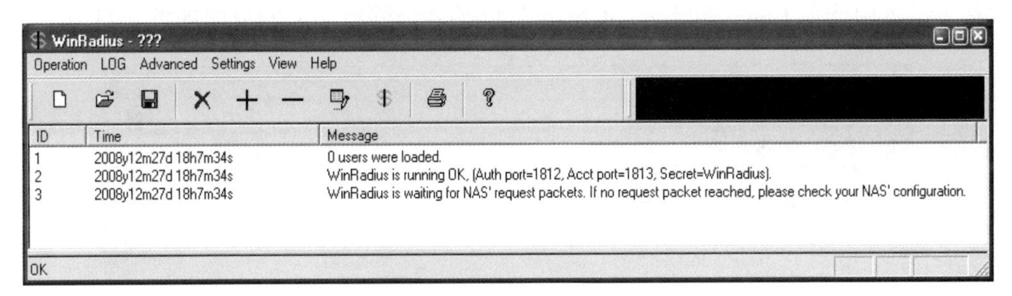

图 4-8　WinRadius 提示信息

第 3 步：在 WinRadius 服务器上配置用户和密码。

a．从主菜单中选择 **Operation**（操作）→**Add User**（添加用户）。

b．输入用户名 **RadUser** 和密码 **RadUserpass**，如图 4-9 所示。请注意，密码区分大小写。

c．单击 **OK**（确定），此时会在日志界面上看到一条消息，提示用户添加账号成功，如图 4-10 所示。

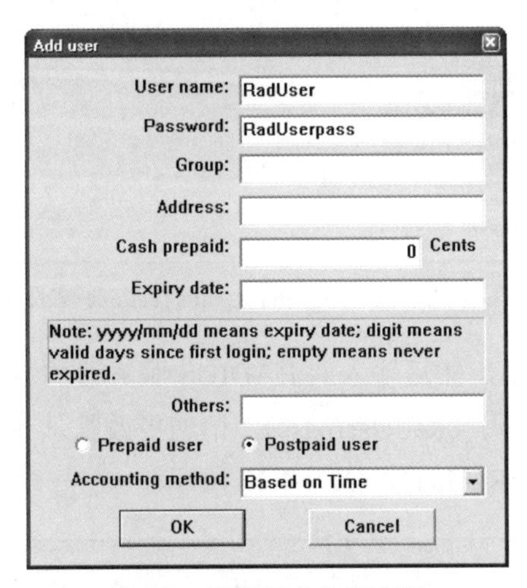

图 4-9　设置用户名和密码

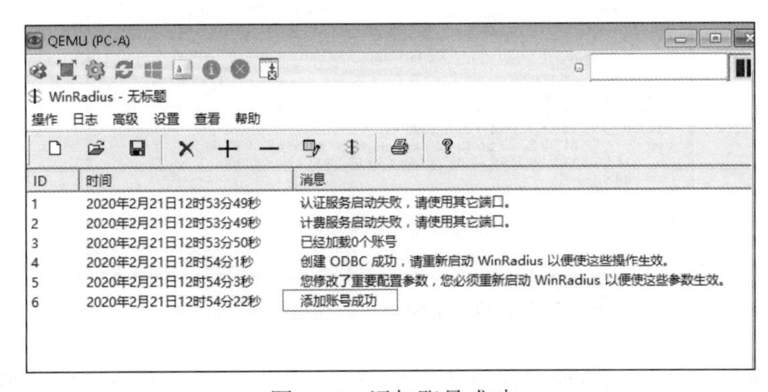

图 4-10　添加账号成功

第 4 步：清除日志显示。

从主菜单中选择 **Log**（日志）→**Clear**（清除），清除日志后的界面如图 4-11 所示。

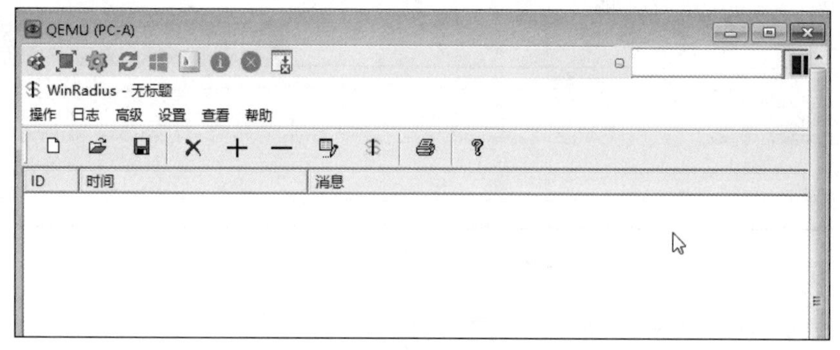

图 4-11　清除日志后的界面

第 5 步：使用 WinRadius 测试实用程序测试已添加的新用户。

a．WinRadius 测试实用程序位于已下载的 zip 文件中。导航到解压 WinRadius.zip 文件的文件夹，找到名为 RadiusTest.exe 的文件，如图 4-12 所示。

RadiusTest.exe	2003/2/12 8:44	应用程序
Readme-说明.htm	2009/2/10 21:21	HTML 文
WinRadius.backup	2020/2/21 12:45	BACKUP
WinRadius.exe	2003/1/1 1:19	应用程序
WinRadius.ldb	2020/2/21 12:53	LDB 文件
WinRadius.mdb	2020/2/21 12:54	MDB 文件

图 4-12　文件夹中的 RadiusTest.exe 文件

b．启动 RadiusTest 应用，然后输入此 RADIUS 服务器的 IP 地址（192.168.1.3）、用户名（RadUser）和密码（RadUserpass），请勿更改默认 RADIUS 端口号（1813）和 RADIUS 密码（WinRadius），如图 4-13 所示。

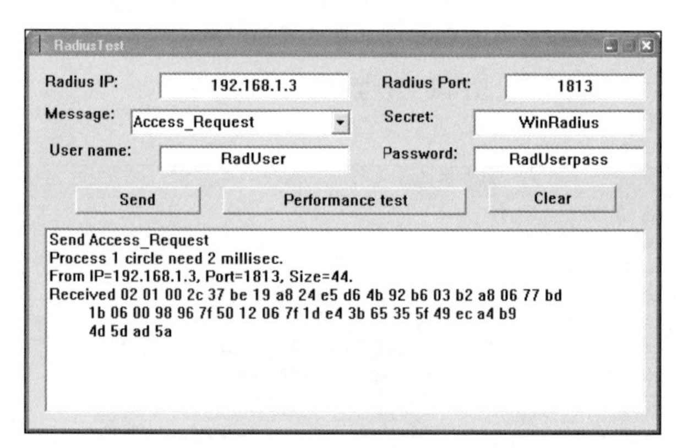

图 4-13　RadiusTest.exe 的设置与界面显示

c．单击 **Send**（发送），此时会看到“Send Access_Request”（发送访问请求）消息，指示服务器位于 192.168.1.3，端口号为 1813，已接收 44 个十六进制字符。

d．查看 WinRadius 日志，验证是否已成功完成 RadUser 认证，如图 4-14 所示。

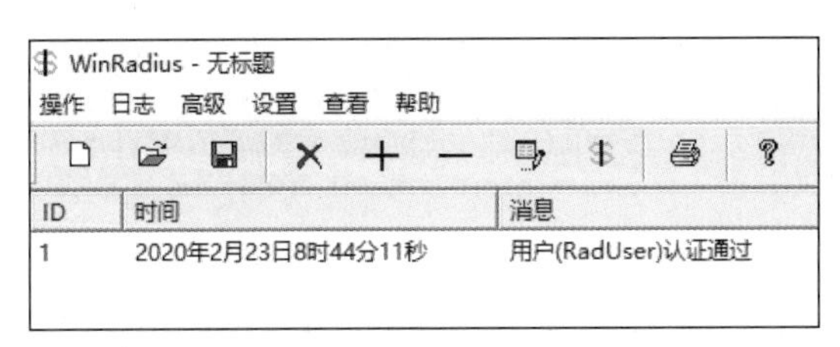

图 4-14　用户认证通过

注意：WinRadius 应用可以被最小化到系统托盘。在 RadiusTest 应用期间它仍处于运行状态，如果第二次启动，系统将显示一条错误消息，指示服务失败。单击系统托盘中的图标，可以确保将 WinRadius 重新置于顶部，如图 4-15 所示。

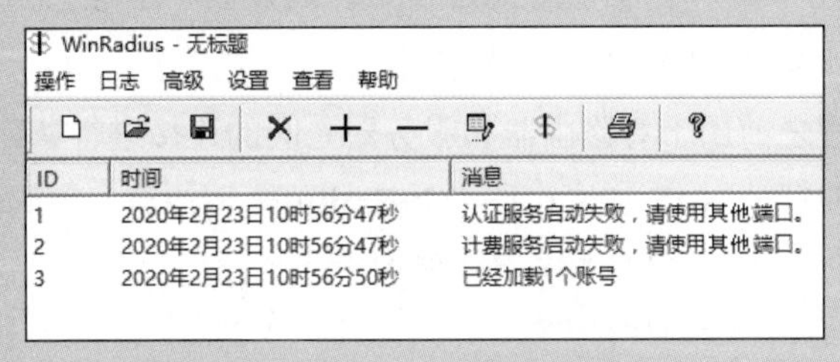

图 4-15　第二次启动 WinRadius

e．关闭 RadiusTest 应用。

步骤 3：配置 R1 AAA 服务并使用思科 IOS 访问 RADIUS 服务器。

第 1 步：在 R1 上启用 AAA。

在全局配置模式下使用 **aaa new-model** 命令启用 AAA。

```
R1(config)# aaa new-model
```

第 2 步：配置默认登录认证列表。

a．将该列表配置为首先使用 RADIUS 进行认证服务，然后在无法执行此认证的情况下不使用任何认证。也就是说，如果无法访问 RADIUS 服务器且无法执行认证，则路由器将全局允许访问而不需要认证。这是一种安全措施，可以防止路由器在没有连接到活动 RADIUS 服务器的情况下启动。

```
R1(config)# aaa authentication login default group radius none
```

b．也可以将本地认证配置为备份认证方法。

注意：如果未设置默认登录认证列表，则路由器可能会被锁定，需要对特定路由器使用密码恢复过程。

第 3 步：指定 RADIUS 服务器。

a．使用 **radius server** 命令进入 RADIUS 服务器配置模式。

```
R1(config)# radius server CCNAS
```

b．使用?查看可用于配置 RADIUS 服务器的子模式命令。

```
R1(config-radius-server)#?
RADIUS server sub-mode commands:
address Specify the radius server address
automate-tester Configure server automated testing.
backoff Retry backoff pattern(Default is retransmits with constant delay)
exit Exit from RADIUS server configuration mode
key Per-server encryption key
no Negate a command or set its defaults
non-standard Attributes to be parsed that violate RADIUS standard pac
Protected Access Credential key
retransmit Number of retries to active server (overrides default)
timeout Time to wait (in seconds) for this radius server to reply
(overrides default)
```

c．使用 **address** 命令为 PC-A 配置此 IP 地址。

```
R1(config-radius-server)# address ipv4 192.168.1.3
```

d．**key** 命令用于设置 RADIUS 服务器和路由器（本例中为 R1）共享的加密密码，并在用户认证过程之前用于对路由器和服务器之间的连接进行认证。此处使用 RADIUS 服务器上指定的默认 NAS 加密密码 **WinRadius**。请注意，密码区分大小写。

```
R1(config-radius-server)# key WinRadius
R1(config-radius-server)# end
```

步骤 4：测试 AAA RADIUS 的配置。

第 1 步：测试 R1 与运行 RADIUS 服务器的计算机之间的连接。

在 R1 对 PC-A 执行 ping 操作。

```
R1# ping 192.168.1.3
```

若 ping 不成功，请在继续操作之前对计算机和路由器的配置进行故障排除。

第 2 步：测试配置。

a．如果已重新启动 WinRadius 服务器，则必须通过选择 **Operation**（操作）→**Add User**（添加用户）来重新创建用户 **RadUser** 和密码 **RadUserpass**。

b．通过从主菜单中选择 **Log**（日志）→**Clear**（清除），来清除 WinRadius 服务器上的日志。

c．在 R1 上，退回到显示以下信息的初始路由器界面。

```
R1 con0 is now available
Press RETURN to get started
```

d．使用用户名 **RadUser** 和密码 **RadUserpass** 登录 R1 上的控制台，测试配置。

e．退回到显示以下信息的初始路由器界面。

```
R1 con0 is now available
Press RETURN to get started
```

f．使用虚构的用户名 **Userxxx** 和密码 **Userxxxpass** 登录 R1 上的控制台，再次测试配置。

g．RADIUS 服务器不可用时，尝试登录后，系统可能会显示以下消息。

```
*Dec 26 16:46:54.039: %RADIUS-4-RADIUS_DEAD: RADIUS server
192.168.1.3:1645,1646 is not responding.
```

```
*Dec 26 15:46:54.039: %RADIUS-4-RADIUS_ALIVE: RADIUS server
192.168.1.3:1645,1646 is being marked alive
```

第 3 步：对路由器到 RADIUS 服务器的通信进行故障排除。

使用 **radius server** 命令再次进入 RADIUS 服务器配置模式，检查 R1 上使用的默认的思科 IOS RADIUS UDP 端口号，然后使用 **address** 子模式命令的思科 IOS 帮助功能。

```
R1(config)# radius server CCNAS
R1(config-radius-server)# address ipv4 192.168.1.3?
  acct-port UDP port for RADIUS acco/unting server (default is 1646)
  alias         1-8 aliases for this server (max. 8)
  auth-port   UDP port for RADIUS authentication server (default is 1645)
  <cr>
```

第 4 步：在 PC-A 上检查 WinRadius 服务器上的默认端口号。

从 WinRadius 主菜单中选择 **Settings**（设置）→**System**（系统）进入 System settings 界面，如图 4-16 所示。

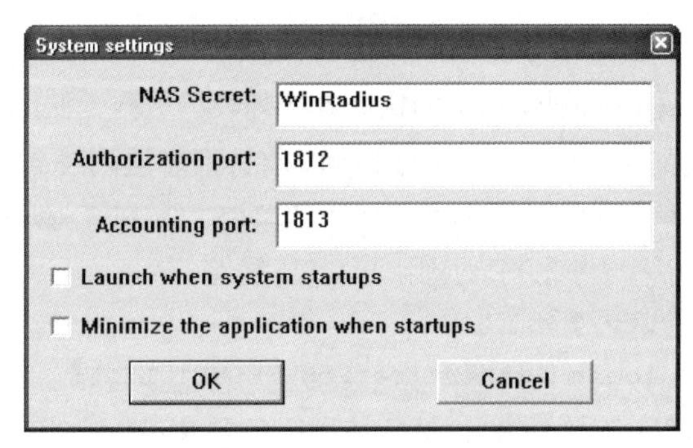

图 4-16　System settings 界面

注意：RFC 2865 已正式为 RADIUS 分配端口号 1812 和 1813。

第 5 步：更改 R1 上的 RADIUS 端口号，以与 WinRadius 服务器匹配。

除非另有说明，否则思科 IOS RADIUS 配置默认 UDP 端口号为 1645 和 1646。可以更改思科 IOS 路由器端口号，使其与 RADIUS 服务器的端口号匹配；也可以更改 RADIUS 服务器端口号，使其与思科 IOS 路由器的端口号匹配。

重新发出地址子模式命令。这次，指定端口号 1812 和 1813 以及 IPv4 地址。

```
R1(config-radius-server)# address ipv4 192.168.1.3 auth-port 1812 acct-
port 1813
```

第 6 步：登录到 R1 上的控制台，测试配置。

a．退回到显示“R1 con0 is now available, Press RETURN to get started”（R1 con0 当前为可用状态，按 Return 键开始）消息的初始路由器界面。

b．使用用户名 **RadUser** 和密码 **RadUserpass** 再次登录。

c．RADIUS 服务器日志中应显示以下消息。

```
User (RadUser) authenticate OK
```

d. 退回到显示以下信息的初始路由器界面。

```
R1 con0 is now available, Press RETURN to get started
```

e. 使用无效的用户名 **Userxxx** 和密码 **Userxxxpass** 再次登录。

RADIUS 服务器日志中应显示以下消息，如图 4-17 所示。

```
Reason: Unknown username
User (Userxxx) authenticate failed
```

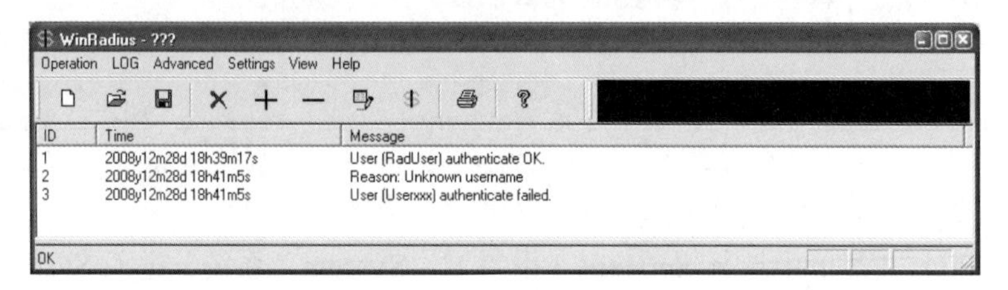

图 4-17　WinRadius 登录信息

第 7 步：为 Telnet 创建认证方法列表并进行测试。

a. 为路由器的 Telnet 访问创建唯一的认证方法列表。这样无法回退至不认证，因此如果无法访问本地数据库，则禁用 Telnet 访问。将认证方法列表命名为 **TELNET_LINES**。

```
R1(config)# aaa authentication login TELNET_LINES group radius
```

b. 使用登录认证命令，将此列表应用于 VTY 线路。

```
R1(config)# line vty 0 4
R1(config-line)# login authentication TELNET_LINES
```

c. 通过 Telnet 从 PC-A 连接到 R1，然后使用用户名 **RadUser** 和密码 **RadUserpass** 登录。

d. 退出 Telnet 会话，然后使用 Telnet 再次从 PC-A 连接到 R1。使用用户名 **Userxxx** 和密码 **Userxxxpass** 登录。

项目五 基于区域的策略防火墙（ZPF）

网络的规模、需求和应用场景不同，针对这个网络的安全策略也大相径庭。不仅如此，一个网络的安全策略也不可能是静态的，它也会根据需要实时进行相应的修改。

自适应安全设备（ASA）是思科公司推出的一款集防火墙、IPS（入侵防御系统）和 VPN（虚拟专用网络）功能于一身的安全产品，有能力为网络提供全面的解决方案。因为思科公司在 ASA 中集成了大量的功能和多种解决方案，所以使用 ASA 为网络提供保护可以避免为网络添置各类异构的安全设备，也可以避免为了满足网络的安全策略而必须对生产网络进行大量的变更。因此，这款产品可以满足大多数网络在网络安全方面的需求。面临或复杂或频繁变化的需求时，人们在现有的网络基础设施（包括路由器、交换机和 ASA）上进行一定的配置变更，就可以满足新的需求。思科 IOS 防火墙的最基本形式是使用访问控制列表（ACL）过滤 IP 流量，并监控确定的流量模式。传统思科 IOS 防火墙就是基于 ACL 的防火墙，根据流量的源或目的 IP 地址，或者协议来匹配流量，然后根据配置的行为决定是否放行。新型思科 IOS 防火墙则采用了基于区域的方法，这种方法可以以接口而不是 ACL 为核心元素执行操作。基于区域的策略防火墙（ZPF）可以把不同的检测策略应用于同一台路由器接口所连接的多组主机上。ZPF 会通过不同防火墙区域之间的默认拒绝所有策略来禁止流量。ZPF 适用于具有类似或不同安全要求的多个接口。

CBAC（基于上下文的访问控制）是经典 IOS 防火墙的代称。虽然思科在 1995 年年底收购了 Network Translation 公司后，就拥有了独立的硬件防火墙生产线，但是分支机构权衡购买独立防火墙产品所需要支出的成本后，往往会考虑通过现有的设备来提供防火墙的功能。CBAC 可以在思科路由器的 IOS 系统上实施，让这台路由器提供防火墙的功能，这样就可以利用现有的网络设备来提供防火墙的功能了。CBAC 既然名为基于上下文的访问控制，就了解很多应用层协议的特征，所以可以对这些应用层协议执行智能化的监控。因此，CBAC 可以用来对 TCP（传输控制协议），甚至无连接的 UDP 提供状态化监控。早期的思科专用防火墙设备 PIX 及其下一代产品 ASA，都具有对应的功能。一台连接到 IOS 防火墙的主机向互联网中的一台服务器发送了一条 TCP Synchronize 消息。当这条消息到达

（配置了 CBAC 的）IOS 防火墙接口 G0/0 时，因为防火墙在这个接口的入站方向上通过接口配置模式 ip inspect TCP in 调用了前面在全局配置模式下使用 ip inspect name TCP tcp 命令（大写的 TCP 为其名称）创建的 CBAC，所以防火墙会对这个数据包所属的流量执行状态化监控，因为它是 TCP 流量。于是，防火墙会对这个数据包的属性进行分析。经过分析，防火墙发现这是一个新的流量，需要放行返程流量，于是防火墙就会在自己的状态表中动态创建一个条目。这个条目的作用是放行由这个 TCP Synchronize 消息触发的逆向流量。然后，当服务器向主机发送 TCP 响应消息时，虽然防火墙的接口 G0/1 上已经应用了拒绝所有 IP 流量的 ACL 条目，但是防火墙依然会根据这条 CBAC 生成的临时状态化条目，而放行相应的流量通过防火墙。除了 TCP 返程流量外，其他流量在进入防火墙接口 G0/1 时都会匹配扩展 ACL 100，因此会被防火墙丢弃。显然，会被丢弃的流量也包括其他协议的返程流量，因为防火墙没有监控其他的流量。不过，从主机向外发送的流量在正常情况下并不会被丢弃，因为本例中并没有在接口 G0/0 的入站方向和接口 G0/1 的出站方向上配置任何会导致流量被过滤的策略。当然，既然是临时的条目，连接状态表中的条目就有达到了不活动超时时间的。一旦一条连接达到了不活动超时时间又没有出现过任何匹配，那么防火墙就会把这个条目从状态表中删除。然后到达防火墙的数据流量，即使可以匹配之前的状态化条目，也会被防火墙丢弃，因为连接状态表中已经没有这个条目了。

防火墙在网络中应该发挥的作用：隔离可靠网络和不可靠网络，然后有针对性地应用策略放行这些网络之间的流量。就是说，防火墙应该根据网络的可靠性，把网络隔离成不同的区域。

基于区域的防火墙则正式引入了“安全区域”这个概念。网络管理员可以根据路由器各个接口所连接的网络是否安全可靠，把接口划分到不同的安全区域中，然后通过定义区域间策略有选择地放行区域间的流量。换句话说，在一台设备上，一个“安全区域”其实就是多个接口的组合：第一，不属于任何安全区域的接口之间，通信不会受到安全区域的影响；第二，不属于任何安全区域的接口不能和属于安全区域的接口通信；第三，属于相同安全区域的接口之间可以通信，不需要任何策略；第四，属于不同安全区域的接口之间的通信情况，取决于网络管理员配置的策略，但默认无法通信。配置基于区域的防火墙需要很多步骤，但是并不复杂，因为配置过程的逻辑性很强。总的来说，完整的配置过程分为下列步骤。

步骤 1：在全局配置模式下，使用 zone security zone-name 命令定义/创建安全区域。

步骤 2：按照网络的需求，进入相关接口的配置模式，使用 zone-member security zone-name 命令把这个接口放入之前定义的安全区域中。

步骤 3：由于属于不同安全区域的接口之间的通信情况，取决于网络管理员配置的策略，因此如果要放行不同安全区域的接口间流量，需要在全局配置模式下，使用 zone-pair security *zone-pair-name* source *source-zone-name* destination *destination-zone-name* 命令创建这两个区域组成的区域对。根据配置命令可以看出，区域对是有向的，如果策略涉及这两个区域的两个不同方向，那就需要两个区域对。

步骤 4：在全局配置模式下，使用 class-map type inspect {match-any|match-all} name 命令创建一个 class-map（类映射），进入类映射配置模式，然后使用 match 命令选择要匹配的区域间流量协议。

步骤 5：在全局配置模式下，使用 policy-map type inspect name 命令创建一个 policy-map（策略映射），进入类映射配置模式调用前面创建的类映射，然后选择对匹配的区域间流量执行的操作。在策略映射中定义的常见策略包括 inspect（状态化监控）、drop（丢弃）、pass（放行流量同时不执行状态化监控）等。

步骤 6：进入相关区域对的配置模式，在区域对中调用前面定义的策略映射，让策略映射针对这个区域对生效。

在本项目中，您需要构建一个多路由器网络，配置路由器和计算机主机，并使用思科 IOS CLI 配置基于区域的策略防火墙。

任务：ZPF 的配置

1．任务目的

通过本任务，读者可以掌握：

- 使用 CLI 配置基于区域的策略防火墙；
- 使用 CLI 验证配置。

2．任务拓扑

本任务所用的拓扑如图 5-1 所示。

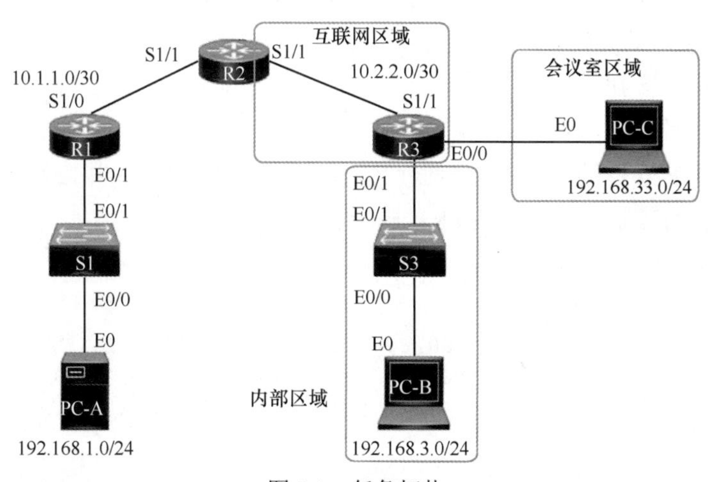

图 5-1　任务拓扑

本任务的 IP 地址分配见表 5-1。

表 5-1　IP 地址分配

设备	接口	IP 地址	子网掩码	默认网关	交换机端口
R1	E0/1	192.168.1.1	255.255.255.0	不适用	S1 E0/1
	S1/0	10.1.1.1	255.255.255.252	不适用	不适用
R2	S1/0	10.1.1.2	255.255.255.252	不适用	不适用
	S1/1	10.2.2.2	255.255.255.252	不适用	不适用
R3	E0/1	192.168.3.1	255.255.255.0	不适用	S3 E0/1
	S1/1	10.2.2.1	255.255.255.252	不适用	不适用
	E0/0	192.168.33.1	255.255.255.0	不适用	不适用
PC-A	E0	192.168.1.3	255.255.255.0	192.168.1.1	S1 E0/0
PC-B	E0	192.168.3.3	255.255.255.0	192.168.3.1	S3 E0/0
PC-C	E0	192.168.33.3	255.255.255.0	192.168.33.1	不适用

3. 任务步骤

步骤 1：路由器基本配置。

第 1 步：建立图 5-1 所示的网络。

按照图 5-1 连接设备和电缆。

第 2 步：为每台路由器配置基本参数。

a．如图 5-1 所示，配置主机名称。

b．如表 5-1 所示，配置接口 IP 地址。

第 3 步：禁用 DNS 解析。

要防止路由器尝试转换错误输入的命令，请禁用 DNS 查找。

```
R2(config)# no ip domain-lookup
```

第 4 步：在 R1、R2 和 R3 上配置静态路由。

a．为实现端到端 IP 可访问性，必须在 R1、R2 和 R3 上配置适当的静态路由。R1 和 R3 是末节路由器，因此只需要指向 R2 的默认路由。R2 充当 ISP（因特网服务提供方），必须知道在实现端到端 IP 可访问性之前如何到达 R1 和 R3 的内部网络。以下是 R1、R2 和 R3 的静态路由配置。在 R1 上，使用以下命令。

```
R1(config)# ip route 0.0.0.0 0.0.0.0 10.1.1.2
```

b．在 R2 上，使用以下命令。

```
R2(config)# ip route  192.168.1.0 255.255.255.0 10.1.1.1
R2(config)# ip route  192.168.3.0 255.255.255.0 10.2.2.1
R2(config)# ip route  192.168.33.0 255.255.255.0 10.2.2.1
```

c．在 R3 上，使用以下命令。

```
R3(config)# ip route 0.0.0.0 0.0.0.0 10.2.2.2
```

第 5 步：配置计算机主机 IP。

如表 5-1 所示，为 PC-A、PC-B 和 PC-C 配置静态 IP 地址、子网掩码和默认网关。

第 6 步：验证基本网络连接。

a．从 R1 对 R3 执行 ping 操作。

若 ping 不成功，则只有排除设备基本配置故障才能继续。

b．从 R1 LAN 上的 PC-A 对 R3 会议室 LAN 上的 PC-C 执行 ping 操作。若 ping 不成功，则只有排除设备基本配置故障才能继续。

注意：如果可以从 PC-A ping 通 PC-C，则表明已实现端到端 IP 可访问性。如果无法 ping 通，但设备接口已启用且 IP 地址正确，请使用 show interface、show ip interface 和 show ip route 命令帮助确定产生问题的原因。

步骤 2：验证当前的路由器配置。

在本任务中，您需要在实施 ZPF 之前验证端到端网络连通性。

第 1 步：验证端到端网络连通性。

a．使用 R3 接口 E0/1 的 IP 地址从 R1 对 R3 执行 ping 操作。若 ping 不成功，则只有排除设备基本配置故障才能继续。

```
R1#ping 192.168.3.1
Type escape sequence to abort
Sending 5, 100-byte ICMP Echos to 192.168.3.1, timeout is 2
seconds:
!!!!!
Success rate is 100 percent (5/5), round-trip min/avg/max =
14/16/17 ms
```

b．从 R1 LAN 上的 PC-A 对 R3 会议室 LAN 上的 PC-C 执行 ping 操作，如图 5-2 所示。若 ping 不成功，则只有排除设备基本配置故障才能继续。

```
C:\Users\Administrator>ping 192.168.33.3

正在 Ping 192.168.33.3 具有 32 字节的数据:
来自 192.168.33.3 的回复: 字节=32 时间=20ms TTL=125
来自 192.168.33.3 的回复: 字节=32 时间=19ms TTL=125
来自 192.168.33.3 的回复: 字节=32 时间=19ms TTL=125
来自 192.168.33.3 的回复: 字节=32 时间=18ms TTL=125
```

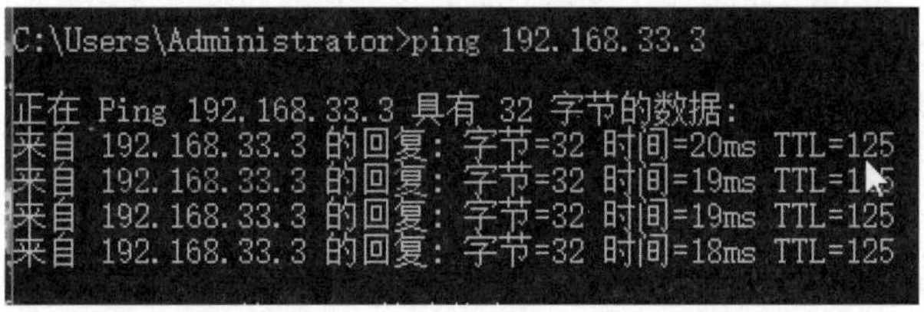

图 5-2　从 R1 LAN 上的 PC-A 对 R3 会议室 LAN 上的 PC-C 执行 ping 操作

c．从 R1 LAN 上的 PC-A 对 R3 内部 LAN 上的 PC-B 执行 ping 操作，如图 5-3 所示。若 ping 不成功，则只有排除设备基本配置故障才能继续。

```
C:\Users\Administrator>ping 192.168.3.3

正在 Ping 192.168.3.3 具有 32 字节的数据:
来自 192.168.3.3 的回复: 字节=32 时间=21ms TTL=125
来自 192.168.3.3 的回复: 字节=32 时间=19ms TTL=125
来自 192.168.3.3 的回复: 字节=32 时间=18ms TTL=125
来自 192.168.3.3 的回复: 字节=32 时间=18ms TTL=125
```

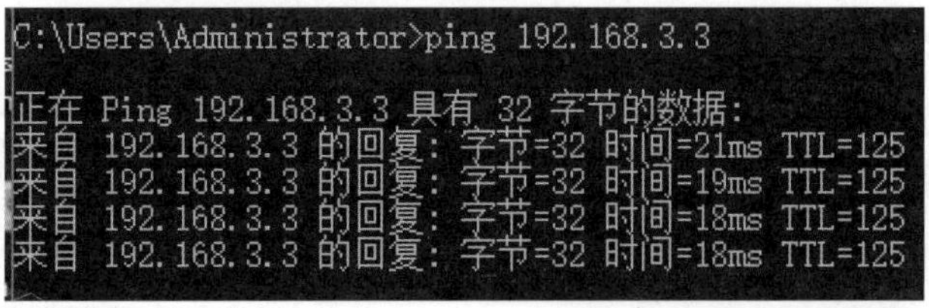

图 5-3　从 R1 LAN 上的 PC-A 对 R3 内部 LAN 上的 PC-B 执行 ping 操作

第 2 步：显示 R3 运行配置。

a. 在 R3 上发出 **show ip interface brief** 命令，以验证是否分配了正确的 IP 地址。使用表 5-1 验证地址。

```
R3#show ip interface brief
Interface              IP-Address      OK? Method Status                Protocol
Ethernet0/0             192.168.33.1    YES manual up                    up
Ethernet0/1             192.168.3.1     YES manual up                    up
Serial1/1               10.2.2.1        YES manual up                    up
```

b. 在 R3 上发出 **show ip route** 命令，以验证其是否拥有指向 R2 接口 S1/1 的静态默认路由。

```
R3#show ip route
Codes: L - local, C - connected, S - static, R - RIP, M - mobile, B - BGP
       D - EIGRP, EX - EIGRP external, O - OSPF, IA - OSPF inter area
       N1 - OSPF NSSA external type 1, N2 - OSPF NSSA external type 2
       E1 - OSPF external type 1, E2 - OSPF external type 2
       i - IS-IS, su - IS-IS summary, L1 - IS-IS level-1, L2 - IS-IS level-2
       ia - IS-IS inter area, * - candidate default, U - per-user static route
       o - ODR, P - periodic downloaded static route, H - NHRP, l - LISP
       a - application route
       + - replicated route, % - next hop override
Gateway of last resort is 10.2.2.2 to network 0.0.0.0
S*    0.0.0.0/0 [1/0] via 10.2.2.2
      10.0.0.0/8 is variably subnetted, 2 subnets, 2 masks
C        10.2.2.0/30 is directly connected, Serial1/1
L        10.2.2.1/32 is directly connected, Serial1/1
      192.168.3.0/24 is variably subnetted, 2 subnets, 2 masks
C        192.168.3.0/24 is directly connected, Ethernet0/1
L        192.168.3.1/32 is directly connected, Ethernet0/1
      192.168.33.0/24 is variably subnetted, 2 subnets, 2 masks
C        192.168.33.0/24 is directly connected, Ethernet0/0
L        192.168.33.1/32 is directly connected, Ethernet0/0
```

c. 发出 **show running-config** 命令，查看 R3 的当前基本配置，因显示内容过多，此处仅显示部分配置。

```
R3#show running-config
hostname R3
!
interface Ethernet0/0
 ip address 192.168.33.1 255.255.255.0
!
interface Ethernet0/1
 ip address 192.168.3.1 255.255.255.0
!
 --More--
```

步骤 3：创建基于区域的策略防火墙。

在此步骤中，您需要在 R3 上创建基于区域的策略防火墙，使其不仅可以充当路由器，还可以充当防火墙。R3 目前负责为其所连接的 3 个网络路由数据包。R3 的接口角色配置如下。

- 将接口 S1/1 连接到互联网。由于这是公共网络，因此它被视为不可信网络，且应具有最低安全级别。
- 将接口 E0/1 连接到内部网络。仅授权用户有权访问此网络。此外，重要的机构资源也位于此网络中。内部网络被视为可信网络，且应具有最高安全级别。
- 将接口 E0/0 连接到会议室。会议室用于与不属于此组织的人员举行会议。

R3 充当防火墙时要执行的安全策略规定如下。

- 不允许从互联网发出的流量进入内部或会议室网络。
- 应该允许返回的互联网流量（将来自互联网的数据包返回到 R3 站点，以响应来自任何 R3 网络的请求）。
- R3 内部网络中的计算机被视为可信设备，并且可以发出任何类型的流量[基于 TCP、UDP 或 ICMP（互联网控制报文协议）的流量]。
- R3 会议室网络中的计算机被视为不可信设备，并且只允许向互联网发出 Web 流量（HTTP 或 HTTPS）。
- 内部网络和会议室网络之间不允许存在流量，无法保证会议室网络中访客计算机的状态。此类计算机可能会感染恶意病毒，并可能尝试发送垃圾邮件或其他恶意流量。

第 1 步：创建安全区域。

安全区域是一组具有类似安全属性和要求的接口。例如，如果路由器有 3 个连接到内部网络的接口，则这 3 个接口都可以放在名为“internal”的同一个区域下。由于所有安全属性都被配置到区域而不是单个路由器接口，因此防火墙设计的可扩展性更高。

在本任务中，R3 站点有 3 个接口：一个连接到内部可信网络，一个连接到会议室网络，还有一个连接到互联网。由于 3 个网络具有不同的安全要求和属性，我们将创建 3 个不同的安全区域。

在全局配置模式下创建安全区域，且此命令允许定义区域名称。在 R3 中，创建名为 **INSIDE**、**CONFROOM** 和 **INTERNET** 的 3 个区域。

```
R3(config)# zone security INSIDE
R3(config)# zone security CONFROOM
R3(config)# zone security INTERNET
```

第 2 步：创建安全策略。

在 ZPF 决定是允许还是拒绝某些特定流量之前，必须告知它应该考虑哪些流量。思科 IOS 使用类映射来选择流量。需要关注的流量是由类映射选择的流量的常用名称。

虽然类映射可以选择流量，但它们并不决定对所选流量执行的操作，所选流量的最终去向由策略映射决定。

ZPF 流量策略被定义为策略映射，并使用类映射来选择流量。换言之，类映射定义哪些流量将被监管，而策略映射定义要对所选流量采取哪些操作。

策略映射可以丢弃流量，允许其通过，或执行检查。由于我们希望防火墙监视在区域对方向上移动的流量，因此我们将创建检查策略映射。检查策略映射允许对返回流量进行动态处理。配置方法如下。

首先，您需要创建类映射。然后，您需要创建策略映射，并将类映射与策略映射关联。

a．创建检查类映射，以匹配允许从 INSIDE（内部）区域到 **INTERNET** 区域的流量。由于我们信任 INSIDE 区域，因此允许所有主要协议。

在以下命令中，第一行将用于创建检查类映射。关键字 **match-any** 用于向路由器指示，任何匹配的协议语句都被视为成功匹配，从而应用策略。结果是与 TCP 或 UDP 或 ICMP 数据包匹配。

match 命令应用思科 NBAR（基于网络的应用程序识别）支持的特定协议执行操作。有关思科 NBAR 的详细信息，请参阅思科基于网络的应用程序识别。

```
R3(config)# class-map type inspect match-any INSIDE_PROTOCOLS
R3(config-cmap)# match protocol tcp
R3(config-cmap)# match protocol udp
R3(config-cmap)# match protocol icmp
```

b．同样，创建类映射，以匹配允许从 **CONFROOM** 区域到 **INTERNET** 区域的流量。由于我们并不完全信任 **CONFROOM** 区域，因此必须限制服务器发送到互联网的内容。

```
R3(config)# class-map type inspect match-any CONFROOM_PROTOCOLS
R3(config-cmap)# match protocol http
R3(config-cmap)# match protocol https
R3(config-cmap)# match protocol dns
```

c．现在已创建类映射，您可以创建策略映射。

在以下命令中，第一行将用于创建名为 **INSIDE_TO_INTERNET** 的检查策略映射。第二行用于将先前创建的 **INSIDE_PROTOCOLS** 类映射与策略映射绑定。与 **INSIDE_PROTOCOLS** 类映射匹配的所有数据包将接受 **INSIDE_TO_INTERNET** 策略映射所采取的操作。第三行用于定义此策略映射将应用于匹配数据包的实际操作。在这种情况下，系统将检查匹配的数据包。

接下来的 3 行将用于创建一个名为 **CONFROOM_TO_INTERNET** 的类似策略映射，并关联 **CONFROOM_PROTOCOLS** 类映射。

所用命令如下。

```
R3(config)# policy-map type inspect INSIDE_TO_INTERNET
R3(config-pmap)# class type inspect INSIDE_PROTOCOLS
R3(config-pmap-c)# inspect
R3(config)# policy-map type inspect CONFROOM_TO_INTERNET
```

```
R3(config-pmap)# class type inspect CONFROOM_PROTOCOLS
R3(config-pmap-c)# inspect
```

第 3 步：创建区域对。

区域对允许在两个安全区域之间指定单向防火墙策略。

例如，常用的安全策略规定，内部网络可以向互联网发出任何流量，但不允许源自互联网的流量到达内部网络。

此流量策略仅需要一个区域对——从 **INTERNAL** 到 **INTERNET**。由于区域对定义的是单向流量，因此，如果互联网发起的流量必须在从 **INTERNET** 到 **INTERNAL** 的方向上流动，则必须创建另一个区域对。

请注意，思科 ZPF 可以被配置为检查在区域对定义的方向上移动的流量。在这种情况下，防火墙将监视流量，并动态创建规则，以允许相关流量返回或通过路由器流回。

要定义区域对，请使用 **zone-pair security** 命令。流量的方向由源和目的区域指定。在本任务中，您需要创建以下两个区域对。

- **INSIDE_TO_INTERNET**：允许流量从内部网络流向互联网。
- **CONFROOM_TO_INTERNET**：允许从会议室网络访问互联网。

a．创建区域对。

```
R3(config)# zone-pair security INSIDE_TO_INTERNET source INSIDE
destination INTERNET
R3(config)# zone-pair security CONFROOM_TO_INTERNET source CONFROOM
destination
INTERNET
```

b．通过发出 **show zone-pair security** 命令，验证区域对是否已正确创建。请注意，此时尚无策略与区域对关联。安全策略将在下一步中被应用于区域对。

```
R3# show zone-pair security
Zone-pair name INSIDE_TO_INTERNET
    Source-Zone INSIDE  Destination-Zone INTERNET
    service-policy not configured
Zone-pair name CONFROOM_TO_INTERNET
    Source-Zone CONFROOM  Destination-Zone INTERNET
    service-policy not configured
```

第 4 步：应用安全策略。

a．将策略映射应用于区域对。

```
R3(config)# zone-pair security INSIDE_TO_INTERNET
R3(config-sec-zone-pair)# service-policy type inspect INSIDE_TO_INTERNET
R3(config)# zone-pair security CONFROOM_TO_INTERNET
R3(config-sec-zone-pair)# service-policy type inspect CONFROOM_TO_INTERNET
```

b．再次发出 **show zone-pair security** 命令，以验证区域对配置。请注意，此时将显示以下服务策略。

```
R3#show zone-pair security
Zone-pair name INSIDE_TO_INTERNET
```

```
    Source-Zone INSIDE Destination-Zone INTERNET
    service-policy INSIDE_TO_INTERNET
Zone-pair name CONFROOM_TO_INTERNET
    Source-Zone CONFROOM   Destination-Zone INTERNET
    service-policy CONFROOM_TO_INTERNET
```

要获取有关区域对及其策略映射、类映射和匹配计数器的更多信息，请使用 **show policy-map type inspect zone-pair** 命令。

```
R3#show policy-map type inspect zone-pair
policy exists on zp INSIDE_TO_INTERNET
  Zone-pair: INSIDE_TO_INTERNET

  Service-policy inspect: INSIDE_TO_INTERNET
    Class-map: INSIDE_PROTOCOLS (match-any)
      Match: protocol tcp
        0 packets, 0 bytes
        30 second rate 0 bps
      Match: protocol udp
        0 packets, 0 bytes
        30 second rate 0 bps
      Match: protocol icmp
        0 packets, 0 bytes
        30 second rate 0 bps
  Inspect
        Session creations since subsystem startup or last reset 0
        Current session counts (estab/half-open/terminating) [0:0:0]
        Maxever session counts (estab/half-open/terminating) [0:0:0]
        Last session created never
        Last statistic reset  never
        Last session creation rate 0
        Maxever session creation rate 0
        Last half-open session total 0
        TCP reassembly statistics
        received 0 packets out-of-order; dropped 0
        peak memory usage 0 KB; current usage: 0 KB peak
        queue length 0

    Class-map: class-default (match-any)
      Match: any
        Drop
           0 packets, 0 bytes
     [省略部分输出]
```

第 5 步：将接口分配到适当的安全区域。

使用 **zone-member security** interface 命令将接口分配到安全区域。

a．将 R3 接口 E0/0 分配到 **CONFROOM** 安全区域。

```
R3(config)# interface e0/0
R3(config-if)# zone-member security CONFROOM
```

b．将 R3 接口 E0/1 分配到 **INSIDE** 安全区域。

```
R3(config)# interface e0/1
R3(config-if)# zone-member security INSIDE
```

c．将 R3 接口 S1/1 分配到 **INTERNET** 安全区域。

```
R3(config)# interface s1/1
R3(config-if)# zone-member security INTERNET
```

第 6 步：验证区域分配。

a．发出 show zone security 命令，以确保已正确创建区域并正确分配接口。

```
R3# show zone security
zone self
  Description: System defined zone
zone CONFROOM
  Member Interfaces:
   Ethernet0/0
zone INSIDE
  Member Interfaces:
   Ethernet0/1
zone INTERNET
  Member Interfaces:
   Serial1/1
```

b．即使没有发出创建自身区域的命令，以上输出中也显示了相关信息。

步骤 4：验证 ZPF 的功能。

第 1 步：验证来自互联网的流量。

a．要测试防火墙的有效性，请从 PC-A 对 PC-B 执行 ping 操作。在 PC-A 中，打开命令提示符并发出以下命令。

```
C:\Users\NetAcad> ping 192.168.3.3
```

b．从 PC-A 对 PC-C 执行 ping 操作。在 PC-A 中，打开命令窗口并发出以下命令。

```
C:\Users\NetAcad> ping 192.168.33.3
```

c．从 PC-B 对 PC-A 执行 ping 操作。在 PC-B 中，打开命令窗口并发出以下命令。

```
C:\Users\NetAcad> ping 192.168.1.3
```

d．从 PC-C 对 PC-A 执行 ping 操作。在 PC-C 中，打开命令窗口并发出以下命令。

```
C:\Users\NetAcad> ping 192.168.1.3
```

第 2 步：自身区域验证。

a．从 PC-A 对 R3 接口 E0/1 执行 ping 操作。

```
C:\Users\NetAcad> ping 192.168.3.1
```

b．从 PC-C 对 R3 接口 E0/1 执行 ping 操作。

```
C:\Users\NetAcad> ping 192.168.3.1
```

项目六 虚拟专用网络（VPN）

06

要想实现信息安全，信息的机密性至关重要。所谓机密性，可以理解为信息或者数据无法在合理的时间范围内被未经授权的人读取。要想保护信息不被未经授权的人读取，除了拥有专用的传输线路之外，还有一种方法就是对数据进行加密，确保非法人员不能在合理的时间范围内对数据完成解密，从而读取数据。这样，虽然数据的传输介质是公共的，但是非授权人员还是无法读取到其中传输的数据。VPN 可以提供通过公共网络（例如互联网）传输数据的安全方法，这种方法可以降低租用专用线路的成本。VPN 不是一种协议，也没有特定的架构，它指的是一种通过协商建立隧道，以便跨越不安全介质传输数据的方法。从 VPN 的协议层面上看，要想通过 VPN 实现机密性，比较常用的协议/协议栈是 IPSec（互联网安全协议）和 SSL（安全套接层）。从 VPN 的架构层面上看，比较常见的做法是在需要经常完成安全传输的站点之间建立 VPN（比如一家公司位于两地的办公室之间），以及在位于某个站点之外的客户端和站点之间建立远程访问 VPN（比如一家公司外出的员工与公司之间）。

与其说 VPN 是一种技术、一种架构，或者一类技术的总称，不如说 VPN 是一种方法论：它提供了通过封装的方式，来跨越公共网络传输专用数据的方法。由于这种方法涉及的需求、技术和环境十分多样，因此形成了一个框架，其中包含了很多不同的实现技术和网络架构。

“虚拟”是 VPN 的实现方式。既然是通过封装方式建立逻辑隧道来跨越公有网络传输数据的，就意味着 VPN 不同于租用专线网络所采用的物理连接方式。从理论上说，这表示只要通信双方在协议层面可以互通，它们就可以建立起逻辑的网络，无论这两点之间跨越的底层物理网络采用了什么样的结构。不过，虽然不需要建立物理的专线，但是如果建立通信的节点之间跨越了公共网络，那么建立 VPN 有时仍然需要服务提供商的参与。

“专用”描述了 VPN 的一大核心需求，也就是让跨越公共媒介的通信方获得类似连接在同一个网络中的通信体验。正如前文所述，VPN 最初的目的就是让同一家企业能够跨越公共媒介进行通信。因此，保护通信信息的机密性常常是建立 VPN 的核心目的之一。从这个角度来看，VPN 技术确实应该能够为数据提供加密。但实际情况是，有些 VPN 并不提供加密。不过，鉴于本书的重点是信息安全，因此这类不提供加密的 VPN 技术并不包含在本书的知识范畴内。除机密性外，VPN 也常常会提供各类机制来保障通信数据的完整性和通信方身份的真实性。

VPN 常常是一条点对点的隧道，但这些 VPN 隧道也可以组成复杂的网络，实现多点之间的资源共享。在实际使用中，VPN 拓扑也包含了点对点连接、星形连接等不同的网络结构。动态多点 VPN（DMVPN）则可以在一系列站点之间按需建立连接，而且在配置和管理方面，其也比在大量站点之间建立全互联的点到点连接更加容易。总之，VPN 可以建立一个网络，而不只是一个点到点的连接。

正如前文所述，很多不同的技术和协议都被人们用来实现 VPN，同时 VPN 有很多不同的架构，因此 VPN 也有一些不同的分类方式。比如，根据 VPN 协议所连接的网络在 OSI 模型中的分层，VPN 可以被分为二层 VPN 和三层 VPN。此外，根据实现 VPN 的协议进行分类是最常见的做法。根据实现的协议，VPN 可以被分为很多不同的类型，典型的例子如下。

- IPSec VPN：IPSec 是一个协议族，其中包含了多种用来保护 IP 安全性的协议。IPSec VPN 可以为各类安全通信模型提供安全防护。
- SSL VPN：SSL 协议可以为互联网通信提供机密性和完整性保障。SSL 协议自身包括两个层级，即记录层和传输层，其中记录层负责封装格式，传输层负责安全防护。SSL VPN 主要用来为客户端（浏览器）和一个网络之间的通信，提供安全防护。
- GRE VPN：GRE（通用路由封装）是思科设计的一种协议，作用是跨越底层网络，在两个通信点之间建立一条虚拟隧道，实现路由信息的转发。既然作用是在内部封装路由信息，那么 GRE VPN 本身并不会对信息进行加密。这样，GRE 就常常需要通过其他封装来提供额外的保护，GRE over IPSec 就是这样的解决方案。
- MPLS VPN：MPLS（多协议标签交换）VPN 不会对信息进行加密，它是一种服务提供商为客户提供的服务，方便在跨地区的用户网络之间提供高速、可靠的转发服务。

除了按照 VPN 的实现协议来分类外，还有一种 VPN 的分类方式比较常见，那就是按照 VPN 的架构进行分类。按照这种分类方式，VPN 至少可以分为以下几类。

- 站点到站点 VPN：顾名思义，就是在两个站点之间跨越某个网络建立 VPN。因此站点到站点 VPN（以下简称为“站点间 VPN”）连接的是两个站点间的一台 VPN 端点设备，目的是以这个端点设备作为 VPN 隧道的起点和终点，在两个站点之间建立服务于这两个站点之间通信的逻辑信道。IPSec VPN、GRE over IPSec、思科 DMVPN 常常用于建立站点间 VPN。当然，除了防火墙之外，路由器、三层交换机等设备也可以用于建立站点间 VPN。
- **远程接入 VPN：**也译为远程访问 VPN。远程接入 VPN 是指远程用户连接到当地网络，通过使用移动设备拨号来与一个网络建立 VPN，从而连接到这个网络，可以安全地访问网络中的各类资源。出差员工连接企业网络使用的就是远程接入 VPN。基于客户端的 IPSec VPN 和 SSL VPN 常常用于建立远程访问 VPN。

IP 在设计之初并没有过多地考虑到安全性因素，因此人们现在使用 IPSec 来保证网络层的安全。IPSec 是一个协议套件，多个相互关联的协议都被归纳到这个集合中，使用者可以灵活选择不同的协议和参数搭配，来保证自己的安全。在 IPSec 中，我们可以从以下因素中进行选择。

- 封装协议：ESP（封装安全负载）和 AH（认证头部）。ESP 提供了数据加密、身份认证和完整性保护。AH 提供了身份认证和完整性保护，需要注意的是，AH 并没有提供数据加密功能。正由于它们之间的这一区别，ESP 是当前在 IPSec 中使用最为广泛的封装协议。
- 封装协议使用的认证算法：MD5、SHA1、SHA2 等。
- 封装协议使用的加密算法：在使用 ESP 作为封装协议时，需要选择一种加密算法，其中包括 DES（数据加密标准）、3DES（三重数据加密算法）、AES（高级加密标准）等。使用者可以在保证两端参数相同的情况下，根据设备所能支持的参数来自行选择加密算法和认证算法。
- 密钥交换：手动配置、IKE（互联网密钥交换）协议。使用者可以在建立 VPN 的源和目的网络设备上手动配置密钥，这种做法适用于结构相对固定的小规模部署环境，如果考虑到可扩展性，需要使用 IKE 协议来实现动态的密钥交换。
- 密钥交换使用的认证算法和加密算法：在使用 IKE 实现动态密钥交换的过程中，使用者也可以自主选择使用哪种认证算法和加密算法。
- 封装模式：传输模式、隧道模式。传输模式是指利用 IPSec 来封装传输层头部+数据负载，并在这些内容之外再封装网络层头部。隧道模式是指利用 IPSec 封装协议来封装网络层头部+传输层头部+数据负载，并在这些内容之外再封装一个新的网络层头部。

IPSec 不是一项协议，而是包含了多种元素的框架，使用者可以对多种元素的具体实现方法进行选择，这些元素包括封装协议、认证和加密算法、密钥管理方式、封装模式等。使用者可以根据实施规模和需求，选择不同的具体实现方法，从而获得灵活的安全通信通道。

在本项目中，您需要构建和配置一个由多台路由器组成的网络，使用思科 IOS 来配置站点间 IPSec VPN，然后对其进行测试。整个网络拓扑中包含了 R1、R2 和 R3 三台路由器，R2 与 R1 和 R3 直连，但 R1 和 R3 之间并不直连。IPSec VPN 隧道需要从 R1 经过 R2 到达 R3。R2 作为中间路由器模拟互联网这个不安全的网络环境，因此 R2 并不了解 VPN 的存在，也不与 R1 或 R3 中的任何一台设备建立 VPN。R1 和 R3 所连接的交换机各自模拟一个站点，它们之间的流量会受到 IPSec 的保护，在 VPN 中安全地传输信息。IPSec 是一个协议栈，它工作在网络层，负责认证思科路由器等参与 IPSec 的设备（也称为对等体），并且为它们之间传输的数据提供机密性保护。

任务：站点间 VPN 的配置

1．任务目的

通过本任务，读者可以掌握：

- 在 R1 和 R3 上配置 IPSec VPN；
- 验证站点间 IPSec VPN 的配置；
- 测试 IPSec VPN 操作。

2．任务拓扑

本任务所用的拓扑如图 6-1 所示。

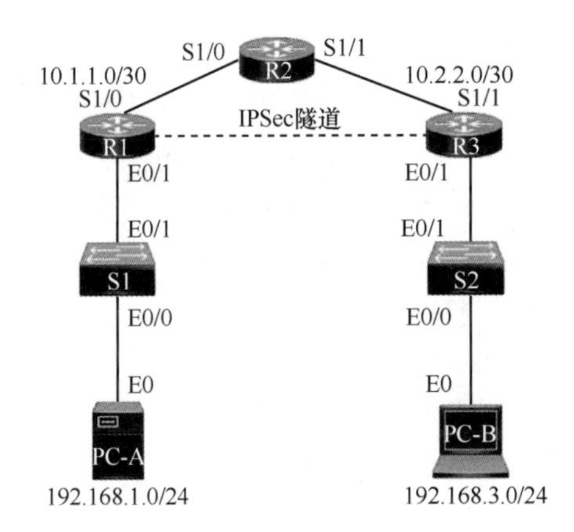

图 6-1 任务拓扑

本任务的 IP 地址见表 6-1。

表 6-1 IP 地址分配

设备	接口	IP 地址	子网掩码	默认网关	交换机端口
R1	E0/1	192.168.1.1	255.255.255.0	不适用	S1 E0/1
	S1/0	10.1.1.1	255.255.255.252	不适用	不适用
R2	S1/0	10.1.1.2	255.255.255.252	不适用	不适用
	S1/1	10.2.2.2	255.255.255.252	不适用	不适用
R3	E0/1	192.168.3.1	255.255.255.0	不适用	S2 E0/1
	S1/1	10.2.2.1	255.255.255.252	不适用	不适用
PC-A	E0	192.168.1.3	255.255.255.0	192.168.1.1	S1 E0/0
PC-B	E0	192.168.3.3	255.255.255.0	192.168.3.1	S2 E0/0

3．任务步骤

步骤 1：在 R1 和 R3 上配置 IPSec VPN。

第 1 步：验证从 R1 LAN 到 R3 LAN 的连接。

本步骤需要验证 R1 LAN 上的 PC-A 是否可以在未设置隧道的情况下 ping 通 R3 LAN 上的 PC-B。

从 PC-A 对 PC-B（IP 地址 **192.168.3.3**）执行 ping 操作。

```
PC-A:\> ping 192.168.3.3
```

若 ping 操作不成功，则需要排除设备基本配置故障才能继续。

第 2 步：在 R1 和 R3 上启用 IKE 策略。

IPSec 是一个开放式框架，允许随着新技术和加密算法的开发交换安全协议。

IPSec VPN 的实施有两个中心配置元素：

- 实施 IKE 参数；
- 实施 IPSec 参数。

a．验证是否支持并启用 IKE。

IKE 第 1 阶段的定义用于在对等体之间传递和验证 IKE 策略的密钥交换方法。在 IKE 第 2 阶段，对等体交换并匹配 IPSec 策略，以进行数据流量的认证和加密。

必须启用 IKE 才能使 IPSec 正常运行。默认情况下，在具有加密功能集的 IOS 映像上启用 IKE。如果为禁用状态，可以使用 **crypto isakmp enable** 命令启用它。使用此命令可以验证路由器 IOS 是否支持 IKE 并且已启用 IKE。

```
R1(config)# crypto isakmp enable
R3(config)# crypto isakmp enable
```

注意： 如果无法在路由器上执行此命令，则必须升级到包含思科加密服务的 IOS 映像。

b．建立 ISAKMP（互联网安全关联和密钥管理协议）策略，并查看可用的选项。

要允许 IKE 第 1 阶段协商，必须创建 ISAKMP 策略并配置涉及此 ISAKMP 策略的对等体关联。ISAKMP 策略定义了认证和加密算法以及用于在两个 VPN 终端之间发送控制流量的散列函数。当 IKE 对等体接受 ISAKMP 安全关联时，IKE 第 1 阶段配置完成。IKE 第 2 阶段的参数将在稍后配置。

在 R1 上，在全局配置模式下，针对策略 10 发出 **crypto isakmp policy<number>** 命令。

```
R1(config)# crypto isakmp policy 10
```

c．键入问号（**?**）查看使用思科 IOS 帮助的各种可用 IKE 参数。

```
R1(config-isakmp)#?
ISAKMP commands:
  authentication Set authentication method for protection suite
  default        Set a command to its defaults
  encryption     Set encryption algorithm for protection suite
  exit           Exit from ISAKMP protection suite configuration mode
  group          Set the Diffie-Hellman group
  hash           Set hash algorithm for protection suite
  lifetime       Set lifetime for ISAKMP security association
  no             Negate a command or set its defaults
```

第 3 步：在 R1 和 R3 上配置 IKE 第 1 阶段 ISAKMP 策略。

您选择的加密算法决定了终端之间控制通道的保密程度。散列算法用于控制数据完整性，确保从对等体接收的数据在传输过程中未被篡改。认证类型可确保由远程对等体发送和签名数据包。Diffie-Hellman 组用于创建未通过网络发送的对等体共享的密钥。

a．配置优先级为 **10** 的 ISAKMP 策略。使用 **pre-share** 作为认证类型，**aes 256** 作为加密算法，**sha** 作为散列算法，并使用 Diffie-Hellman 组 **14** 进行密钥交换。为策略指定使用期限 **3600**s（1h）。

注意：旧版思科 IOS 不支持将 aes 256 加密和 sha 作为散列算法。替换路由器支持任何加密和散列算法。确保对 R3 进行相同的更改以使其保持同步。

```
R1(config)# crypto isakmp policy 10
R1(config-isakmp)# hash sha
R1(config-isakmp)# authentication pre-share
R1(config-isakmp)# group 14
R1(config-isakmp)# lifetime 3600
R1(config-isakmp)# encryption aes 256
R1(config-isakmp)# end
```

b．在 R3 上配置相同的策略。

```
R3(config)# crypto isakmp policy 10
R3(config-isakmp)# hash sha
R3(config-isakmp)# authentication pre-share
R3(config-isakmp)# group 14
R3(config-isakmp)# lifetime 3600
R3(config-isakmp)# encryption aes 256
R3(config-isakmp)# end
```

c．使用 **show crypto isakmp policy** 命令验证 IKE 策略。

```
R1# show crypto isakmp policy
Global IKE policy
Protection suite of priority 10
        encryption algorithm:   AES - Advanced Encryption Standard
        (256 bit keys).
         hash algorithm:          Secure Hash Standard
         authentication method: Pre-Shared Key
         Diffie-Hellman group:   #14 (2048 bit)
         lifetime:                3600 seconds, no volume limit
```

第 4 步：配置预共享密钥。

预共享密钥将用于 IKE 策略中的认证方法，因此必须在指向其他 VPN 终端的每台路由器上配置密钥。这些密钥必须匹配才能成功进行认证。在全局配置模式下，使用 **crypto isakmp key <key-string> address <ip-address>**命令输入预共享密钥，使用远程对等体的 IP 地址，把流量路由到本地路由器的远程接口。

a．用于配置 IKE 对等体的每个 IP 地址也称为远程 VPN 终端的 IP 地址。在路由器 R1 上配置预共享密钥 **cisco123**。生产网络应使用复杂的密钥。此命令指向远程对等体 R3 接口 S1/1 的 IP 地址。

```
R1(config)# crypto isakmp key cisco123 address 10.2.2.1
```

b．在路由器 R3 上配置预共享密钥 **cisco123**。R3 命令指向 R1 接口 S1/0 的 IP 地址。

```
R3(config)# crypto isakmp key cisco123 address 10.1.1.1
```

第 5 步：配置 IPSec 转换集和使用期限。

a．IPSec 转换集是路由器协商以形成安全关联的另一个加密配置参数。要创建 IPSec 转换集，请使用 **crypto ipsec transform-set <tag>**命令。使用?查看可用参数。

```
R1(config)# crypto ipsec transform-set 50?
ah-md5-hmac  AH-HMAC-MD5 transform
ah-sha-hmac  AH-HMAC-SHA transform
comp-lzs     IP Compression using the LZS compression algorithm
esp-3des     ESP transform using 3DES(EDE) cipher (168 bits)
esp-aes      ESP transform using AES cipher
esp-des      ESP transform using DES cipher (56 bits)
esp-md5-hmac ESP transform using HMAC-MD5 auth
esp-null     ESP transform w/o cipher
esp-seal     ESP transform using SEAL cipher (160 bits)
esp-sha-hmac ESP transform using HMAC-SHA auth
```

b．在 R1 和 R3 上，创建具有标记 50 的转换集，并将 esp 转换为包含 esp 和 sha 散列函数的 aes 256 密码。R1 与 R3 的转换集必须匹配。

```
R1(config)# crypto ipsec transform-set 50 esp-aes 256 esp-sha-hmac
R1(cfg-crypto-trans)# exit
R3(config)# crypto ipsec transform-set 50 esp-aes 256 esp-sha-hmac
R3(cfg-crypto-trans)# exit
```

c．您还可以更改默认值为 3600s 的 IPSec 安全关联使用期限。在 R1 和 R3 上，将 IPSec 安全关联使用期限设置为 30min 或 1800s。

```
R1(config)# crypto ipsec security-association lifetime seconds 1800
R3(config)# crypto ipsec security-association lifetime seconds 1800
```

第 6 步：定义需要关注的流量。

要使用 VPN 进行 IPSec 加密，必须定义扩展访问列表，以告知路由器要加密哪些流量。如果 IPSec 会话已正确配置，则会加密用于定义 IPSec 流量的访问列表所允许的数据包。其中一个访问列表拒绝的数据包不会被丢弃，而是以未加密的方式发送。此外，与任何其他访问列表一样，最后会有隐式拒绝，这意味着默认操作是不加密流量。如果没有正确配置 IPSec 安全关联，则不会对流量进行加密，并且会以未加密的方式转发流量。

在此场景中，从 R1 的角度来看，要加密的流量是 R1 以太网 LAN 流向 R3 以太网 LAN 的流量；反之从 R3 的角度来看，要加密的流量是 R3 以太网 LAN 流向 R1 以太网 LAN 的流量。这些访问列表用于 VPN 终端接口的出站方向上，并且必须相互镜像。

a．在 R1 上配置 IPSec VPN 需要关注的流量 ACL。

```
R1(config)# access-list 101 permit ip 192.168.1.0 0.0.0.255 192.168.3.0
0.0.0.255
```

b．在 R3 上配置 IPSec VPN 需要关注的流量 ACL。

```
R3(config)# access-list 101 permit ip 192.168.3.0 0.0.0.255 192.168.1.0
0.0.0.255
```

第 7 步：创建并应用加密映射。

加密映射将与访问列表匹配的流量、对等体，以及各种 IKE 和 IPSec 设置相关联。创建加密映射后，可以将其应用于一个或多个接口。应用加密映射的接口应为面向 IPSec 对等体的接口。

要创建加密映射，请在全局配置模式下使用 **crypto map <name> <sequence-num> <type>**命令，以进入此序列号的加密映射配置模式。多个加密映射语句可以属于同一个加密映射，并以数字升序进行评估。进入 R1 的加密映射配置模式。代码中的 ipsec-isakmp，意味着使用 IKE 可以建立 IPSec 安全关联。

a．在 R1 上创建加密映射，将其命名为 **CMAP**，并使用 **10** 作为序列号。发出此命令后，系统将显示一条消息。

```
R1(config)# crypto map CMAP 10 ipsec-isakmp
% NOTE: This new crypto map will remain disabled until a peer and
a valid access list have been configured
```

b．使用 **match address <access-list>**命令指定由哪个访问列表定义要加密的流量。

```
R1(config-crypto-map)# match address 101
```

c．要查看可以使用加密映射执行的 **set** 命令列表，请使用帮助功能。

```
R1(config-crypto-map)# set?
  Identity              Identity restriction
  ip Interface          Internet Protocol config commands
  isakmp-profile        Specify isakmp Profile
  nat                   Set NAT translation
  peer                  Allowed Encryption/Decryption peer
  pfs                   Specify pfs settings reverse-route
                        Reverse Route Injection
  security-association Security association parameters
  transform-set         Specify list of transform sets in priority order
```

d．必须设置对等体 IP 地址或主机名。使用以下命令将其设置为 R3 的远程 VPN 终端接口。

```
R1(config-crypto-map)# set peer 10.2.2.1
```

e．使用 **set transform-set <tag>**命令对此对等体要使用的转换集进行硬编码。使用 **set pfs <type>**命令设置完全转发保密类型，并使用 **set security-association lifetime seconds <seconds>**命令修改默认 IPSec 安全关联使用期限。

```
R1(config-crypto-map)# set pfs group14
R1(config-crypto-map)# set transform-set 50
R1(config-crypto-map)# set security-association lifetime seconds 900
R1(config-crypto-map)# exit
```

f．在 R3 上创建镜像匹配加密映射。

```
R3(config)# crypto map CMAP 10 ipsec-isakmp
```

```
R3(config-crypto-map)# match address 101
R3(config-crypto-map)# set peer 10.1.1.1
R3(config-crypto-map)# set pfs group14
R3(config-crypto-map)# set transform-set 50
R3(config-crypto-map)# set security-association lifetime seconds 900
R3(config-crypto-map)# exit
```

g．将加密映射应用于接口。

注意：需要关注的流量在激活加密映射前，不会建立安全连接。激活加密映射后，路由器将生成通知：加密现已开启。可以将加密映射应用到 R1 和 R3 上的适当接口中。

```
R1(config)# interface s1/0
R1(config-if)# crypto map CMAP
*Jan 28 04:09:09.150: %CRYPTO-6-ISAKMP_ON_OFF: ISAKMP is ON
R1(config)# end
R3(config)# interface s1/1
R3(config-if)# crypto map CMAP
*Jan 28 04:10:54.138: %CRYPTO-6-ISAKMP_ON_OFF: ISAKMP is ON
R3(config)# end
```

步骤 2：验证站点间 IPSec VPN 的配置。

验证 R1 和 R3 上 IPSec 的配置。

a．使用 **show crypto ipsec transform-set** 命令以转换集的形式显示所配置的 IPSec 策略。

```
R1# show crypto ipsec transform-set
Transform set 50: { esp-256-aes esp-sha-hmac  }
   will negotiate = { Tunnel,  },
Transform set #$!default_transform_set_1: { esp-aes esp-sha-hmac  }
   will negotiate = { Transport,  },
Transform set #$!default_transform_set_0: { esp-3des esp-sha-hmac  }
   will negotiate = { Transport,  },
 R3# show crypto ipsec transform-set
Transform set 50: { esp-256-aes esp-sha-hmac  }
   will negotiate = { Tunnel,  },
Transform set #$!default_transform_set_1: { esp-aes esp-sha-hmac  }
   will negotiate = { Transport,  },
Transform set #$!default_transform_set_0: { esp-3des esp-sha-hmac  }
   will negotiate = { Transport,  },
```

b．使用 **show crypto map** 命令显示将应用于路由器的加密映射。

```
R1# show crypto map
Crypto Map "CMAP" 10 ipsec-isakmp
         Peer = 10.2.2.1
         Extended IP access list 101
             access-list 101 permit ip 192.168.1.0 0.0.0.255 192.168.3.
             0 0.0.0.255
         Current peer: 10.2.2.1
         Security association lifetime: 4608000 kilobytes/900 seconds
         Responder-Only (Y/N): N
```

```
        PFS (Y/N): Y
        DH group: group14
        Transform sets={
                50: { esp-256-aes esp-sha-hmac } ,
        }
        Interfaces using crypto map CMAP:
                Serial1/0
R3# show crypto map
Crypto Map "CMAP" 10 ipsec-isakmp
        Peer = 10.1.1.1
        Extended IP access list 101
            access-list 101 permit ip 192.168.3.0 0.0.0.255 192.168.1.
            0 0.0.0.255
        Current peer: 10.1.1.1
        Security association lifetime: 4608000 kilobytes/900 seconds
        Responder-Only (Y/N): N
        PFS (Y/N): Y
        DH group: group14
        Transform sets={
                50: { esp-256-aes esp-sha-hmac } ,
        }
        Interfaces using crypto map CMAP:
                Serial1/1
```

注意：如果需要关注的流量通过连接，这些 show 命令的输出不会发生改变。您可以在下一个步骤中测试各种类型的流量。

步骤 3：验证 IPSec VPN 的操作。

第 1 步：显示 ISAKMP 的安全关联。

使用 **show crypto isakmp sa** 命令显示尚不存在的 IKE SA。发送需要关注的流量时，此命令的输出将发生变化。

```
R1# show crypto isakmp sa
     IPv4 Crypto ISAKMP SA
     dst             src        state          conn-id status
     IPv6 Crypto ISAKMP SA
```

第 2 步：显示 IPSec 安全关联。

使用 **show crypto ipsec sa** 命令显示 R1 和 R3 之间未使用的 SA。

注意：发送的数据包数量为零，并且没有在输出的底部列出任何安全关联。此处显示了 R1 的输出。

```
R1# show crypto ipsec sa
interface: Serial1/0
    Crypto map tag: CMAP, local addr 10.1.1.1
   protected vrf: (none)
   local ident (addr/mask/prot/port): (192.168.1.0/255.255.255.0/0/0)
   remote ident (addr/mask/prot/port): (192.168.3.0/255.255.255.0/0/0)
   current_peer 10.2.2.1 port 500
```

```
     PERMIT, flags={origin_is_acl,}
    #pkts encaps: 0, #pkts encrypt: 0, #pkts digest: 0
    #pkts decaps: 0, #pkts decrypt: 0, #pkts verify: 0
    #pkts compressed: 0, #pkts decompressed: 0 #pkts
    not compressed: 0, #pkts compr. failed: 0
    #pkts not decompressed: 0, #pkts decompress failed: 0
    #send errors 0, #recv errors 0
     local crypto endpt.: 10.1.1.1, remote crypto endpt.: 10.2.2.1 path
     mtu 1500, ip mtu 1500, ip mtu idb Serial1/0
     current outbound spi: 0x0(0)
     PFS (Y/N): N, DH group: none
     inbound esp sas:
     inbound ah sas:
     inbound pcp sas:
     outbound esp sas:
     outbound ah sas:
     outbound pcp sas:
```

第 3 步：生成一些不需要关注的测试流量并观察结果。

a. 从 R1 对 R3 接口 S1/1（IP 地址 **10.2.2.1**）执行 ping 操作。这些应该都能 ping 成功。

```
R1#ping 10.2.2.1
Type escape sequence to abort.
Sending 5, 100-byte ICMP Echos to 10.2.2.1, timeout is 2 seconds:
!!!!!
Success rate is 100 percent (5/5), round-trip min/avg/max = 16/16/17 ms
```

b. 发出 **show crypto isakmp sa** 命令。

```
R1#show crypto isakmp sa
IPv4 Crypto ISAKMP SA
dst            src          state          conn-id status
IPv6 Crypto ISAKMP SA
```

c. 从 R1 对 R3 接口 E0/1（IP 地址 **192.168.3.1**）执行 ping 操作。这些应该都能 ping 成功。

```
R1#ping 192.168.3.1
Type escape sequence to abort.
Sending 5, 100-byte ICMP Echos to 192.168.3.1, timeout is 2 seconds:
!!!!!
Success rate is 100 percent (5/5), round-trip min/avg/max = 16/16/17 ms
```

d. 再次发出 **show crypto isakmp sa** 命令。

e. 发出 **debug ip ospf hello** 命令。这时应该会看到在 R1 和 R3 之间传递的 OSPF Hello 数据包。

```
R1# debug ip ospf hello
OSPF hello events debugging is on
R1#
*Apr  7 18:04:46.467: OSPF: Send hello to 224.0.0.5 area 0 on GigabitEt-
hernet0/1 from
192.168.1.1
*Apr  7 18:04:50.055: OSPF: Send hello to 224.0.0.5 area 0 on Serial1/0
```

```
 from
10.1.1.1
*Apr  7 18:04:52.463: OSPF: Rcv hello from 10.2.2.2 area 0 from Serial1
/0 10.1.1.2
*Apr  7 18:04:52.463: OSPF: End of hello processing

*Apr  7 18:04:55.675: OSPF: Send hello to 224.0.0.5 area 0 on GigabitEt-
hernet0/1 from
192.168.1.1
*Apr  7 18:04:59.387: OSPF: Send hello to 224.0.0.5 area 0 on Serial1/0
 from
10.1.1.1
*Apr  7 18:05:02.431: OSPF: Rcv hello from 10.2.2.2 area 0 from Serial1
/0 10.1.1.2
*Apr  7 18:05:02.431: OSPF: End of hello processing
```

f. 使用 **no debug ip ospf hello** 或 **undebug all** 命令关闭调试。

g. 再次发出 **show crypto isakmp sa** 命令。

第 4 步：生成一些需要关注的测试流量并观察结果。

a. 从 R1 对 R3 接口 E0/1（IP 地址 **192.168.3.1**）使用扩展 ping。扩展 ping 可用于控制数据包的源地址。按照以下示例执行响应。按 **Enter** 键接受默认值，除非系统指示了特定响应。

```
R1# ping
Protocol [ip]:
Target IP address: 192.168.3.1
Repeat count [5]:
Datagram size [100]:
Timeout in seconds [2]:
Extended commands [n]: y
Source address or interface: 192.168.1.1
Type of service [0]:
Set DF bit in IP header? [no]:
Validate reply data? [no]:
Data pattern [0xABCD]:
Loose, Strict, Record, Timestamp, Verbose[none]:
Sweep range of sizes [n]:
Type escape sequence to abort.
Sending 5, 100-byte ICMP Echos to 192.168.3.1, timeout is 2 seconds:
Packet sent with a source address of 192.168.1.1
..!!!
Success rate is 100 percent (3/5), round-trip min/avg/max = 92/92/92 ms
```

b. 再次发出 **show crypto isakmp sa** 命令。

```
R1# show crypto isakmp sa
IPv4 Crypto ISAKMP SA
dst             src             state               conn-id status
10.2.2.1        10.1.1.1        QM_IDLE             1001 ACTIVE
```

```
IPv6 Crypto ISAKMP SA
```

c．从 PC-A 对 PC-B 执行 ping 操作。如果 ping 操作成功，则发出 **show crypto ipsec sa** 命令。

```
R1# show crypto ipsec sa
interface: Serial1/0
    Crypto map tag: CMAP, local addr 10.1.1.1
   protected vrf: (none)
   local ident (addr/mask/prot/port): (192.168.1.0/255.255.255.0/0/0)
   remote ident (addr/mask/prot/port): (192.168.3.0/255.255.255.0/0/0)
   current_peer 10.2.2.1 port 500
     PERMIT, flags={origin_is_acl,}
    #pkts encaps: 7, #pkts encrypt: 7, #pkts digest: 7
    #pkts decaps: 7, #pkts decrypt: 7, #pkts verify: 7
    #pkts compressed: 0, #pkts decompressed: 0 #pkts
    not compressed: 0, #pkts compr. failed: 0
    #pkts not decompressed: 0, #pkts decompress failed: 0
    #send errors 2, #recv errors 0
     local crypto endpt.: 10.1.1.1, remote crypto endpt.: 10.2.2.1 path
     mtu 1500, ip mtu 1500, ip mtu idb Serial1/0
     current outbound spi: 0xC1DD058(203280472)
     inbound esp sas:
      spi: 0xDF57120F(3747025423)
        transform: esp-256-aes esp-sha-hmac ,
        in use settings ={Tunnel, }
        conn id: 2005, flow_id: FPGA:5, crypto map: CMAP
        sa timing: remaining key lifetime (k/sec): (4485195/877)
        IV size: 16 bytes
        replay detection support: Y Status: ACTIVE
      inbound ah sas:
      inbound pcp sas:
      outbound esp sas:
       spi: 0xC1DD058(203280472)
         transform: esp-256-aes esp-sha-hmac ,
         in use settings ={Tunnel, }
         conn id: 2006, flow_id: FPGA:6, crypto map: CMAP
         sa timing: remaining key lifetime (k/sec): (4485195/877)
         IV size: 16 bytes
         replay detection support: Y Status: ACTIVE
       outbound ah sas:
       outbound pcp sas:
```

项目七 自适应安全设备（ASA）

07

ASA 是一种高级网络安全设备，集成了状态防火墙、VPN 和其他功能。本项目使用 ASA 来创建防火墙并保护内部企业网络免受外部入侵者的攻击，同时允许内部主机访问互联网。ASA 将创建 3 个安全接口：外部、内部和隔离区（DMZ）。它为外部用户提供对 DMZ 服务器有限的访问权限，但不提供对内部资源的访问权限。内部用户可以访问 DMZ 服务器和外部资源。思科 ASA 下一代防火墙服务所提供的安全软件可以由客户添加到思科 ASA 系列状态检测防火墙中。这些服务可让客户获得端到端网络智能、精简安全操作、快速采纳新应用或连接未知设备，同时无损安全性能。思科 ASA 下一代防火墙服务向 ASA 5500-X 系列增加不少新功能，包括应用可视化与控制、入侵防御和网页安全基本组件。用户可以运用思科 Prime 安全管理器，通过集中管理的方式轻松扩展和管理这些下一代服务。思科 ASA 下一代防火墙服务提供应用程序和用户身份标识号（ID）感知功能，用以增强网络流量的可视度和控制力度。此外，管理员通过思科 ASA 下一代防火墙服务，可以利用应用可视化与控制，控制那些经过许可的微应用中的特定行为；运用网页安全基本组件，根据网站声誉对 Web 和 Web 应用程序的使用情况予以限制；利用 Cisco 安全智能运营（SIO）主动防御互联网威胁；基于用户、设备、角色、应用类型和威胁配置文件实施差异化策略，通过 IPS 支持威胁防御功能，为业务提供安全保障。应用可视化与控制至少可识别 1200 种应用和 150000 种微应用。因此，能够基于个人和组对某个应用程序的特定组件实施访问控制，同时禁用其他组件；还可以阻止端口跳跃和协议–跳跃型应用程序，甚至阻止微应用中的特定行为，从而以更少的策略实现更有效的安全保障。使用 SIO，思科 ASA 下一代防火墙服务可以从全球近 200 万台思科安全设备中收集威胁智能馈送，从而提供近乎实时的保护，使网络免受零日威胁的攻击。借助同样的馈送，思科 ASA 下一代防火墙服务可启用基于声誉的网络安全和 IPS 策略。配有 ASA 下一代防火墙服务，企业可以安心放手让员工使用他们自己的移动设备，同时保持高水平的网络保护和控制力度。通过 AnyConnect，思科 ASA 下一代防火墙服务不但能够识别出尝试获取网络本地或远程访问权的设备类型，而且支持针对该信息实施差异化访问策略。简而言之，思科 ASA 下一代防火墙服务可以帮助您统一网络的安全框架，提高业务创新速度，并且积极地抵御新兴威胁。

包过滤防火墙是第一代防火墙，它的工作方式和工作原理与标准 ACL 及普通的扩展 ACL 一样。也就是说，防火墙在接收到入站数据包时，会先根据管理员预先配置的参数来对数据包执行匹配，再根据匹配的结果执行相应的放行或者拒绝操作。由网络 A 中一台设备向网络 B 中另一台设备发送的超文本传送协议（HTTP）数据包因为匹配了防火墙上的允许策略，或者放行策略，所以可以穿过防火墙。而由网络 B 中一台设备向网络 A 中另一台设备发送的 HTTP 数据包则因为只能匹配最后的拒绝策略，所以无法穿过防火墙。典型的包过滤防火墙可以根据数据包的源和/或目的 IP 地址、协议、TCP/UDP 端口号等参数，来对流量进行过滤，这一点也和普通的扩展 ACL 相同。

前文说过，防火墙的目的是隔离不同的区域。在实际使用中，人们多用防火墙作为可靠网络和不可靠网络的边界。于是，这样一种需求就会变得越来越普遍：人们希望可靠网络可以向不可靠网络发起连接，却不希望不可靠网络向可靠网络发起连接。显然，笼统地依靠过滤协议是无法满足上述需求的，因为这样一来，不可靠网络为了建立连接而返回给连接发起方的数据包也会被过滤掉。为了满足这种需求，新一代（第二代）防火墙——电路层防火墙应运而生，这种防火墙增加了一种称为“连接状态表”的数据表。在内部发起连接时，防火墙向这个数据表中添加一个表项，在外部返回的流量到达防火墙时，防火墙就会根据表项放行对应的流量。这样一来，防火墙就可以对所有放行的连接进行状态追踪了。但是，外部网络向内部网络发起的流量还是会被防火墙过滤掉，因为防火墙上没有对应的表项。由网络 A 中一台设备向网络 B 中另一台设备发送的一个发起 TCP 连接的 TCP SYN 数据包，因为匹配了防火墙上的放行条目，所以可以穿过防火墙。于是，防火墙就把这条连接的状态记录在连接状态表中。在接收到网络 B 的响应设备发送的 TCP SYN-ACK 数据包时，防火墙通过查看连接状态表，发现这是上一个数据包的返程数据包，因此予以放行。但如果网络 B 中的这台设备向网络 A 中的对应设备发送发起 TCP 连接的 TCP SYN 数据包，那么因为这个数据包只能匹配最后的拒绝策略，所以这个数据包无法穿过防火墙。

前面两代防火墙负责在端到端的通信中根据策略对流量执行过滤，但它们本身并不参与到通信中。它们就像是外部网络和内部网络之间的“居庸关长城”。然而，如果防火墙只能按照数据包中的字段来执行匹配，那么攻击者只要发起欺骗攻击去伪装响应的字段，那么横亘在可靠网络和不可靠网络之间的防火墙也就形同虚设了。为了彻底避免出现这类问题，保障内部网络设备的安全，第三代防火墙出现了，也就是代理防火墙。代理防火墙，顾名思义，会代表内部网络的设备和外部网络的设备建立连接。这样一来，原本内部设备与外部设备之间的端到端通信就会被防火墙打断成两组端到端的通信，即内部设备与防火墙之间以及防火墙与外部设备之间。在外部设备看来，发起通信的是防火墙而不是防火墙代理的内部设备。这样一来，外部设备连内部设备的基本信息都无从掌握，更遑论对内部设备发起任何攻击了。通过前面的介绍可知，无论是否采用状态连接表，数据包过滤技术都工作在 OSI 模型的网络层，而代理防火墙则明显不同。既然代理防火墙会分别与通信双方建立端到端的连接，那么这种防火墙显然工作在 OSI 模型的应用层。有鉴于此，代理防火墙也称为应用代理防火墙。鉴于应用代理防火墙会把一次应用层访问“打断”，并且把自己插入应用层访问中充当其中的“一跳”，因此应用代理防火墙有时也称为应用层网关。网络 A 中的一台设备希望向网络 B 中的另一台设备发起 TCP 连接。在这个过程中，防火墙代表网络 B 中的设备与网络 A 中的这台设备建立了连接，之后又代表它去和网络 B 中的设备建立连接。建立连接后，任何往返于这两台设备之间的数据包都会经由防火墙上的代理程序代为转发。自始至终，这两台设备之间都没有直接建立会话，外部网络中的设备所接收到的消息都是源自防火墙的，因此外部设备无法对内部网络中发起连接的设备进行攻击。

显然，代理防火墙基本规避了外部网络给内部设备构成威胁的可能，远比前两代防火墙为网络提供的防护更加可靠。不过，代理防火墙的问题也很明显：工作在应用层的代理防火墙速度相对比较慢，而且随着内部设备数量的增加，以及内部设备和外部建立的连接数量的增加，防火墙上的资源最终有可能耗竭。

如前文所述，包过滤防火墙安全性略差，而代理防火墙速度慢且资源消耗严重。合理的逻辑是，如果能够把它们的工作方式结合起来，就可以设计出一种平衡效益和安全性的防火墙，这就是第五代防火墙的由来，即自适应代理防火墙。自适应代理防火墙包含两个模块，既可以在 OSI 的网络层按照安全管理员配置的策略执行包过滤操作，也可以在 OSI 的应用层代理内部网络中与外部建立会话，这两个模块之间有一条控制通道。防火墙本身可以通过用户配置的策略，来决定针对某次会话或某个数据包，是执行应用层代理操作还是数据包过滤操作。例如，主机 1 希望和主机 2 建立 TCP 会话，防火墙把这些流量交给代理模块进行处理。主机 1 正在完成与防火墙之间的 3 次握手，而代理模块也已经开始与主机 2 之间进行 3 次握手的信息交互。对于主机 1 要发送给主机 3 的 ICMP 消息，自适应代理防火墙根据管理员配置的包过滤策略予以放行，但是当主机 3 想要给主机 1 发送 ICMP 消息时，包过滤模块中只能匹配到最后的拒绝语句。自适应代理防火墙很好地规避了包过滤防火墙安全性欠佳和代理防火墙性能有限的弱点，把它们的优点结合了起来。本项目为实施自适应安全设备，因为这类设备已经成为最主流的防火墙设备。目前市面上销售的主流硬件防火墙，或者可以提供防火墙功能的网络基础设施，大多可以充当自适应代理防火墙。更多设备在智能化、应用可视化、自动化等方面走得更远，同时集成了更多功能，被称为下一代防火墙。

本项目的重点是将 ASA 配置为基本防火墙。其他设备将接受极少的配置以支持进行本项目的 ASA 部分。本项目会使用 ASA 的命令行界面（与 IOS CLI 类似）来配置基本设备和安全设置。您需要配置基本 ASA 设置以及内部与外部网络之间的防火墙，还需要配置用于其他服务（例如 DHCP、AAA 和 SSH）的 ASA，以及在 ASA 上配置 DMZ 服务器并提供对 DMZ 服务器的访问。本项目的背景是：公司的某个位置连接到 ISP。R1 代表由 ISP 管理的 CPE（用户驻地设备）。R2 表示中间互联网路由器。R3 代表 ISP，其连接从网络管理公司雇来负责远程管理网络的管理员。ASA 是一种边缘安全设备，可将内部企业网络和

DMZ 连接到 ISP，同时为内部主机提供网络地址转换（NAT）和 DHCP 服务。ASA 将被配置为由内部网络管理员和远程管理员进行管理。第 3 层以太网接口提供对本项目中创建的内部、外部和 DMZ 这 3 个区域的访问。ISP 已分配公共 IP 地址空间 209.165.200.224/29，其将用于 ASA 上的地址转换。

任务 1：ASA 的基本配置

1．任务目的

通过本任务，读者可以掌握：

- 配置主机名和域名；
- 配置登录和启用密码；
- 设置日期和时间；
- 配置内部和外部接口；
- 测试与 ASA 的连接；
- 配置 ASA 的静态默认路由；
- 配置 PAT 和网络对象；
- 修改 MPF 应用检查策略。

2．任务拓扑

本任务所用的拓扑如图 7-1 所示。

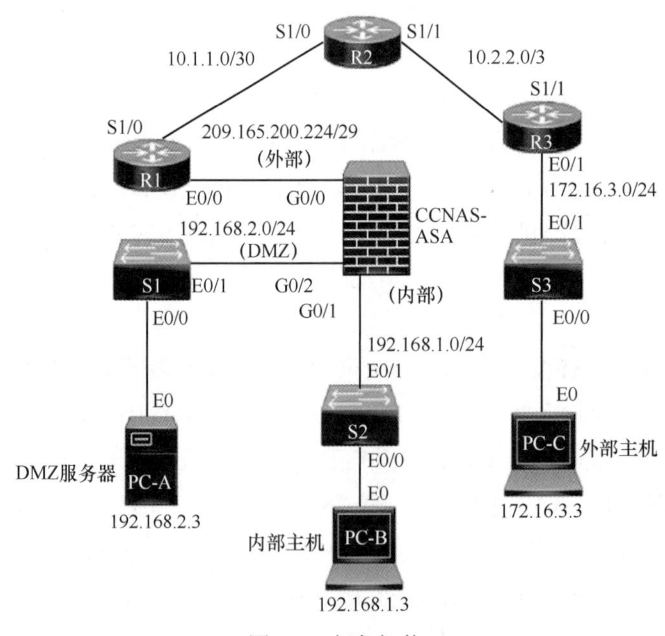

图 7-1　任务拓扑

本任务的 IP 地址分配见表 7-1。

表 7-1　IP 地址分配

设备	接口	IP 地址	子网掩码	默认网关	交换机端口
R1	E0/0	209.165.200.225	255.255.255.248	不适用	ASA G0/0
	S1/0	10.1.1.1	255.255.255.252	不适用	不适用
R2	S1/0	10.1.1.2	255.255.255.252	不适用	不适用
	S1/1	10.2.2.2	255.255.255.252	不适用	不适用
R3	E0/1	172.16.3.1	255.255.255.0	不适用	S3 E0/1
	S1/1	10.2.2.1	255.255.255.252	不适用	不适用
ASA	G0/1	192.168.1.1	255.255.255.0	不适用	S2 E0/1
ASA	G0/0	209.165.200.226	255.255.255.248	不适用	R1 G0/0
ASA	G0/2	192.168.2.1	255.255.255.0	不适用	S1 E0/1
PC-A	E0	192.168.2.3	255.255.255.0	192.168.2.1	S1 E0/0
PC-B	E0	192.168.1.3	255.255.255.0	192.168.1.1	S2 E0/0
PC-C	E0	172.16.3.3	255.255.255.0	172.16.3.1	S3 E0/0

3．任务步骤

步骤 1：基本路由器/交换机/计算机配置。

第 1 步：为网络布线并清除之前的设备设置。

按照图 7-1 连接设备，并根据需要布线。确保已经清除路由器和交换机的启动配置。

第 2 步：为路由器和交换机配置基本参数。

a．如图 7-1 所示，为每台路由器配置主机名。

b．如表 7-1 所示，配置路由器接口 IP 地址。

第 3 步：在路由器上配置静态路由。

a．配置从 R1 到 R2 以及从 R3 到 R2 的静态默认路由。

```
R1(config)# ip route 0.0.0.0 0.0.0.0 s1/0
R3(config)# ip route 0.0.0.0 0.0.0.0 s1/1
```

b．配置从 R2 到 R1 接口 E0/0 子网（连接到 ASA 接口 G0/0）的静态路由，以及从 R2 到 R3 LAN 的静态路由。

```
R2(config)# ip route 209.165.200.224 255.255.255.248 s1/0
R2(config)# ip route 172.16.3.0 255.255.255.0 s1/1
```

第 4 步：配置计算机主机 IP。

如表 7-1 所示，为 PC-A、PC-B 和 PC-C 配置静态 IP 地址、子网掩码和默认网关。

第 5 步：验证连接。

ASA 是网络区域的关键，并且尚未配置，因此连接到 ASA 的设备之间没有互相连接。但是，PC-C 应能够 ping 通 R1 接口。从 PC-C，对 R1 接口 E0/0 的 IP 地址（209.165.200.225）执行 ping 操作。若 ping 操作不成功，则需要排除设备基本配置故障才能继续。

注意： 如果可以从 PC-C ping 通 R1 接口 E0/0 和 S1/0，则表明静态路由已配置成功且运行正常。

步骤 2：使用 CLI 配置 ASA 设置和接口安全。

第 1 步：配置主机名和域名。

a．使用 **config t** 命令进入全局配置模式。

```
ciscoasa# config t
ciscoasa(config)#
```

b．使用 **hostname** 命令配置 ASA 主机名。

```
ciscoasa(config)# hostname CCNAS-ASA
```

c．使用 **domain-name** 命令配置域名。

```
CCNAS-ASA(config)# domain-name ccnasecurity.com
```

第 2 步：配置登录和启用模式密码。

a．登录密码用于 Telnet 连接（以及 ASA 8.4 版本之前的 SSH）。默认情况下，它被设置为 cisco，但由于已清除默认启动配置，您可以选择使用 **passwd** 或 **password** 命令配置登录密码。此命令是可选的，因为稍后我们将为 SSH 配置 ASA，而不是 Telnet 访问。

```
CCNAS-ASA(config)# passwd cisco
```

b．使用 **enable password** 命令配置特权 EXEC 模式（启用）密码。

```
CCNAS-ASA(config)# enable password class
```

第 3 步：设置日期和时间。

可以使用 **clock set** 命令手动设置日期和时间。**clock set** 命令的语法是 **clock set** hh:mm:ss {month day | day month} year。以下示例显示了如何使用 24 小时制设置日期和时间。

```
CCNAS-ASA(config)# clock set 19:09:00 april 19 2015
```

第 4 步：配置内部和外部接口。

a．为内部网络配置接口 G0/1，并将安全级别设置为 100。

```
CCNAS-ASA(config)# interface g0/1
CCNAS-ASA(config-if)# nameif inside
CCNAS-ASA(config-if)# ip address 192.168.1.1 255.255.255.0
CCNAS-ASA(config-if)# security-level 100
```

b．为外部网络配置接口 G0/0，将安全级别设置为 0。

```
CCNAS-ASA(config-if)# interface g0/0
CCNAS-ASA(config-if)# nameif outside
INFO: Security level for "outside" set to 0 by default
CCNAS-ASA(config-if)# ip address 209.165.200.226 255.255.255.248
CCNAS-ASA(config-if)# no shutdown
```

接口安全级别说明如下。

您可能会收到一条消息，提示内部接口的安全级别已自动设置为 100，外部接口已设置为 0。ASA 使用 0～100 的接口安全级别来实施安全策略。安全级别 100（内部）是最安全的，安全级别 0（外部）是最不安全的。

默认情况下，ASA 应用的策略允许从较高安全级别接口流向较低安全级别接口的流量，但拒绝从较低安全级别接口流向较高安全级别接口的流量。默认情况下，ASA 默认安全策略允许检查出站流量。由于要执行状态数据包检查，系统允许返回流量。ASA 的默认“路由模式”防火墙行为允许数据包从内部网络路由到外部网络，但反之则不然。在本项目的任务 2 中，您需要配置 NAT 以增强防火墙保护。

c. 使用 **show interface** 命令确保 ASA 第 3 层接口 G0/0 和 G0/1 均为启用状态。此处以 G0/0 为例。如果任一接口显示为关闭状态，请检查物理连接。如果任一接口处于管理性关闭状态，请使用 **no shutdown** 命令启用。

```
CCNAS-ASA# show interface g0/0
 Interface GigabitEthernet0/0 "outside", is up, line protocol is up
  Hardware is i82540EM rev03, BW 1000 Mbps, DLY 10 usec
   Auto-Duplex(Full-duplex), Auto-Speed(1000 Mbps)
   Input flow control is unsupported, output flow control is off
   MAC address 5000.000a.0001, MTU 1500
   IP address 209.165.200.226, subnet mask 255.255.255.248
<output omitted>
```

d. 使用 **no shutdown** 命令以确保所有端口均已启用。

```
CCNAS-ASA(config)# interface g0/1
CCNAS-ASA(config-if)# no shutdown
CCNAS-ASA(config-if)# interface g0/0
CCNAS-ASA(config-if)# no shutdown
```

e. 使用 **show interface ip brief** 命令显示所有 ASA 接口的状态。

注意：此命令与 **show interface ip brief** IOS 命令不同。如果之前配置的任何物理接口或逻辑接口未启用，请先根据需要进行故障排除，再继续操作。

提示：大多数 ASA **show** 命令以及 **ping**、**copy** 和其他命令都可以在任意配置模式提示符下发出，而不需要使用 IOS 所需的 **do** 命令。

```
CCNAS-ASA# show interface ip brief
Interface            IP-Address      OK? Method Status               Protocol
GigabitEthernet0/0   209.165.200.226 YES manual up                    up
GigabitEthernet0/1   192.168.1.1     YES manual up                    up
GigabitEthernet0/2   unassigned      YES unset  up                    up
```

f. 使用 **show ip address** 命令显示第 3 层接口的信息。

```
CCNAS-ASA(config)# show ip address
System IP Addresses:
Interface            Name              IP address      Subnet mask     Method
GigabitEthernet0/1 inside              192.168.1.1     255.255.255.0   manual
GigabitEthernet0/0 outside             209.165.200.226 255.255.255.248 manual
Current IP Addresses:
Interface             Name             IP address      Subnet mask     Method
GigabitEthernet0/1 inside              192.168.1.1     255.255.255.0   manual
```

```
GigabitEthernet0/0 outside        209.165.200.226 255.255.255.248 manual
```

g．您还可以使用 **show run interface** 命令显示运行配置中特定接口的配置。

```
CCNAS-ASA# show run interface g0/1
!
 interface GigabitEthernet0/1
  nameif inside
  security-level 100
 ip address 192.168.1.1 255.255.255.0
```

第 5 步：测试与 ASA 的连接。

a．确保 PC-B 的静态 IP 地址为 192.168.1.3，子网掩码为 255.255.255.0，默认网关为 192.168.1.1（ASA 内部接口 G0/1 的 IP 地址）。您应该能够从 PC-B ping 通 ASA 内部接口地址，并从 ASA ping 通 PC-B。如果 ping 操作失败，请根据需要对配置进行故障排除。

```
CCNAS-ASA# ping 192.168.1.3
Type escape sequence to abort
Sending 5, 100-byte ICMP Echos to 192.168.1.3, timeout is 2 seconds:
!!!!!
Success rate is 100 percent (5/5), round-trip min/avg/max = 1/1/1 ms
```

b．从 PC-C，对 ASA（外部）接口 G0/0（IP 地址 209.165.200.226）执行 ping 操作。您应该无法 ping 通此地址。

步骤 3：使用 CLI 配置路由、地址转换和检查策略。

第 1 步：配置 ASA 的静态默认路由。

在步骤 2 中，已使用静态 IP 地址和子网掩码配置 ASA 外部接口。但是，ASA 没有定义最后选用网关。要启用 ASA 以访问外部网络，您需要在 ASA 外部接口上配置默认静态路由。

注意：如果 ASA 外部接口已被配置为 DHCP 客户端，则它可以从 ISP 获取默认网关 IP 地址。但是，在本项目中，外部接口上已配置了静态地址。

a．从 ASA 对 R1 接口 E0/0（IP 地址 209.165.200.225）执行 ping 操作。

b．从 ASA 对 R1 接口 S1/0（IP 地址 10.1.1.1）执行 ping 操作。

c．使用 **route** 命令创建“全零”默认路由，将其与 ASA 外部接口关联，并指向 IP 地址为 209.165.200.225 的 R1 接口 E0/0 作为最后选用网关。一般情况下，默认管理距离为 1。

```
CCNAS-ASA(config)# route outside 0.0.0.0 0.0.0.0 209.165.200.225
```

d．发出 **show route** 命令显示 ASA 路由表以及您刚刚创建的静态默认路由。

```
CCNAS-ASA# show route
Codes: L - local, C - connected, S - static, R - RIP, M - mobile,
B - BGP D
       - EIGRP, EX - EIGRP external, O - OSPF, IA - OSPF inter area
       N1 - OSPF NSSA external type 1, N2 - OSPF NSSA external type 2 E1
       - OSPF external type 1, E2 - OSPF external type 2
       i - IS-IS, su - IS-IS summary, L1 - IS-IS level-1, L2 - IS-IS
```

```
        level-2 ia
        - IS-IS inter area, * - candidate default, U - per-user static
        route o -
        ODR, P - periodic downloaded static route, + - replicated route
Gateway of last resort is 209.165.200.225 to network 0.0.0.0
S*      0.0.0.0 0.0.0.0 [1/0] via 209.165.200.225, outside
C       192.168.1.0 255.255.255.0 is directly connected, inside
L       192.168.1.1 255.255.255.255 is directly connected, inside
C       209.165.200.224 255.255.255.248 is directly connected, outside L
        209.165.200.226 255.255.255.255 is directly connected, outside
```

e．从 ASA 对 R1 接口 S1/0（IP 地址 10.1.1.1）执行 ping 操作。

第 2 步：配置 PAT 和网络对象。

注意：从 ASA 8.3 版本开始，网络对象用于配置所有形式的 NAT。需先创建网络对象，并在此对象内配置 NAT。在下面的操作中，网络对象 **INSIDE-NET** 用于将内部网络地址（192.168.1.0/24）转换为外部 ASA 接口的全局地址。此类对象配置称为自动 NAT。

a．创建网络对象 **INSIDE-NET**，并使用 **subnet** 和 **nat** 命令为其分配属性。

```
CCNAS-ASA(config)# object network INSIDE-NET
CCNAS-ASA(config-network-object)# subnet 192.168.1.0 255.255.255.0
CCNAS-ASA(config-network-object)# nat (inside,outside) dynamic interface
CCNAS-ASA(config-network-object)# end
```

b．ASA 将配置拆分为定义要转换的网络的对象和实际的 **nat** 命令参数。它们出现在运行配置中的两个不同位置。使用 **show run object** 和 **show run nat** 命令显示 NAT 对象配置。

```
CCNAS-ASA# show run object
object network INSIDE-NET
subnet 192.168.1.0 255.255.255.0
CCNAS-ASA# show run nat
!
object network INSIDE-NET
nat (inside,outside) dynamic interface
```

c．从 PC-B，尝试对 R1 接口 E0/0（IP 地址 209.165.200.225）执行 ping 操作。

d．在 ASA 上发出 **show nat** 命令，查看已转换或未转换的命令条目。从 PC-B 执行的 ping 操作中，4 个已转换，4 个未转换（因为全局检查策略未检查 ICMP）。传出 ping 操作（回应）已转换，但防火墙策略阻止了返回的应答。您将配置默认检查策略以在下一步中允许 ICMP。

注意：从 PC-B 运行的进程和守护程序中，您可能会分别看到比 4 个请求和应答更多的已转换和未转换命令条目。

```
CCNAS-ASA# show nat
Auto NAT Policies (Section 2)
1 (inside) to (outside) source dynamic INSIDE-NET interface
   translate_hits = 4, untranslate_hits = 4
```

e．再次从 PC-B 对 R1 执行 ping 操作并快速发出 **show xlate** 命令，以查看要转换的地址。

```
CCNAS-ASA# show xlate
1 in use, 28 most used
Flags: D - DNS, i - dynamic, r - portmap, s - static, I - identity, T -
 twice
ICMP PAT from inside:192.168.1.3/512 to outside:209.165.200.226/21469 flags ri
idle 0:00:03
timeout 0:00:30
```

注意： 标志（r 和 i）表示转换是基于端口映射（r）并且是动态（i）完成的。

第 3 步：修改默认 MPF 应用检查策略。

对于应用层检查和其他高级选项，可在 ASA 上使用思科 MPF（模块化策略架构）。思科 MPF 使用以下 3 个配置对象来定义模块化、面向对象的分层策略。

- **类映射：** 定义匹配条件。
- **策略映射：** 将操作与匹配条件关联。
- **服务策略：** 将策略映射附加到某个接口，或全局附加到设备的所有接口。

a．显示执行内部到外部流量检查的默认 MPF 策略映射。只允许从内部发出的流量返回外部接口。请注意，此时 ICMP 缺失。

```
CCNAS-ASA# show run | begin class
class-map inspection_default match
  default-inspection-traffic
!
policy-map type inspect dns preset_dns_map
 parameters
  message-length maximum client auto
  message-length maximum 512
policy-map global_policy
 class inspection_default
  inspect dns preset_dns_map
  inspect ftp
  inspect h323 h225
  inspect h323 ras
  inspect ip-options
  inspect netbios
  inspect rsh
  inspect rtsp
  inspect skinny
  inspect esmtp
  inspect sqlnet
  inspect sunrpc
  inspect tftp
  inspect sip
  inspect xdmcp
!
service-policy global_policy global
```

```
<output omitted>
```

b．使用以下命令将对 ICMP 流量的检查添加到策略映射列表。

```
CCNAS-ASA(config)# policy-map global_policy
CCNAS-ASA(config-pmap)# class inspection_default
CCNAS-ASA(config-pmap-c)# inspect icmp
```

c．显示默认的 MPF 策略映射以验证当前检查规则中是否已列出 ICMP。

```
CCNAS-ASA(config-pmap-c)# show run policy-map
!
policy-map type inspect dns preset_dns_map
 parameters
  message-length maximum client auto
  message-length maximum 512
policy-map global_policy
 class inspection_default
  inspect dns preset_dns_map
  inspect ftp
  inspect h323 h225
  inspect h323 ras
  inspect ip-options
  inspect netbios
  inspect rsh
  inspect rtsp
  inspect skinny
  inspect esmtp
  inspect sqlnet
  inspect sunrpc
  inspect tftp
  inspect sip
  inspect xdmcp
  inspect icmp
!
```

d．从 PC-B，尝试对 R1 接口 E0/0（IP 地址 209.165.200.225）执行 ping 操作。执行 ping 操作应该会成功，因为检查的 ICMP 流量和合法的返回流量被允许，如图 7-2 所示。

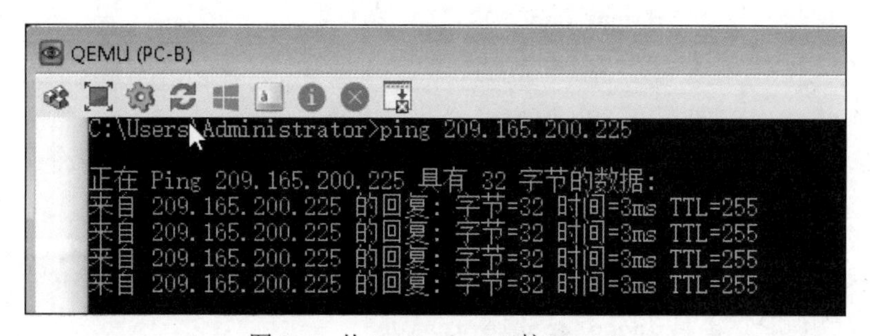

图 7-2　从 PC-B ping R1 接口 E0/0

任务 2：ASA 的高级配置

1. 任务目的

通过本任务，读者可以掌握：

- 将 ASA 配置为 DHCP 服务器/客户端；
- 配置本地 AAA 用户认证；
- 配置对 AAA 的 SSH 远程访问；
- 在 ASA 上配置 DMZ 接口 G0/2；
- 使用网络对象为 DMZ 服务器配置静态 NAT；
- 配置 ACL 以允许互联网用户访问 DMZ 服务器；
- 验证外部和内部用户对 DMZ 服务器的访问权限。

2. 任务拓扑

本任务所用的拓扑如图 7-1 所示。

本任务的 IP 地址分配见表 7-1。

3. 任务步骤

步骤 1：配置 DHCP 服务器、AAA 和 SSH。

在此任务中，您将使用 AAA 和 SSH 配置 ASA 功能，例如 DHCP 和增强的登录安全功能。

第 1 步：将 ASA 配置为 DHCP 服务器。

ASA 可以是 DHCP 服务器和 DHCP 客户端。在此步骤中，将 ASA 配置为 DHCP 服务器，以便为内部网络上的 DHCP 客户端动态分配 IP 地址。

a．配置 DHCP 地址池并在 ASA 内部接口上启用它。这是要分配给内部 DHCP 客户端的地址范围。

```
CCNAS-ASA(config)# dhcpd address 192.168.1.5-192.168.1.36 inside
```

b.（可选）指定要提供给客户端的 DNS 服务器 IP 地址。

```
CCNAS-ASA(config)# dhcpd dns 209.165.201.2
```

注意：可以为客户端指定其他参数，例如 WINS 服务器、租赁期限和域名。一般情况下，ASA 将自身的 IP 地址设置为 DHCP 默认网关，因此不需要对其进行配置。但是，要手动配置默认网关，或将其设置为不同网络设备的 IP 地址，请使用以下命令。

```
CCNAS-ASA(config)# dhcpd option 3 ip 192.168.1.1
```

c．在 ASA 内启用 DHCP 守护程序，以在启用的接口（内部）上侦听 DHCP 客户端请求。

```
CCNAS-ASA(config)# dhcpd enable inside
```

d．使用 **show run dhcpd** 命令验证 DHCP 守护程序的配置。

```
CCNAS-ASA(config)# show run dhcpd
```

```
dhcpd dns 209.165.201.2
!
dhcpd address 192.168.1.5-192.168.1.36 inside
dhcpd enable inside
```

e．访问 PC-B 的网络连接 IP 属性，并将其从静态 IP 地址更改为 DHCP 客户端，以便从 ASA DHCP 服务器中自动获取 IP 地址，输入 ipconfig 命令验证是否取得 IP 地址，如图 7-3 所示。执行此操作的步骤根据计算机操作系统不同而有所不同。可能需要在 PC-B 上发出 ipconfig /renew 命令，以强制它从 ASA 获取新的 IP 地址。

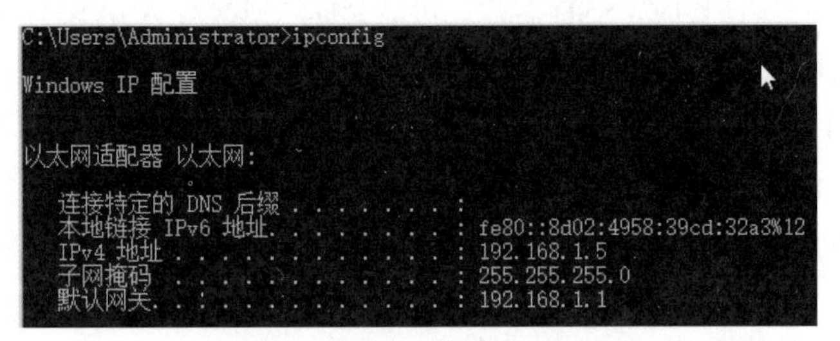

图 7-3　PC-B 动态获取 IP 地址

第 2 步：配置 AAA 以使用本地数据库进行认证。

a．通过输入 **username** 命令定义名为 admin 的本地用户，指定密码 **cisco12345**。

```
CCNAS-ASA(config)# username admin password cisco12345
```

b．将 AAA 配置为使用本地 ASA 数据库进行 SSH 用户认证。

```
CCNAS-ASA(config)# aaa authentication ssh console LOCAL
```

注意：为增加安全度，从 ASA 8.4（2）版本开始，需要配置 AAA 认证以支持 SSH 连接。不支持 Telnet/SSH 默认登录。您无法再通过使用 SSH 以及默认用户名和登录密码连接至 ASA。

第 3 步：配置 ASA 的 SSH 远程访问。

您可以将 ASA 配置为接受来自内部或外部网络上单个/一系列主机的 SSH 连接。

a．生成 RSA 密钥，这是支持 SSH 连接所必需的。模数（单位为位）可以是 512、768、1024 或 2048。指定的模数越大，生成 RSA 密钥所需的时间就越长。使用 **crypto key** 命令指定模数 **1024**。

```
CCNAS-ASA(config)# crypto key generate rsa modulus 1024
INFO: The name for the keys will be: <Default-RSA-Key> Keypair
generation process begin. Please wait...
```

注意：您可能会收到一条已定义 RSA 密钥的消息。要更换 RSA 密钥，请在提示符后输入 yes（是）。

b．使用 **copy run start** 或 **write mem** 命令将 RSA 密钥保存到永久性闪存中。

```
CCNAS-ASA# write mem
Building configuration...
Cryptochecksum: 3c845d0f b6b8839a f9e43be0 33feb4ef
```

```
3270 bytes copied in 0.890 secs
[OK]
```

c．将 ASA 配置为允许来自内部网络任何主机和外部网络分支机构（172.16.3.3）远程管理主机的 SSH 连接。将 SSH 超时设置为 **10**min（默认值为 5min）。

```
CCNAS-ASA(config)# ssh 192.168.1.0 255.255.255.0 inside
CCNAS-ASA(config)# ssh 172.16.3.3 255.255.255.255 outside
CCNAS-ASA(config)# ssh timeout 10
```

d．在 PC-C 上，使用 SSH 客户端（例如 PuTTY）连接到 ASA 外部接口（IP 地址 209.165.200.226）。首次连接时，SSH 客户端可能会提示您接受 ASA SSH 服务器的 RSA 主机密钥。以用户 **admin** 的身份登录并输入密码 **cisco12345**。您还可以使用 IP 地址 192.168.1.1 从 PC-B SSH 客户端连接到 ASA 内部接口。

步骤 2：配置 DMZ、静态 NAT 和 ACL。

之前您已为内部网络配置使用 PAT 的地址转换。在本任务的步骤 2 中，您需要在 ASA 上创建 DMZ，为 DMZ 服务器配置静态 NAT，并应用 ACL 来控制对服务器的访问。

为了容纳添加的 DMZ 和 Web 服务器，您需要使用分配的 ISP 范围[209.165.200.224/29（.224～.231）]中的另一个地址。路由器 R1 接口 E0/0 和 ASA 外部接口已分别使用 209.165.200.225 和 209.165.200.226。您需要使用公共地址 209.165.200.227 和静态 NAT 来提供对服务器的地址转换访问。

第 1 步：在 ASA 上配置 DMZ 接口 G0/2。

a．配置 DMZ，这是公共访问 Web 服务器所在的位置。为接口 G0/2 分配 IP 地址 **192.168.2.1**，将其命名为 **dmz**，并分配安全级别 **70**。

```
CCNAS-ASA(config)# interface g0/2
CCNAS-ASA(config-if)# ip address 192.168.2.1 255.255.255.0
CCNAS-ASA(config-if)# nameif dmz
INFO: Security level for "dmz" set to 0 by default
CCNAS-ASA(config-if)# security-level 70
CCNAS-ASA(config-if)# no shut
```

b．使用 **show interface ip brief** 命令显示所有 ASA 接口的状态。

```
CCNAS-ASA # show interface ip brief
Interface              IP-Address       OK? Method Status              Protocol
GigabitEthernet0/0        209.165.200.226 YES manual up                up
GigabitEthernet0/1        192.168.1.1     YES manual up                up
GigabitEthernet0/2        192.168.2.1     YES manual up                up
```

c．使用 **show ip address** 命令显示接口 G0/2 的信息。

```
CCNAS-ASA # show ip address
System IP Address
 Interface            Name            IP address      Subnet mask     Method
GigabitEthernet0/0   outside         209.165.200.226 255.255.255.248 manual
GigabitEthernet0/1   inside          192.168.1.1      255.255.255.0   manual
GigabitEthernet0/2   dmz             192.168.2.1      255.255.255.0   manual
Current IP Addresses:
```

```
Interface             Name        IP address      Subnet mask     Method
GigabitEthernet0/0    outside     209.165.200.226 255.255.255.248 manual
GigabitEthernet0/1    inside      192.168.1.1     255.255.255.0   manual
GigabitEthernet0/2    dmz         192.168.2.1     255.255.255.0   manual
```

第 2 步：使用网络对象配置 DMZ 服务器的静态 NAT。

配置名为 **dmz-server** 的网络对象，并为其分配 DMZ 服务器的静态 IP 地址（192.168.2.3）。在对象定义模式下，利用 **nat** 命令指定此对象用于使用静态 NAT 将 DMZ 地址转换为外部地址，并指定公共转换地址 **209.165.200.227**。

```
CCNAS-ASA(config)# object network dmz-server
CCNAS-ASA(config-network-object)# host 192.168.2.3
CCNAS-ASA(config-network-object)# nat (dmz,outside) static 209.165.200.227
```

第 3 步：配置 ACL 以允许从互联网访问 DMZ 服务器。

配置一个命名访问列表（**OUTSIDE-DMZ**），以允许任何从外部主机访问 DMZ 服务器内部 IP 地址的 IP。将访问列表应用于 **IN** 方向的 ASA 外部接口。

```
CCNAS-ASA(config)# access-list OUTSIDE-DMZ permit ip any host 192.168.2.3
CCNAS-ASA(config)# access-group OUTSIDE-DMZ in interface outside
```

注意：与 IOS ACL 不同，ASA ACL permit 语句必须允许访问内部专用 DMZ 地址。外部主机使用其公共静态 NAT 地址访问服务器，ASA 将公共静态 NAT 转换为内部主机 IP 地址，然后应用于 ACL。

您可以修改此 ACL 以仅允许希望向外部主机公开的服务，例如 Web（HTTP）服务器或文件传输（FTP）服务器。

第 4 步：测试对 DMZ 服务器的访问。

a．在互联网 R2 上创建表示外部主机的环回 0 接口，分配 **Lo0** IP 地址 **172.30.1.1** 和掩码 **255.255.255.0**。使用环回接口作为 ping 操作的源地址，从 R2 对 DMZ 服务器公共地址执行 ping 操作。ping 应当能成功。

```
R2(config-if)# interface lo0
R2(config-if)# ip address 172.30.1.1 255.255.255.0
R2(config-if)# end
R2# ping 209.165.200.227 source lo0
Type escape sequence to abort.
Sending 5, 100-byte ICMP Echos to 209.165.200.227, timeout is 2 seconds:

Packet sent with a source address of 172.30.1.1
!!!!!
Success rate is 100 percent (5/5), round-trip min/avg/max = 1/2/4 ms
```

b．使用 **clear nat counters** 命令清除 NAT 计数器。

```
CCNAS-ASA# clear nat counters
```

c．从 PC-C 对位于公共地址 **209.165.200.227** 处的 DMZ 服务器执行 ping 操作。ping 应当能成功，如图 7-4 所示。

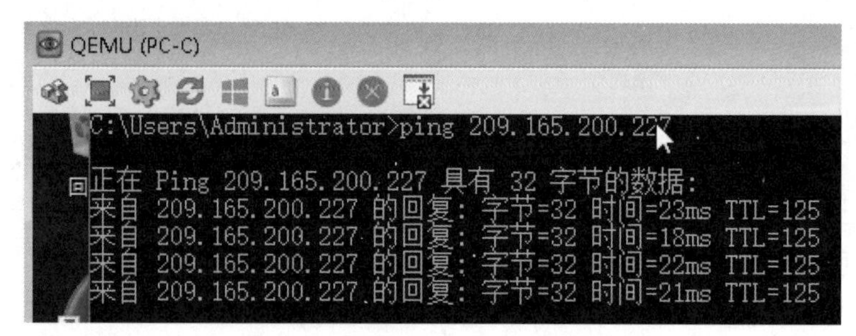

图 7-4　从 PC-C ping DMZ 服务器

d. 在 ASA 上发出 **show nat** 和 **show xlate** 命令，以查看这些 ping 操作的效果。PAT（内部到外部）和静态 NAT（DMZ 到外部）策略如下。

```
CCNAS-ASA# show nat
Auto NAT Policies (Section 2)
1 (dmz) to (outside) source static dmz-server 209.165.200.227
    translate_hits = 0, untranslate_hits = 4
2 (inside) to (outside) source dynamic INSIDE-NET interface
    translate_hits = 4, untranslate_hits = 0
```

注意：将从内部对外部执行的 ping 操作次数视为已转换的命令条目。将从外部主机 PC-C 对 DMZ 执行的 ping 操作次数视为未转换的命令条目。

```
CCNAS-ASA# show xlate
1 in use, 3 most used
Flags: D - DNS, i - dynamic, r - portmap, s - static, I - identity, T - twice
NAT
 from dmz:192.168.2.3 to outside:209.165.200.227
    flags s idle 0:22:58 timeout 0:00:00
```

注意：此次，flags 被标记为“s”，表示静态转换。

e. 您还可以从内部网络上的主机访问 DMZ 服务器，因为 ASA 内部接口（G0/1）的安全级别被设置为 100（最高），DMZ 接口（G0/2）的安全级别被设置为 70。ASA 的作用类似两个网络之间的路由器。从内部网络主机 PC-B（192.168.1.X）对 DMZ 服务器（PC-A）内部地址（**192.168.2.3**）执行 ping 操作。由于设置了接口安全级别，并且已按照全局检查策略检查了内部接口上的 ICMP，ping 操作应当会成功。从 PC-B 对 PC-A 执行的 ping 操作不会影响 NAT 转换计数，因为 PC-B 和 PC-A 都位于防火墙后面，且不会进行转换。

f. 由于 DMZ 接口 G0/2 的安全级别较低并且在创建接口 G0/2 时指定了 **no forward** 命令，DMZ 服务器无法 ping 通内部网络上的 PC-B。因此尝试从 DMZ 服务器 PC-A 对位于 IP 地址 **192.168.1.3** 处的 PC-B 执行 ping 操作。ping 操作应当不会成功。

g. 使用 **show run** 命令显示接口 G0/2 的配置。

```
CCNAS-ASA# show run interface g0/2
!
interface GigabitEthernet0/2
nameif dmz
 security-level 70
ip address 192.168.2.1 255.255.255.0
```

注意：可以将访问列表应用于内部接口，以控制允许或拒绝从内部主机访问 DMZ 服务器的类型。

项目八 安全设备管理器（ASDM）

08

思科公司迄今为止推出了多个防火墙系列产品线，也推出了多种类型、多个版本的命令行界面和图形化界面管理系统。在本项目中，我们会对如何访问最新的思科防火墙产品线的图形化界面管理系统进行介绍。思科最早通过收购 Network Translation 公司，推出了自己的防火墙产品线，这一代产品称为 PIX。PIX 可以通过两种方式对防火墙进行管理，最常用的管理方式是通过 PIX OS 的命令行界面输入命令。从 PIX OS 4.1 版本开始，PIX 也提供了图形用户界面（GUI）。最开始的 PIX GUI 称为 PIX 防火墙管理器，运行在 Windows NT 客户端本地。从 PIX OS 6.0 版本开始，PIX GUI 变为需要使用客户端上的浏览器，通过 HTTPS 来进行访问，称为 PIX 设备管理器（PDM）。到了 PIX OS 7.0 版本，PIX GUI 同时支持在客户端本地或者通过浏览器使用 HTTPS 进行访问，称为自适应安全设备管理器（ASDM）。

到了 2005 年，思科推出了自己的新一代防火墙，名为 ASA。2008 年，思科正式宣布 PIX 停产。ASA 设备和 PIX 一样也提供了两种管理方式，一种是通过 CLI 输入命令来进行管理，另一种也是通过 ASDM 进行管理。ASA 的操作系统延续了 PIX OS 的命名方式，但版本号从 7.0 变成了 8.0。由于 PIX 是收购 Network Translation 公司获得的产品线，因此早先的 PIX OS 和 IOS 很不相同。但是从 PIX OS 8.0 版本开始，PIX OS 变得和 IOS 非常相似了。关于图形化界面管理，在销售 ASA 的十余年中，ASDM 也推出了大量的更新版本。2013 年，思科收购了一家名为 Sourcefire 的企业。这家企业是空间安全领域的领导企业之一。此后，思科在很多自身的产品上使用了 Sourcefire 的技术，其中就包括 ASA 5500-X 系列设备。同时，思科也推出了下一代防火墙，如 Firepower 2100 系列、4100 系列和 9300 系列。

关于下一代防火墙的定义，本书已经在前面进行了介绍，实际上，Firepower 也确实非常符合上面的定义。比如，Firepower 集成了高级威胁智能、思科防御编排器、高级恶意软件防护、下一代入侵防御系统和思科威胁响应等功能。Firepower 既然是思科收购 Sourcefire 的结果，它的管理方式就也有可能不同于 PIX OS 和 IOS 的 8.x 及更新版本。实际上，在设备管理方面，Firepower 可以通过其可扩展操作系统，进行基本的设置和排错工作，但主要的策略部署工作，则需要通过 Firepower 设备管理器（FDM）来完成，因为 FXOS 几乎不能配置安全策略。显然，ASA 和 Firepower 在管理上（无论是 CLI 还是 GUI）存在很大的差异。为了降低用户的培训成本，提升管理界面的友好度。ASA 5500-X 系列防火墙也可以使用 FDM 进行管理，同时 Firepower 也可以通过安装 ASA 的 PIX OS 来执行命令行管理。

配置与管理思科 ASA 的两种方式是通过 CLI 和通过 ASDM。CLI 运行速度快，但需要更多时间学习；而 ASDM 非常直观，简化了 ASA 配置。具体而言，思科 ASDM 是一种基于 Java 的 GUI 工具，利于思科 ASA 的配置、监控和排除故障操作。ASDM 会降低管理员输入命令的复杂度，使其不需要广泛了解 ASA CLI 即可简化配置。它可与 SSL 配合使用，以确保与 ASA 的通信安全。同时 ASDM 提供快速配置向导，以及使用 CLI 无法实现的日志记录和监控功能。因此，ASDM 是配置、管理和监控 ASA 的首选方法。

要启用 ASDM 访问，ASA 需要一些最低配置。具体而言，ASDM 使用 SSL 将 Web 浏览器连接到 ASA Web 服务器实现访问。SSL 会对客户端和 ASA Web 服务器之间的流量加密。ASA 至少要求配置管理接口，管理接口取决于 ASA 型号。ASA 5505 的管理接口中包含内部逻辑 VLAN 接口（VLAN 1）和除 E0/0 外的物理 Ethernet 端口。为所有其他 ASA 型号提供了专用的第 3 层接口 G0/0。具体而言，要准备 ASDM 访问 ASA 5505，必须配置以下内容。

- 内部逻辑 VLAN 接口：分配第 3 层地址和安全级别。
- 物理 Ethernet 0/1 端口：默认分配给 VLAN 1，但必须启用。
- 启用 ASA Web 服务器：默认已禁用。
- 允许访问 ASA Web 服务器：默认情况下，ASA 在封闭策略中运行，因此，访问 HTTP 服务器的所有连接都将被拒绝。

要启动 ASDM，请在允许的主机 Web 浏览器中输入 ASA 的管理 IP 地址。允许的主机必须使用 HTTPS 通过浏览器建立与 ASA 内部接口 IP 地址的连接。选择 **Continue to this website**（继续访问此网站），启动 ASDM 窗口，此时将显示 ASDM 启动窗口。窗口提供以下两个选项。

- Run Cisco ASDM as a local application（将思科 ASDM 作为本地应用运行），其中包括 Install ASDM Launcher（安装 ASDM 启动程序）选项，可通过 SSL 从主机桌面连接 ASA。此操作的优势在于，可利用一个应用管理多个 ASA 设备，而且启动 ASDM 不需要互联网浏览器。
- Run Cisco ASDM as a Java Web Start application（将思科 ASDM 作为 Java Web Start 应用运行），其中包括 Run ASDM（运行 ASDM）选项。与思科 ASDM 建立连接需要使用互联网浏览器。如果未在本地主机上安装 ASDM，可以选择 **Run Startup Wizard**（运行启动向导）选项。该选项提供与 CLI 设置初始化向导类似的分步初始化配置。

因为浏览器存在不同的设置，可能会出现多个安全警告。如果主机之前并未访问过ASDM，浏览器可能会显示以下两个不同的安全警告。如果显示了一个安全警告，指出与该网站的连接不可信，请单击**Continue**（继续）。接下来会显示另一个安全警告（出现此安全警告，是因为ASA上的证书是自签名证书，只要对话框中显示的地址是ASA的地址，则可以接受本地证书），指出ASDM可能存在安全风险。需要接受风险，然后单击**Run**（运行）。如果主机之前访问过ASDM，可能不会显示这些安全警告。然后，ASDM会显示思科ASDM IDM启动程序，需要输入用户名和密码。由于无初始配置，请将这些字段留空，然后单击**OK**（确定）。接下来会显示思科Smart Call Home窗口，选择所需选项，然后单击**OK**（确定）。

主页上的状态信息每隔10s更新一次。虽然主页上提供的许多详细信息都可从ASDM的其他位置获得，但在此页面可以快速查看ASA的运行状态。ASDM提供两个视图选项卡。默认情况下，主页上显示Device Dashboard（设备控制面板），其中提供有关ASA的重要信息，例如接口状态、OS版本、许可信息和性能相关信息。单击Firewall Dashboard（防火墙控制面板）选项卡所示的视图，其中提供通过ASA的流量的安全相关信息，例如连接统计信息、丢包、扫描和SYN攻击检测。主页中可能显示的其他选项卡如下。

- Intrusion prevention（入侵防御）：仅当安装IPS模块或卡时显示。此选项卡显示有关IPS软件的状态信息。
- Content security（内容安全）：仅当ASA中安装内容安全和控制安全服务模块时显示。此选项卡显示有关的内容安全和控制安全服务模块的状态信息。思科ASDM用户界面旨在轻松使用ASA支持的许多功能。

本项目会使用ASA的GUI ASDM来完成基本的设备和安全设置。在本项目中，需要配置拓扑和非ASA设备及准备用于ASDM访问的ASA，并且使用ASDM启动向导配置基本的ASA，以及内部与外部网络之间的防火墙。接下来，还需要通过ASDM配置菜单配置其他内容，以及在ASA上配置DMZ并提供对DMZ服务器的访问。

任务1：使用ASDM对自适应安全设备进行访问的配置

1．任务目的

通过本任务，读者可以掌握：

- 配置R1、R2和R3之间的静态路由，包括默认路由；
- 启用R1上的HTTP服务器并设置启用密码和VTY密码；
- 配置计算机主机IP；
- 配置ASDM并验证对ASA的访问；

■ 访问 ASDM 并了解 GUI 的使用。

2. 任务拓扑

本任务所用的拓扑如图 7-1 所示。

本任务的 IP 地址分配见表 7-1。

3. 任务步骤

步骤 1：基本路由器/交换机/计算机的配置。

第 1 步：为网络布线并清除之前的设备配置。

按照图 7-1 连接设备，并根据需要布线，确保已经清除路由器和交换机的启动配置。

第 2 步：为路由器和交换机配置基本参数。

a. 为每台路由器配置主机名。

b. 配置路由器接口 IP 地址。

第 3 步：在路由器上配置静态路由。

a. 配置从 R1 到 R2 以及从 R3 到 R2 的静态默认路由。

```
R1(config)# ip route 0.0.0.0 0.0.0.0 s1/0
R3(config)# ip route 0.0.0.0 0.0.0.0 s1/1
```

b. 配置从 R2 到 R1 接口 E0/0 子网（连接到 ASA 端口 G0/0）的静态路由以及从 R2 到 R3 LAN 的静态路由。

```
R2(config)# ip route 209.165.200.224 255.255.255.248 s1/0
R2(config)# ip route 172.16.3.0 255.255.255.0 s1/1
```

第 4 步：配置计算机主机 IP。

为 PC-A、PC-B 和 PC-C 配置静态 IP 地址、子网掩码和默认网关。

第 5 步：在 R1 上配置并加密密码。

注意：此任务中的最小密码长度被设置为 10 个字符，但为了执行任务，密码相对较为简单。建议在生产网络中使用更复杂的密码。

a. 配置最小密码长度。使用 **security passwords** 命令将最小密码长度设置为 10 个字符。

```
R1(config)# security passwords min-length 10
```

b. 使用密码 **cisco12345** 配置两台路由器上的启用加密密码。使用 9 类（SCRYPT）散列算法。

```
R1(config)# enable algorithm-type scrypt secret cisco12345
```

c. 使用密码 **admin01pass** 创建本地 **admin01** 账户。使用 9 类（SCRYPT）散列算法并将权限级别设置为 15。

```
R1(config)#username admin01 privilege 15 algorithm-type scrypt secret
admin01pass
```

d. 将控制台和 VTY 线路配置为使用本地数据库进行登录。为了提高安全度，请将线路配置为 5 分钟内无任何操作即注销。发出 **logging synchronous** 命令以防止控制台消息中断命令的输入。

```
R1(config)# line console 0
R1(config-line)# login local
R1(config-line)# exec-timeout 5 0
R1(config-line)# logging synchronous
R1(config)# line vty 0 4
R1(config-line)# login local
R1(config-line)# transport input ssh
R1(config-line)# exec-timeout 5 0
```

e．在 R1 上启用 HTTP 服务器访问。使用本地数据库进行 HTTP 认证。

步骤 2：准备用于 ASDM 访问的 ASA。

第 1 步：配置 ASDM 接口。

a．为内部网络配置接口 G0/1，并将安全级别设置为最高 100。

```
CCNAS-ASA(config)# interface g0/1
CCNAS-ASA(config-if)# nameif inside
CCNAS-ASA(config-if)# ip address 192.168.1.1 255.255.255.0
CCNAS-ASA(config-if)# security-level 100
CCNAS-ASA(config-if)# no shutdown
```

为外部网络配置接口 G0/0，将安全级别设置为最低 0。

```
CCNAS-ASA(config-if)# interface g0/0
CCNAS-ASA(config-if)# nameif outside
INFO: Security level for "outside" set to 0 by default.
CCNAS-ASA(config-if)# ip address 209.165.200.226 255.255.255.248
CCNAS-ASA(config-if)# no shutdown
```

b．通过从 PC-B 对 ASA 接口 VLAN 1 IP 地址 **192.168.1.1** 执行 ping 操作来测试连接。ping 操作应当能成功。

第 2 步：配置 ASDM 并验证对 ASA 的访问。

a．使用 **http** 命令将 ASA 配置为接受 HTTPS 连接并允许从内部网络上的任何主机访问 ASDM。

```
ciscoasa(config)# http server enable
ciscoasa(config)# http 192.168.1.0 255.255.255.0 inside
```

b．在 PC-B 上打开浏览器，输入 https://192.168.1.1 以测试对 ASA 的 HTTPS 连接的访问。

注意：请务必在 URL 中指定 HTTPS。

第 3 步：访问 ASDM 并了解 GUI 的使用。

a．输入 https://192.168.1.1 后，您应该会看到有关网站安全证书的安全警告，如图 8-1 所示。单击**高级→添加例外**。在“添加安全例外”对话框，单击**确认安全例外**，如图 8-2 所示。

注意：在 URL 中指定 HTTPS。

图 8-1　浏览器弹出安全警告

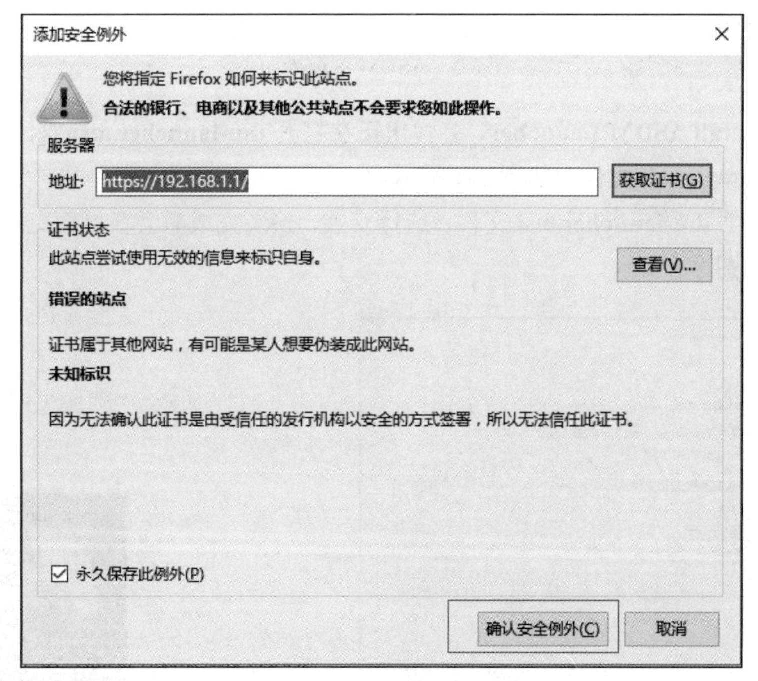

图 8-2　确认安全例外

b．在 ASDM 欢迎界面中，可以看到两种运行 ASDM 的方式，**Install ASDM Launcher** 和 **Install Java Web Start**，这里我们使用 **Install ASDM Launcher**，如图 8-3 所示。

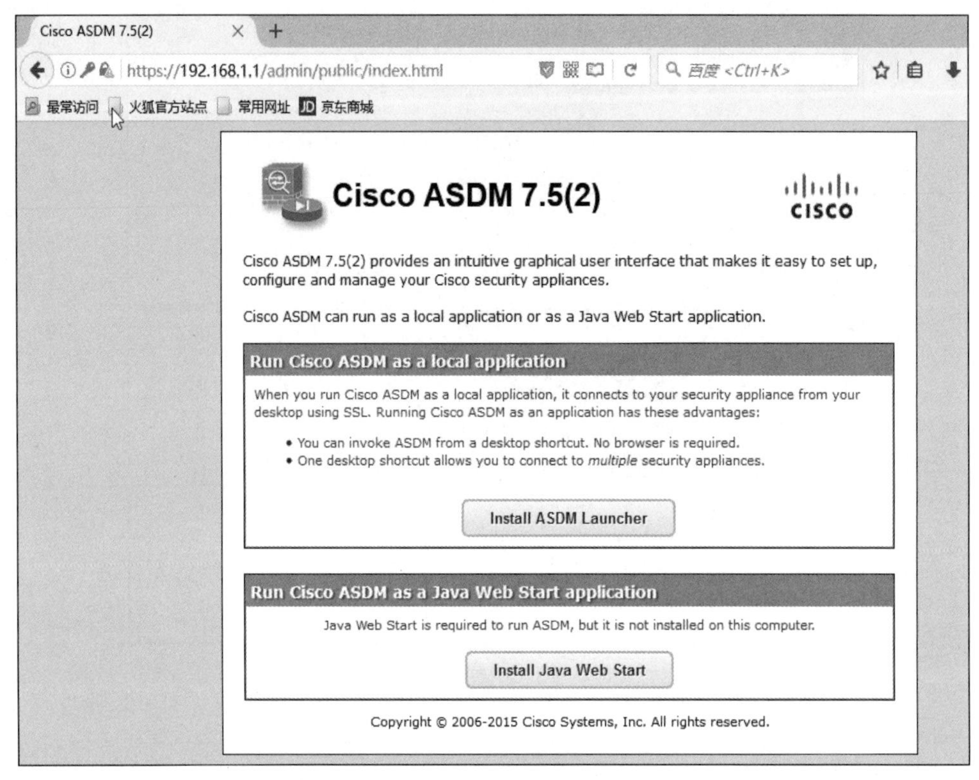

图 8-3 ASDM 欢迎界面

c. 单击 **Install ASDM Launcher**，会弹出**正在打开 dm-launcher.msi** 对话框，选择保存路径后单击**保存文件**，如图 8-4 所示。

d. 右键单击 **dm-launcher.msi** 文件，选择安装，安装完成后会在桌面出现 ASDM 启动器，如图 8-5 所示。

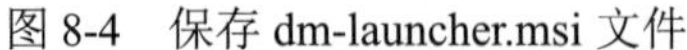
图 8-4 保存 dm-launcher.msi 文件

图 8-5 桌面上的 ASDM-IDM 启动器

e. 双击 ASDM-IDM 启动器，在弹出的对话框的地址一栏输入 192.168.1.1，如图 8-6 所示。

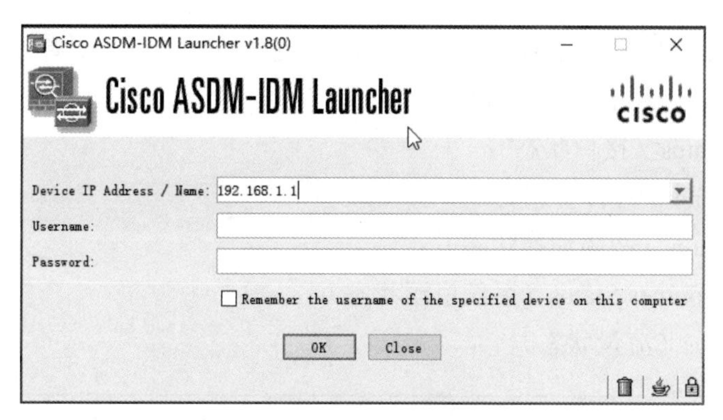

图 8-6　思科 ASDM-IDM 启动器

f. 在弹出的“安全警告”对话框中单击**继续**，如图 8-7 所示。

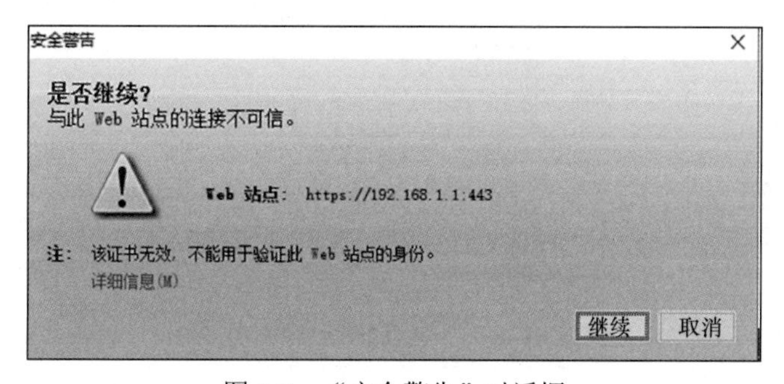

图 8-7　“安全警告”对话框

g. 单击 **Yes**（**是**）以响应任何其他安全警告。您应该会看到“需要授权”对话框，可以在其中输入用户名和密码。此时，我们将这些字段留空，因为它们尚未被配置，如图 8-8 所示。

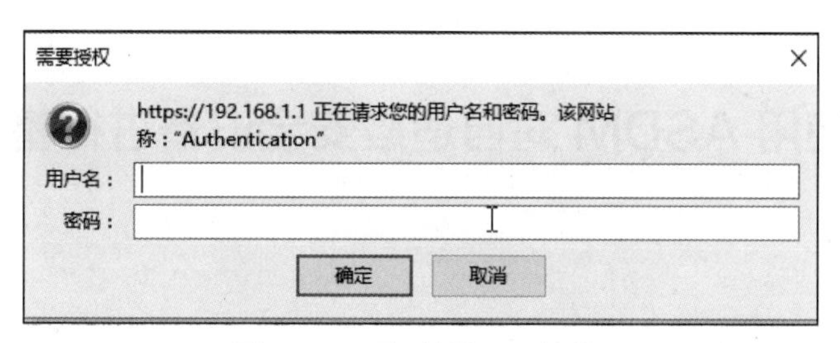

图 8-8　“需要授权”对话框

h. 单击**确定**继续。ASDM 会将当前配置加载到 GUI 中。

i. 初始 GUI 界面显示各种区域和选项。ASDM 主界面左上角的菜单包含 3 个主要部分：“Home”（主页）、“Configuration”（配置）和“Monitoring”（监控），如图 8-9 所示。“Home”（主页）部分是默认设置，有“Device Dashboard”（设备控制面板）和“Firewall Dashboard”（防火墙控制面板）。“Device Dashboard”（设备控制面板）是默认界面，显示类型（ASAv）、ASA 和 ASDM 版本、内存量和防火墙模式（已路由）等设备信息。“Device Dashboard”（设备控制面板）上有 6 个区域：

- Device Information（设备信息）；
- Interface Status（接口状态）；
- VPN Sessions（VPN 会话）；
- Failover Status（故障切换状态）；
- System Resources Status（系统资源状态）；
- Traffic Status（流量状态）。

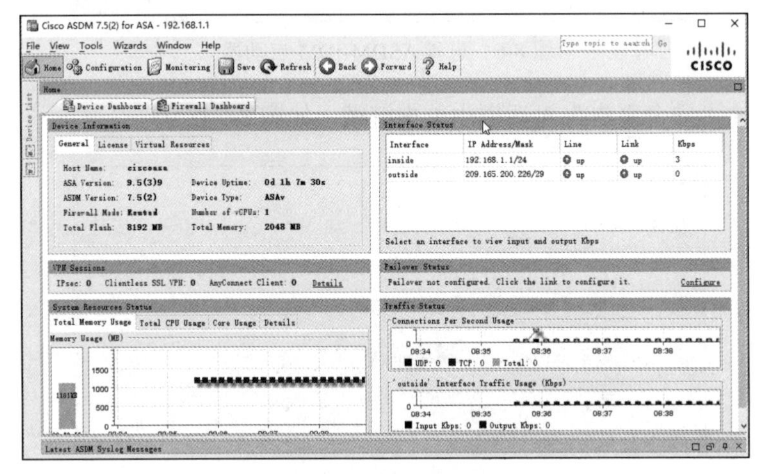

图 8-9　ASDM 主界面

> 注意：如果显示“Cisco Smart Call Home”（思科 Smart Call Home）窗口，单击 **Do not enable Smart Call Home**（请勿启用 Smart Call Home），然后单击 **OK**（确定）。

j. 单击 **Configuration**（配置）和 **Monitoring**（监控），以熟悉其布局并查看可用选项。

任务 2：使用 ASDM 对自适应安全设备进行基础的配置

1. 任务目的

通过本任务，读者可以掌握：

- 访问“Configuration”（配置）菜单并启动“Startup Wizard”（启动向导）；
- 配置主机名、域名和启用密码；
- 配置内部和外部接口；
- 配置 DHCP、地址转换和管理访问；
- 查看摘要并将命令传递给 ASA；
- 从 PC-B 测试对外部网站的访问；
- 使用 ASDM Packet Tracer 实用程序测试对外部网站的访问。

2．任务拓扑

本任务所用的拓扑如图 7-1 所示。

本任务的 IP 地址分配见表 7-1。

3．任务步骤

第 1 步：访问“Configuration”（配置）菜单并启动“Startup Wizard”（启动向导）。

a．在菜单栏上单击 **Configuration**（配置）。界面中有 5 个主要配置区域：

- Device Setup（设备设置）；
- Firewall（防火墙）；
- Remote Access VPN（远程访问 VPN）；
- Site-to-Site VPN（站点间 VPN）；
- Device Management（设备管理）。

配置菜单如图 8-10 所示。

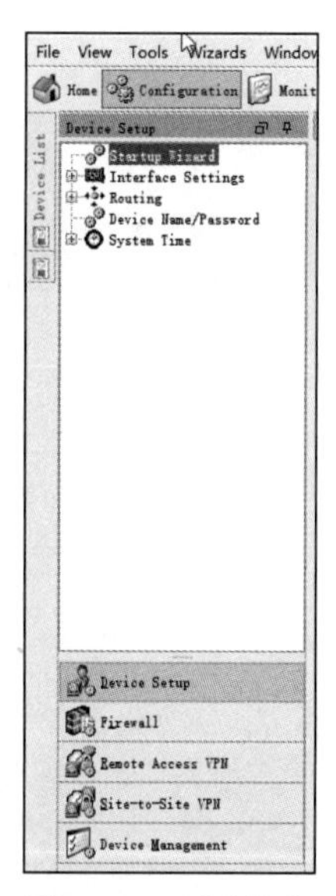

图 8-10　配置菜单

b．“Device Setup”（设备设置）启动是第一个可用选项，默认情况下系统将显示该向导。仔细阅读界面上描述启动向导的文本，然后单击 **Launch Startup Wizard**（启动启动向导），如图 8-11 所示。

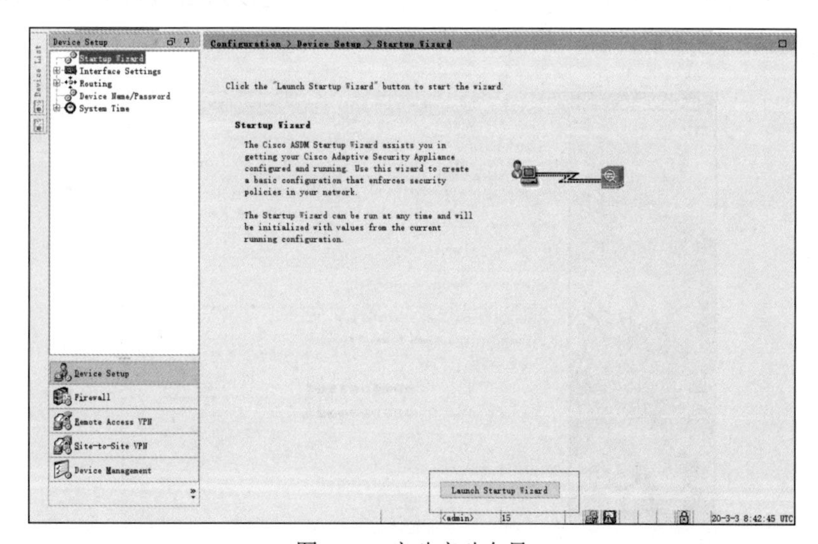

图 8-11　启动启动向导

第 2 步：配置主机名、域名和启用密码。

a．在“Startup Wizard Step1”（启动向导步骤 1）界面→“Starting Point”（开始配置）上，修改现有配置，或将 ASA 重置为出厂默认设置。确保选中 **Modify existing configuration（修改现有配置）**选项，然后单击 **Next**（下一步）继续，如图 8-12 所示。

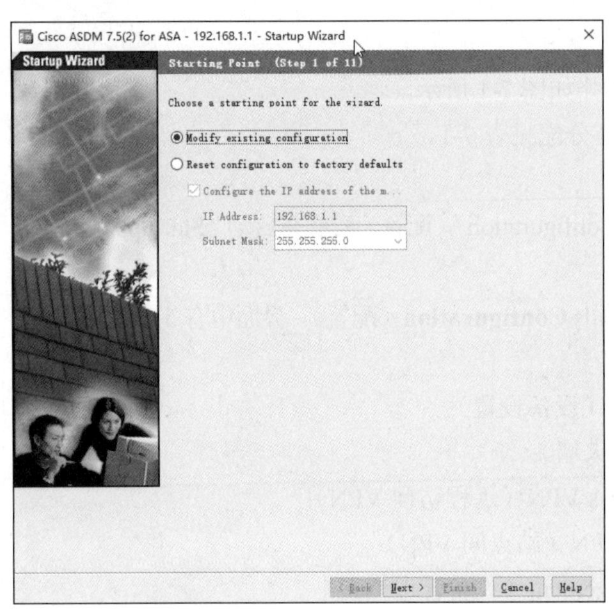

图 8-12　开始配置

b．在基础“Startup Wizard Step 2”（启动向导步骤 2）界面→“Basic Configuration”（基础配置）上，配置 ASA 主机名 **CCNAS-ASA** 和域名 **ccnasecurity.com**。单击复选框以更改启用模式密码，将密码从空白（无密码）更改为 cisco12345，再输入一次以进行确认。完成条目后，单击 **Next**（下一步）继续，如图 8-13 所示。

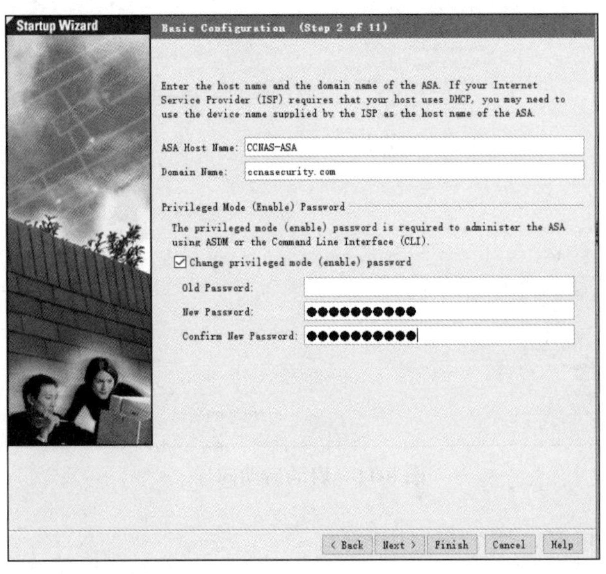

图 8-13　基础配置

第 3 步：配置外部和其他接口。

a．在“Startup Wizard Step 3”（启动向导步骤 3）界面→“Outside Interface Configuration”

（外部接口配置）上，请勿更改当前的设置，因为这些都是先前使用 CLI 定义的设置，如图 8-14 所示，单击 **Next**（下一步）继续。

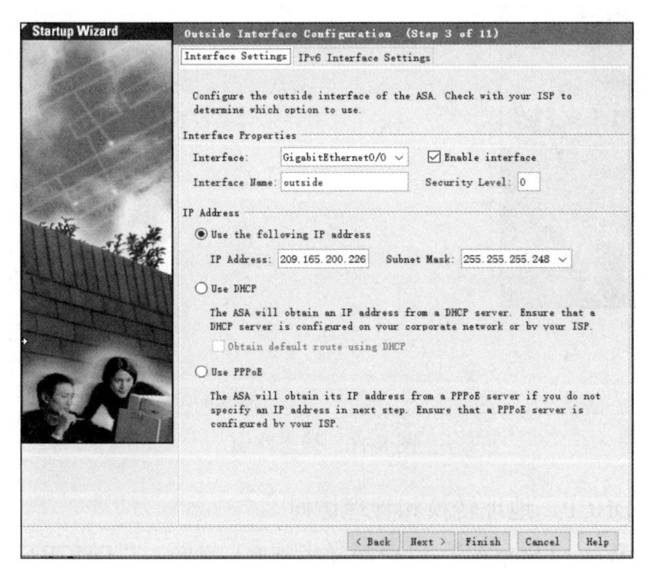

图 8-14　外部接口配置

b．在“Startup Wizard Step 4”（启动向导步骤 4）界面→“Other Interface Configuration”（其他接口配置）上，验证内部接口 G0/1 和外部接口 G0/0 是否设置正确，如图 8-15 所示。单击 **Next**（下一步）继续。

图 8-15　其他接口配置

第 4 步：配置静态路由。

在“Startup Wizard Step 5”（启动向导步骤 5）界面→“Static Routes”（静态路由）上，保持默认配置（**Filter:Both**）不变。单击 **Next**（下一步）继续，如图 8-16 所示。

图 8-16　静态路由

第 5 步：配置 DHCP、地址转换和管理访问。

a．在“Startup Wizard Step 6”（启动向导步骤 6）界面→“DHCP Server”（DHCP 服务器）上，选中 **Enable DHCP server on the inside interface**（在内部接口上启用 DHCP 服务器）复选框。输入起始 IP 地址 **192.168.1.31** 和结束 IP 地址 **192.168.1.39**。输入 DNS 服务器 1 地址 **10.20.30.40** 和域名 **ccnasecurity.com**。请勿选中 Enable auto-configuration from interface（启用接口自动配置）复选框。单击 **Next**（下一步）继续，如图 8-17 所示。

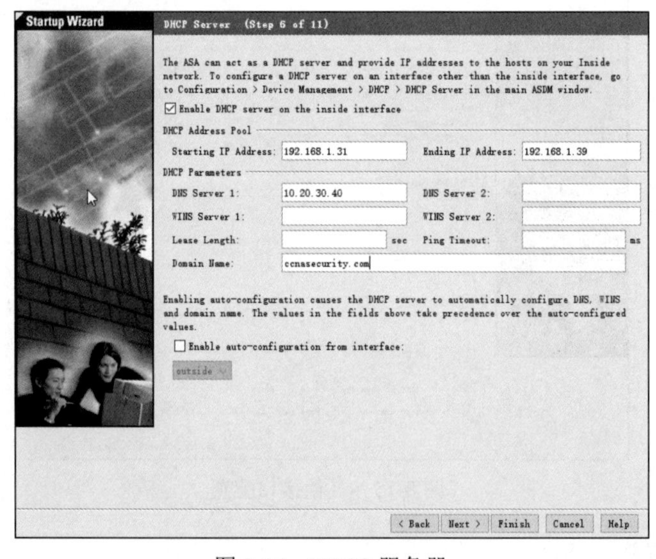

图 8-17　DHCP 服务器

b．在“Startup Wizard Step 7”（启动向导步骤 7）界面→“Address Translation (NAT/PAT)”

[地址转换（NAT/PAT）]上，单击 **Use Port Address Translation (PAT)**[使用端口地址转换（PAT）]，如图 8-18 所示。默认设置是使用外部接口的 IP 地址。单击 **Next**（下一步）继续。

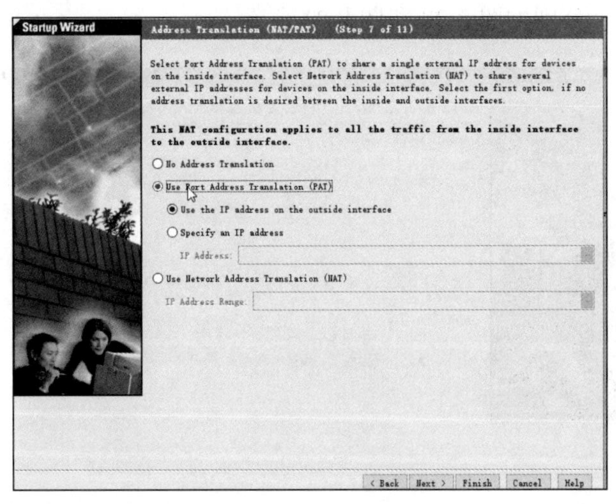

图 8-18　地址转换

注意：您还可以为 PAT 指定特定 IP 地址或使用 NAT 指定一系列地址。

c．在"Startup Wizard Step 8"（启动向导步骤 8）界面→"Administrative Access"（管理访问）上，可以看到当前为第一个内部网络上的主机配置了 **HTTPS/ASDM** 访问。为第二个内部网络上的主机添加了对 ASA 的 **SSH** 访问。从外部网络上的主机 **172.16.3.3** 添加了对 ASA 的 **SSH** 访问。确保选中 **Enable HTTP server for HTTPS/ASDM access**（启用 HTTP 服务器的 HTTPS/ASDM 访问）复选框，如图 8-19 所示。单击 **Next**（下一步）继续。

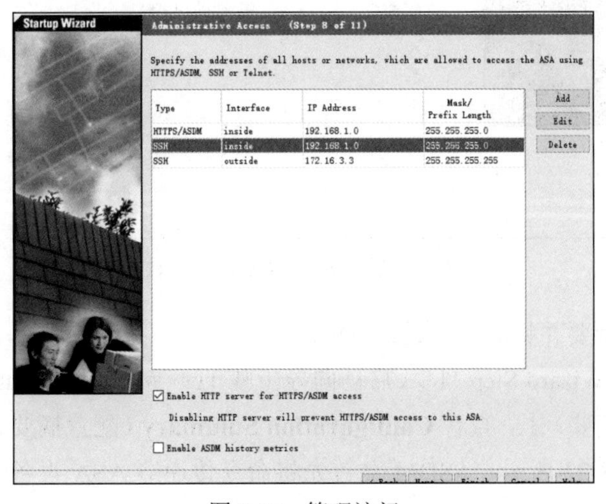

图 8-19　管理访问

d．在“Startup Wizard Step 9”（启动向导步骤 9）界面→“Auto Update Server”（自动更新服务），“Startup Wizard Step 10”（启动向导步骤 10）界面→“Cisco Smart Call Home Enrollment”（思科 Smart Call Home 注册）上，保持默认配置，单击 **Next**（下一步）继续，分别如图 8-20 和图 8-21 所示。

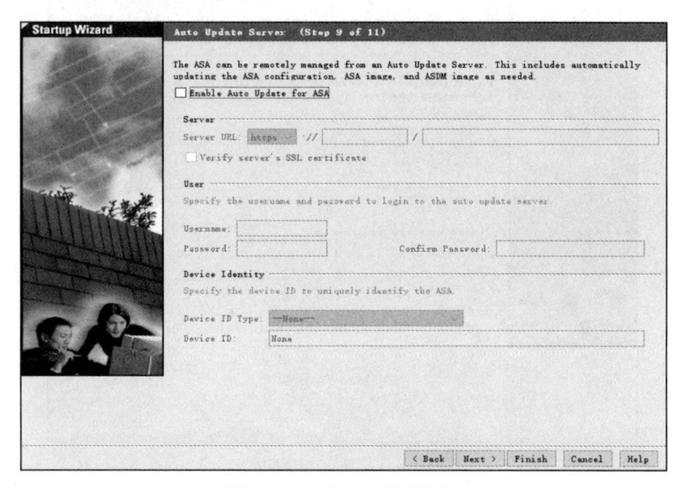

图 8-20　自动更新服务

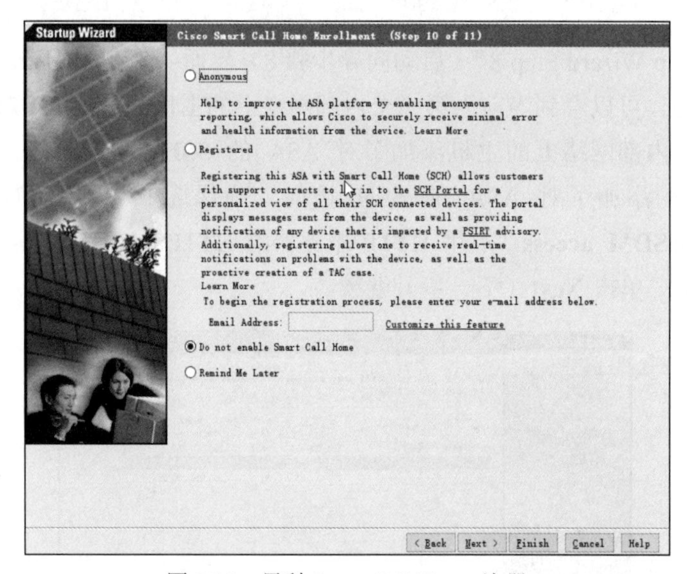

图 8-21　思科 Swart Call Home 注册

第 6 步：查看摘要并将命令传递给 ASA。

a．在“Startup Wizard Step 11”（启动向导步骤 11）界面→“Startup Wizard Summary”（启动向导摘要）上，查看 **Configuration Summary**（配置摘要），并单击 **Finish**（完成），如图 8-22 所示。ASDM 会首先将命令传递给 ASA 设备，然后重新加载修改后的配置。

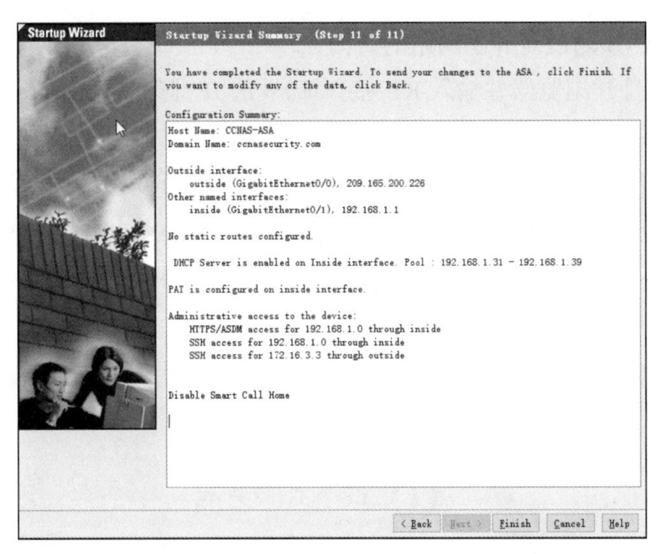

图 8-22　配置摘要

注意：如果 GUI 对话框在重新加载过程中停止响应，请首先将其关闭，退出 ASDM，然后重新启动浏览器和 ASDM。如果系统提示将配置保存到闪存，请回复 Yes（是）。即使 ASDM 似乎没有重新加载配置，也会传递命令。ASDM 如果在传递命令时遇到错误，将通知您成功的命令列表和失败的命令列表。

b．重新启动 ASDM 并提供没有用户名的新启用密码 cisco12345。返回“Device Dashboard”（设备控制面板），然后选中“Interface Status”（接口状态）窗口。您会看到内部接口和外部接口状态，以及 IP 地址和流量状态。内部接口应显示多个 kbit/s。“Traffic Status”（流量状态）窗口可能会将 ASDM 访问显示为 TCP 流量高峰，如图 8-23 所示。

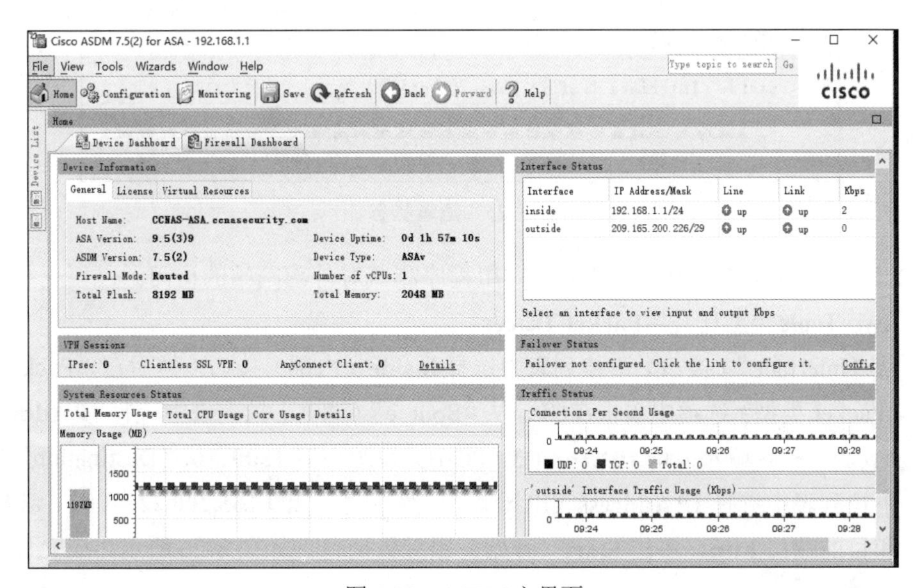

图 8-23　ASDM 主界面

第 7 步：从 PC-B 测试对外部网站的访问。

a．在 PC-B 上打开浏览器并输入 R1 接口 E0/0 的 IP 地址（**209.165.200.225**）以模拟对外部网站的访问。

b．上述部分中启用了 R1 HTTP 服务器。R1 的 GUI 设备管理器会通过“需要授权”对话框来提示您。输入用户名 **admin01** 和密码 **admin01pass**，如图 8-24 所示。退出浏览器，您会在“Home”（主页）上“Device Dashboard”（设备控制面板）的“Traffic Status”（流量状态）窗口中看到 TCP 活动，如图 8-25 所示。

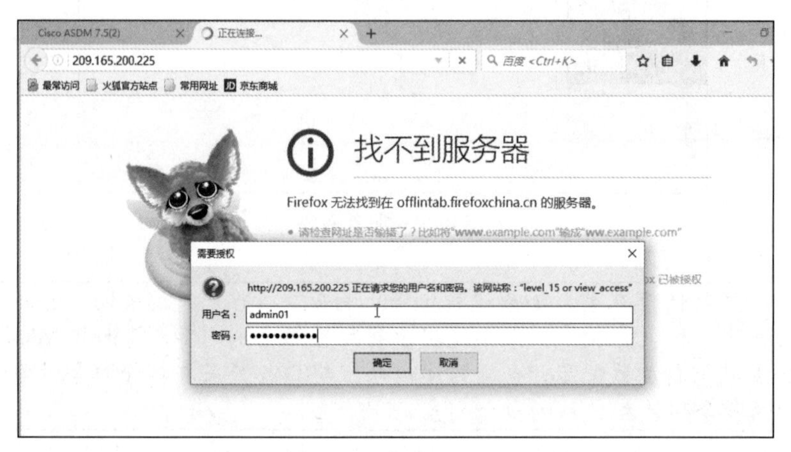

图 8-24　登录 ASDM

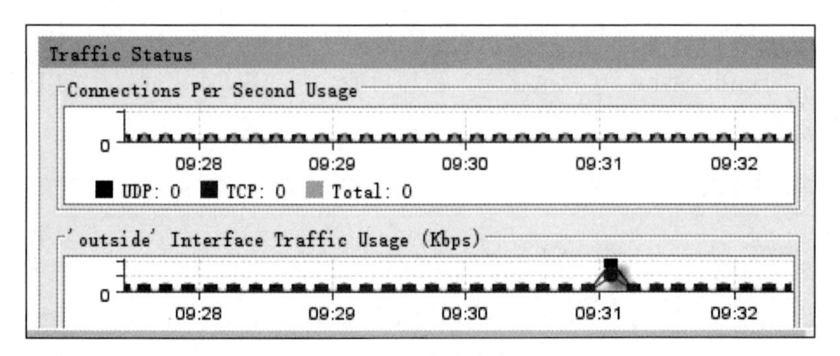

图 8-25　流量状态

第 8 步：使用 ASDM Packet Tracer 实用程序测试对外部网站的访问。

a．单击 **Tools**（工具）→**Packet Tracer**。

b．从“Interface”（接口）下拉列表中选择 **inside**（内部）接口，然后在“Packet Type”（Packet 类型）选项中单击 **TCP**。从“Source”（源）下拉列表中选择 **IP Address**（IP 地址），然后输入地址 **192.168.1.3**（PC-B）和源端口 **1500**。从“Destination”（目的）下拉列表中选择 **IP Address**（IP 地址），然后输入 **209.165.200.225**（R1 接口 E0/0）和目的端口 **http**。单击 **Start**（开始）跟踪数据包，如图 8-26 所示。应允许此数据包通过。

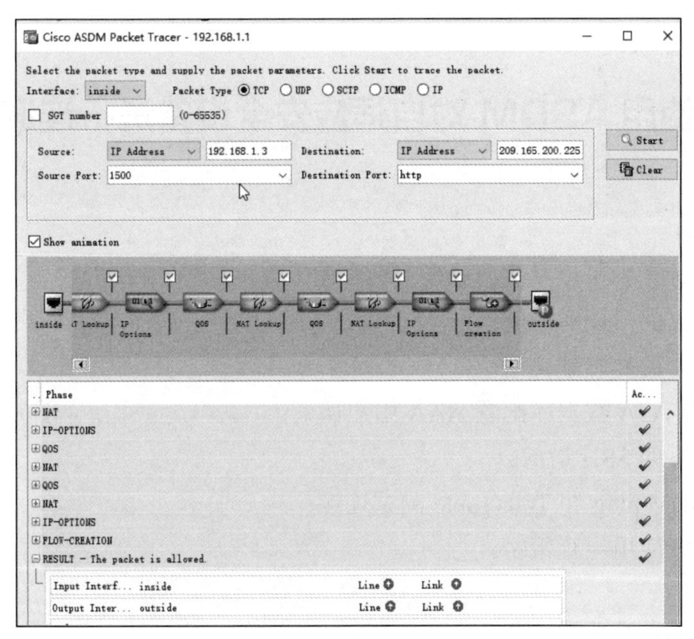

图 8-26 跟踪数据包

c．单击 **Clear**（清除）以重置条目。尝试另一个跟踪，从“Interface”（接口）下拉列表中选择 **outside**（外部）并将 TCP 保留为数据包类型。从“Source”（源）下拉列表中选择 **IP Address**（IP 地址），然后输入 **209.165.200.225**（R1 接口 E0/0）和源端口 **1500**。从“Destination”（目的）下拉列表中选择 **IP Address**（IP 地址），然后输入地址 **209.165.200.226**（ASA 外部接口）和目的端口 **telnet**。单击 **Start**（开始）跟踪数据包，如图 8-27 所示。应丢弃此数据包，单击 **Close**（关闭）继续操作。

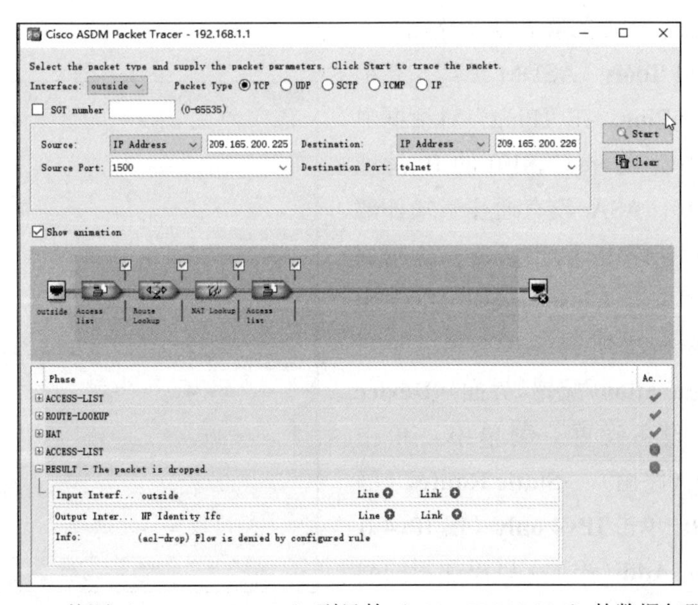

图 8-27 从源（209.165.200.225）到目的（209.165.200.226）的数据包跟踪

任务 3：使用 ASDM 对自适应安全设备进行连通性的配置

1. 任务目的

通过本任务，读者可以掌握：

- 设置 ASA 的日期和时间；
- 配置 ASA 的静态默认路由；
- 使用本地 ASA 数据库配置 AAA 用户认证；
- 测试 ASA 的 SSH 访问；
- 使用 ASDM ping 和 Traceroute 测试连接；
- 修改 MPF 应用检查策略。

2. 任务拓扑

本任务所用的拓扑如图 7-1 所示。

本任务的 IP 地址分配见表 7-1。

3. 任务步骤

第 1 步：设置 ASA 日期和时间。

a. 在 **Configuration**（配置）界面→**Device Setup**（设备设置）菜单上，单击 **System Time**（系统时间）→**Clock**（时钟）。

b. 从 Clock（时钟）下拉列表中选择 **Time Zone**（时区）并在所提供的字段中输入当前日期和时间（时钟为 24 小时制）。单击 **Apply**（应用），将命令发送至 ASA。

第 2 步：配置 ASA 的静态默认路由。

a. 在 **ASDM Tools**（ASDM 工具）菜单中，选择 **Ping**。在“Ping”对话框中输入路由器 R1 接口 S1/0 的 IP 地址（**10.1.1.1**）。ASA 没有通往未知外部网络的默认路由，因此 ping 操作应该会失败。单击 **Close**（关闭）继续操作，如图 8-28 所示。

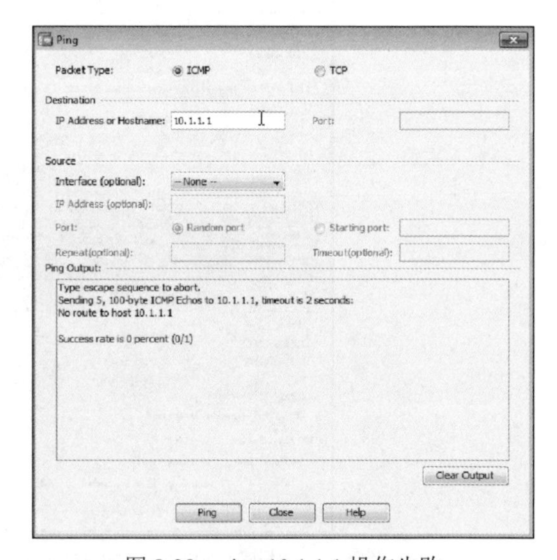

图 8-28　ping 10.1.1.1 操作失败

b. 在 **Configuration**（配置）界面→**Device Setup**（设备设置）菜单中，单击 **Routing**（路由）→**Static Routes**（静态路由）。单击 **IPv4 only**（仅 IPv4），然后单击 **Add**（添加）以添加新的静态路由，如图 8-29 所示。

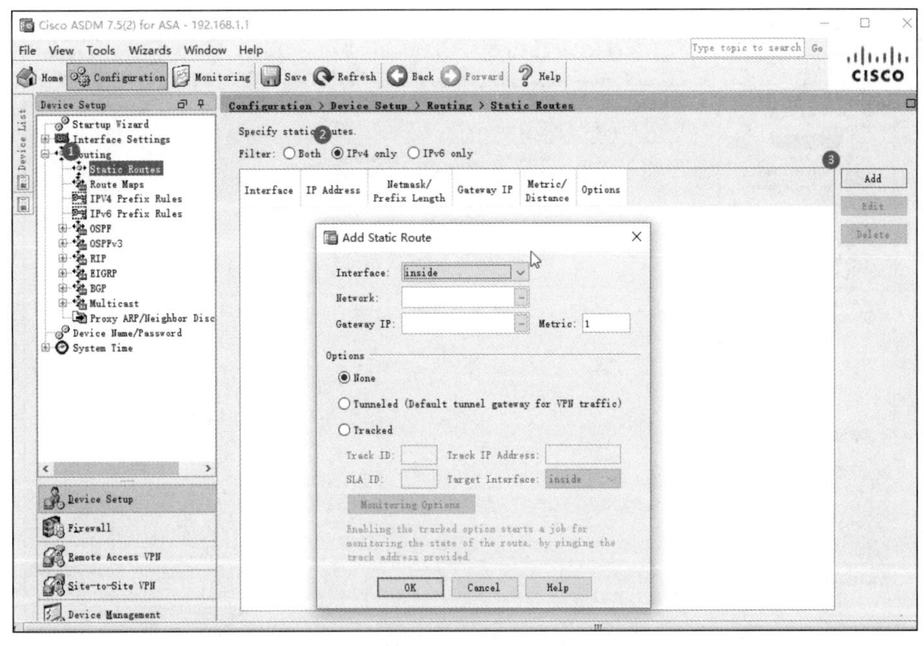

图 8-29　静态路由窗口

c．在“Add Static Route”（添加静态路由）对话框中，从 Interface（接口）下拉列表中选择 **outside**（外部）。单击 **Network**（网络）右侧的省略号按钮，从网络对象列表中选择 **any4**，将转换为“全零”路由，然后单击 **OK**（确定）。对于 **Gateway IP**（网关 IP），请输入 **209.165.200.225**（R1 接口 E0/0），如图 8-30 所示。

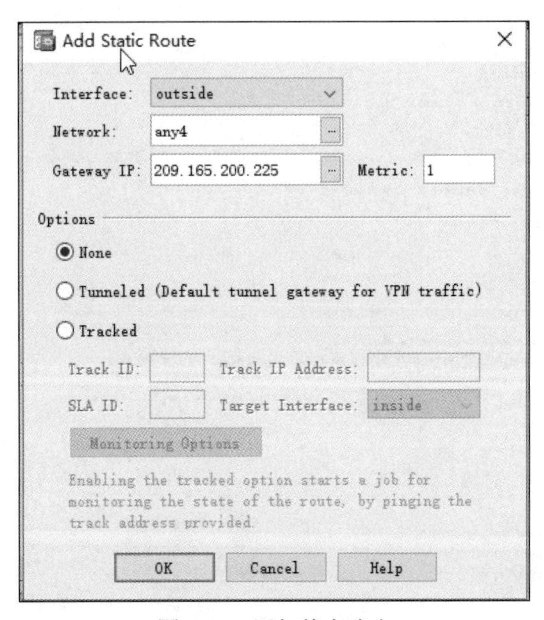

图 8-30　添加静态路由

d．单击 **OK**（确定）→**Apply**（应用），将命令发送至 ASA，如图 8-31 所示。

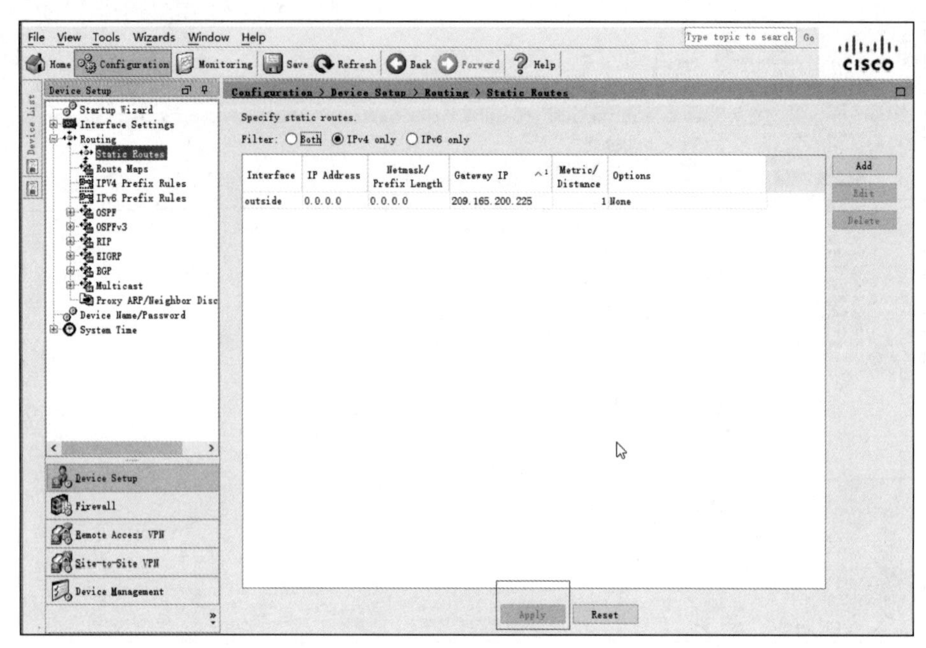

图 8-31　应用设置

e．在 **ASDM Tools**（ASDM 工具）菜单中，选择 **Ping**。在“Ping”对话框中输入路由器 R1 接口 S1/0 的 IP 地址（**10.1.1.1**），如图 8-32 所示。此次 ping 操作应该会成功，单击 **Close**（关闭）继续操作。

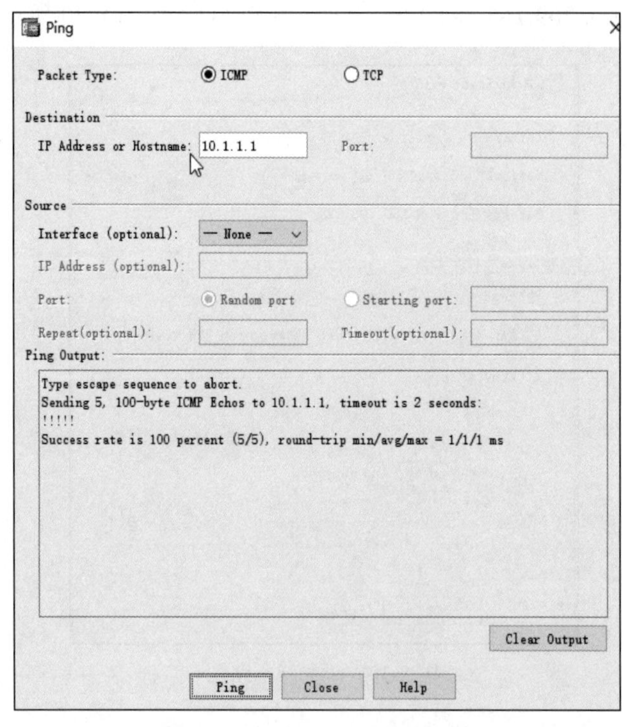

图 8-32　ping 10.1.1.1 操作成功

f. 在 ASDM Tools（工具）菜单中，选择 **Traceroute**。在“Traceroute”对话框中输入外部主机 PC-C 的 IP 地址（**172.16.3.3**），单击 **Trace Route**（跟踪路由）。Traceroute 应该会成功并显示从 ASA（通过 R1、R2 和 R3）到主机 PC-C 的跳数。单击 **Close**（关闭）继续操作。

第 3 步：使用本地数据库配置 AAA 用户认证。

启用 AAA 用户认证以使用 SSH 访问 ASA。运行 **Startup Wizard（启动向导）**时，您已经允许从内部网络和外部主机 PC-C 对 ASA 进行 SSH 访问。要允许管理员具有对 ASA 的 SSH 访问权限，需要在本地数据库中创建用户。

a. 在 **Configuration**（配置）界面→**Device Management**（设备管理）区域中，单击 **Users/AAA**（用户/ AAA）。单击 **User Accounts**（用户账户）→**Add**（添加）。创建一个名为 **admin01** 的新用户，密码为 **admin01pass**，再次输入密码进行确认。允许此用户完全访问（ASDM、SSH、Telnet 和控制台）并将权限级别设置为 **15**，如图 8-33 所示。单击 **OK**（确定）添加用户，然后单击 **Apply**（应用），以将命令发送至 ASA。

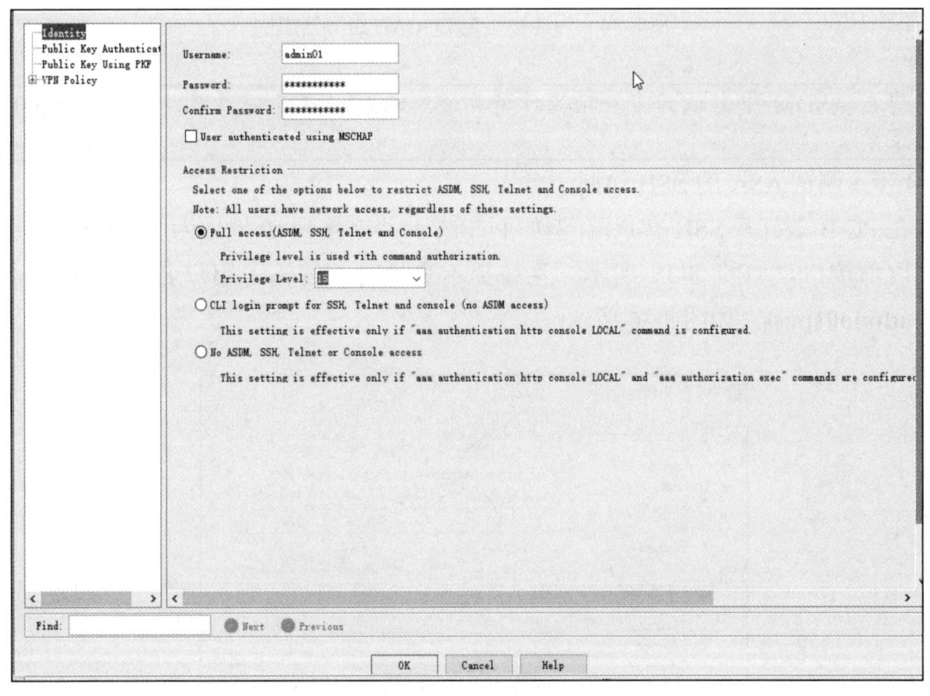

图 8-33　添加用户

b. 在 **Configuration**（配置）界面→**Device Management**（设备管理）区域中，单击 **Users/AAA**（用户/AAA），再单击 **AAA Access**（AAA 访问）。在 **Authentication**（认证）选项卡中，单击 **HTTP/ASDM** 和 **SSH** 复选框以要求对这些连接进行认证，并为每种连接类型指定 **LOCAL** 服务器组，如图 8-34 所示。单击 **Apply**（应用），以将命令发送至 ASA。

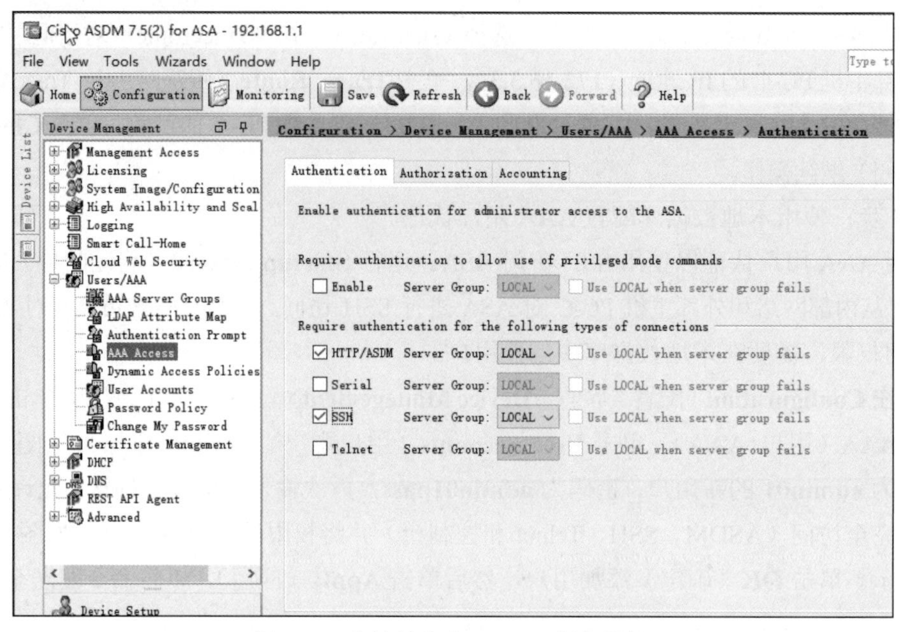

图 8-34　为连接指定 LOCAL 服务器组

注意：您在 ASDM 中尝试的下一项操作将要求您以 admin01 用户名，使用 admin01pass 密码登录。

第 4 步：测试 ASA 的 SSH 访问。

a．在 PC-B 上打开 SSH 客户端（例如 PuTTY），并连接到 IP 地址为 **192.168.1.1** 的 ASA 内部接口，如图 8-35 所示。系统提示登录时，请输入用户名 **admin01** 和密码 **admin01pass**，如图 8-36 所示。

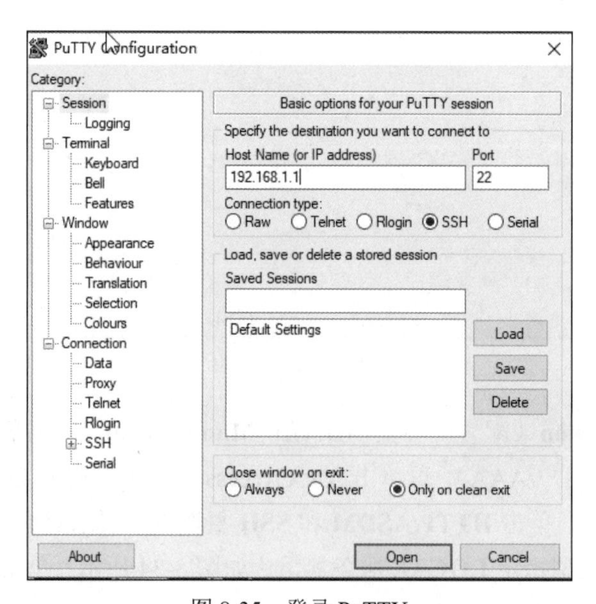

图 8-35　登录 PuTTY

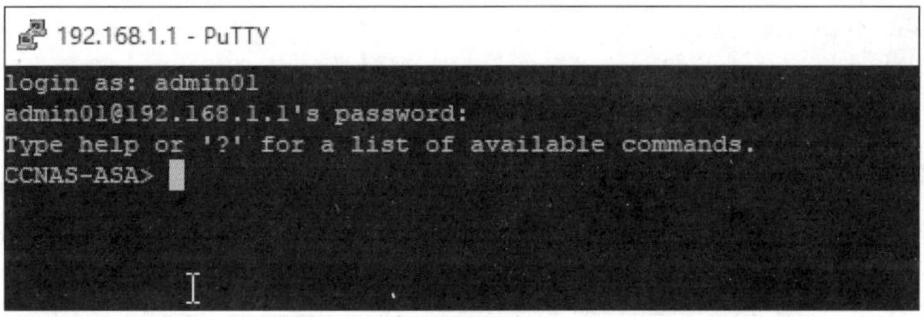

```
192.168.1.1 - PuTTY
login as: admin01
admin01@192.168.1.1's password:
Type help or '?' for a list of available commands.
CCNAS-ASA>
```

图 8-36　输入用户名和密码

b．从 PC-C 打开 SSH 客户端（例如 PuTTY），并尝试访问位于 **209.165.200.226** 的 ASA 外部接口。系统提示登录时，请输入用户名 **admin01** 和密码 **admin01pass**。

c．使用 SSH 登录 ASA 后，输入 enable 命令并提供密码 cisco12345。发出 show run 命令以显示您使用 ASDM 创建的当前配置，如图 8-37 所示。

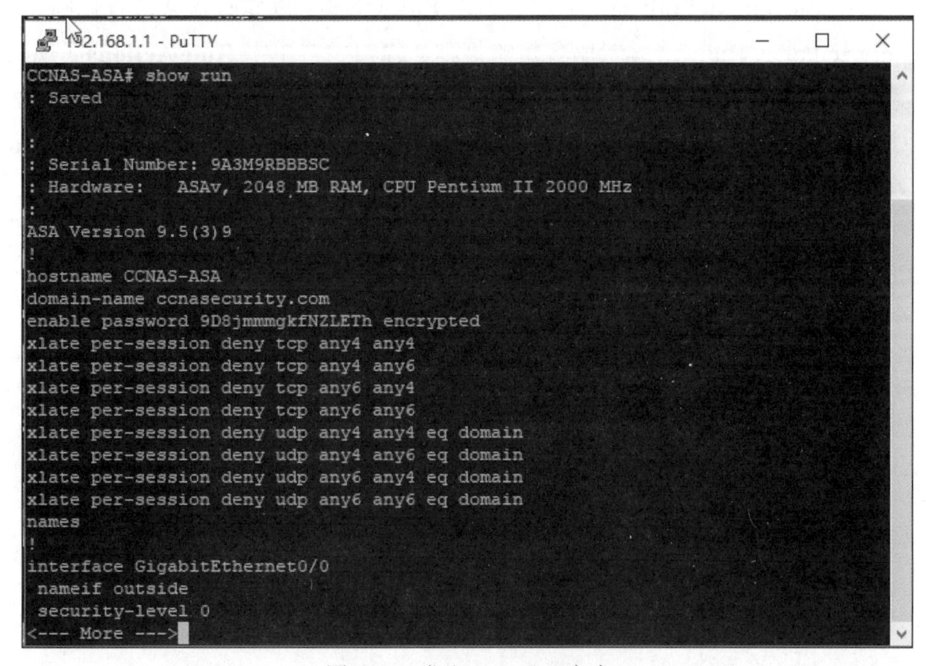

图 8-37　发出 show run 命令

注意：可以修改 SSH 的空闲超时。您可以使用 CLI logging synchronous 命令或转至 **Device Management**（设备管理）→**Management Access**（管理访问）→**ASDM/HTTP/Telnet/SSH** 来更改此设置。

第 5 步：修改 MPF 应用检查策略。

a．对于应用层检查和其他高级选项，可在 ASA 上使用思科 MPF。

默认全局检查策略不检查 ICMP。要使内部网络上的主机能够对外部主机执行 ping 操作并接收回复，必须检查 ICMP 流量。在 **Configuration**（配置）界面→**Firewall**（防火墙）区域中，单击 **Service Policy Rules**（服务策略规则），如图 8-38 所示。

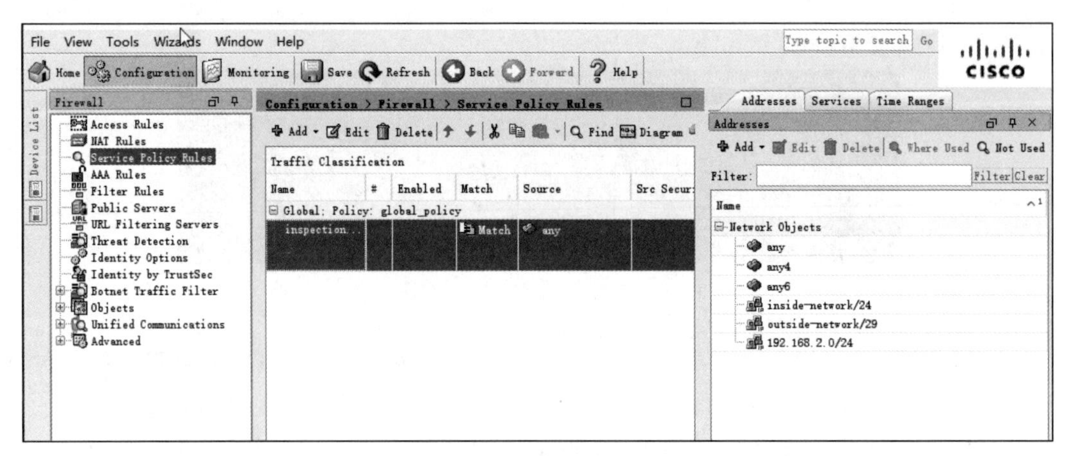

图 8-38　服务策略规则

b. 选择 **inspection_default** 策略，然后单击 **Edit**（编辑）以修改默认检查规则。在“Edit Service Policy Rule”（编辑服务策略规则）窗口中，单击 **Rule Actions**（规则操作）选项卡并选中 **ICMP** 复选框，如图 8-39 所示。请勿更改已检查的其他默认协议。单击 **OK**（确定）→**Apply**（应用），以将命令发送至 ASA。系统提示时，请以 **admin01** 身份使用密码 **admin01pass** 登录，如图 8-40 所示。

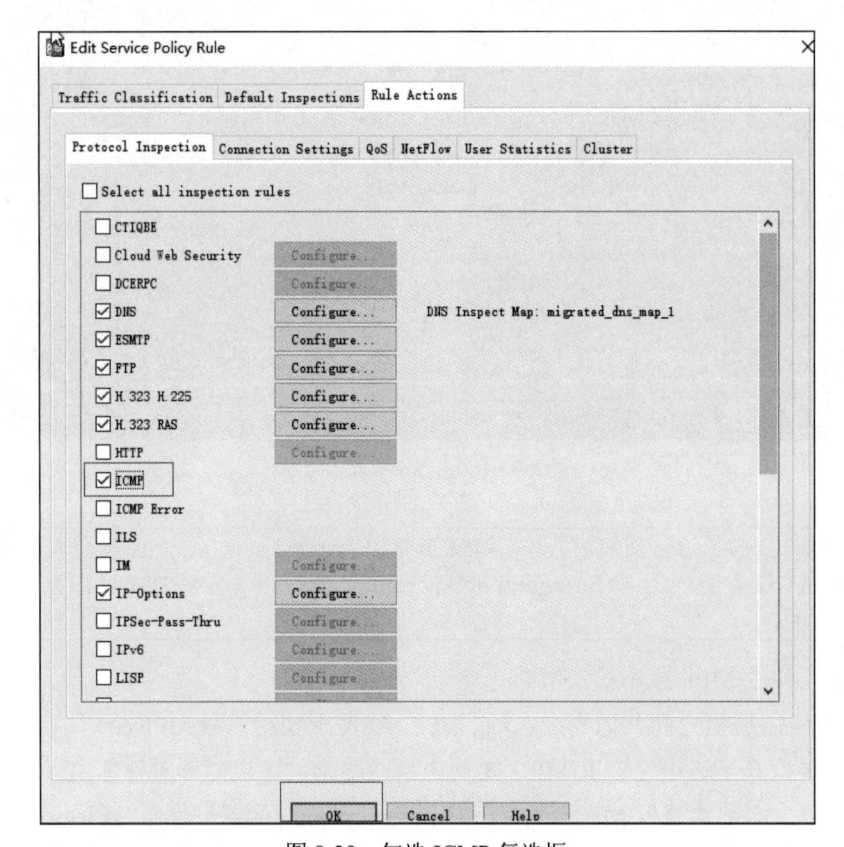

图 8-39　勾选 ICMP 复选框

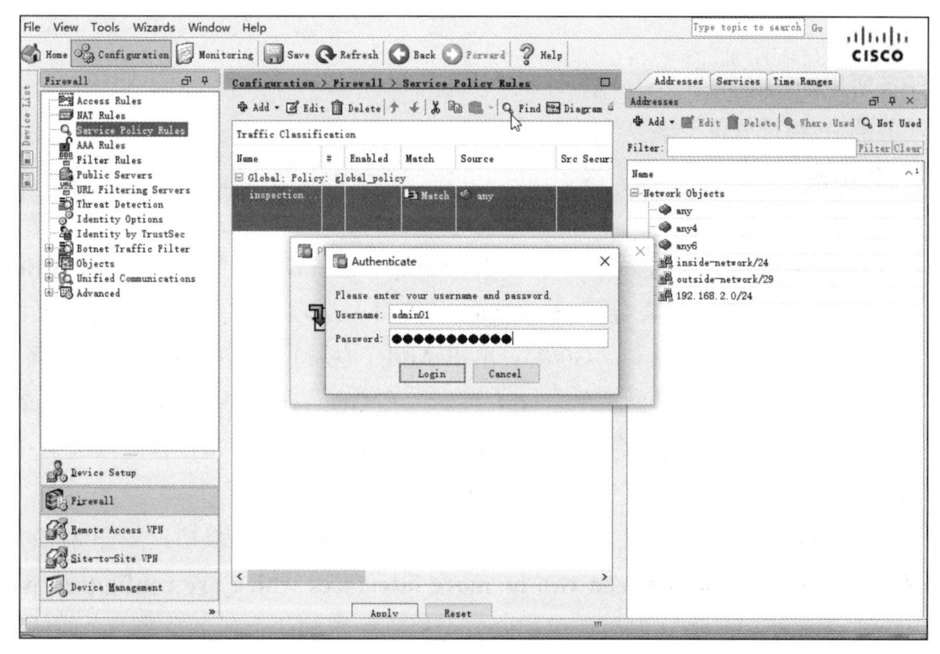

图 8-40　输入用户名和密码

c．从 PC-B 对 R1 的外部接口 S1/0（10.1.1.1）执行 ping 操作，如图 8-41 所示。Ping 操作应当能成功。

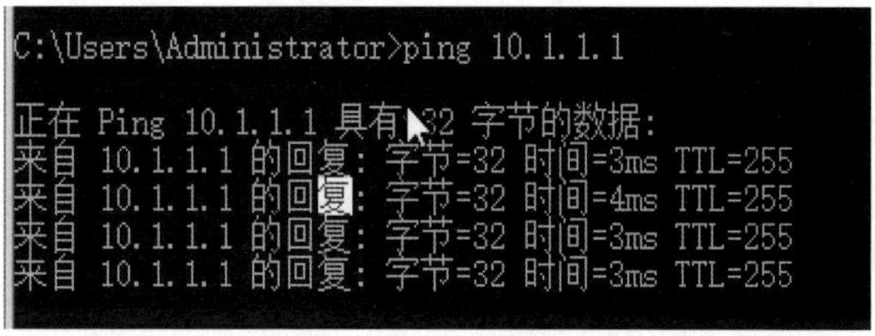

```
C:\Users\Administrator>ping 10.1.1.1

正在 Ping 10.1.1.1 具有 32 字节的数据:
来自 10.1.1.1 的回复: 字节=32 时间=3ms TTL=255
来自 10.1.1.1 的回复: 字节=32 时间=4ms TTL=255
来自 10.1.1.1 的回复: 字节=32 时间=3ms TTL=255
来自 10.1.1.1 的回复: 字节=32 时间=3ms TTL=255
```

图 8-41　从 PC-B ping R1

任务 4：使用 ASDM 配置 DMZ 服务器、静态 NAT 和 ACL

1．任务目的

通过本任务，读者可以掌握：

- 配置 ASA DMZ 接口 G0/2；
- 配置 DMZ 服务器和静态 NAT；
- 查看 ASDM 生成的 DMZ 访问规则；
- 从外部网络对 DMZ 服务器的访问进行测试。

2. 任务拓扑

本任务所用的拓扑如图 7-1 所示。

本任务的 IP 地址分配见表 7-1。

3. 任务步骤

第 1 步：配置 ASA DMZ 接口 G0/2。

a. 在 **Configuration**（配置）界面→**Device Setup**（设备设置）菜单上，单击 **Interfaces**（接口）。默认情况下将显示 **Interface**（接口）选项卡，并列出当前定义的内部接口（G0/1）和外部接口（G0/0）。单击 **Add**（添加），以创建新接口。在接口显示界面中，选择接口 **G0/2**，然后单击 **edit**（编辑）。在 **General**（常规）框下的 **Interface Name**（接口名称）中，将接口命名为 **dmz**，为其分配安全级别 **70**，并确保选中 **Enable Interface**（启用接口）复选框，如图 8-42 所示。

b. 除内部接口和外部接口外，您应该还会看到名为 dmz 的新接口，如图 8-43 所示。选中 **Enable traffic between two or more interfaces which are configured with the same security levels**（启用使用相同安全级别配置的两个或多个接口之间的流量）单选框。单击 **Apply**（应用），以将命令发送至 ASA。

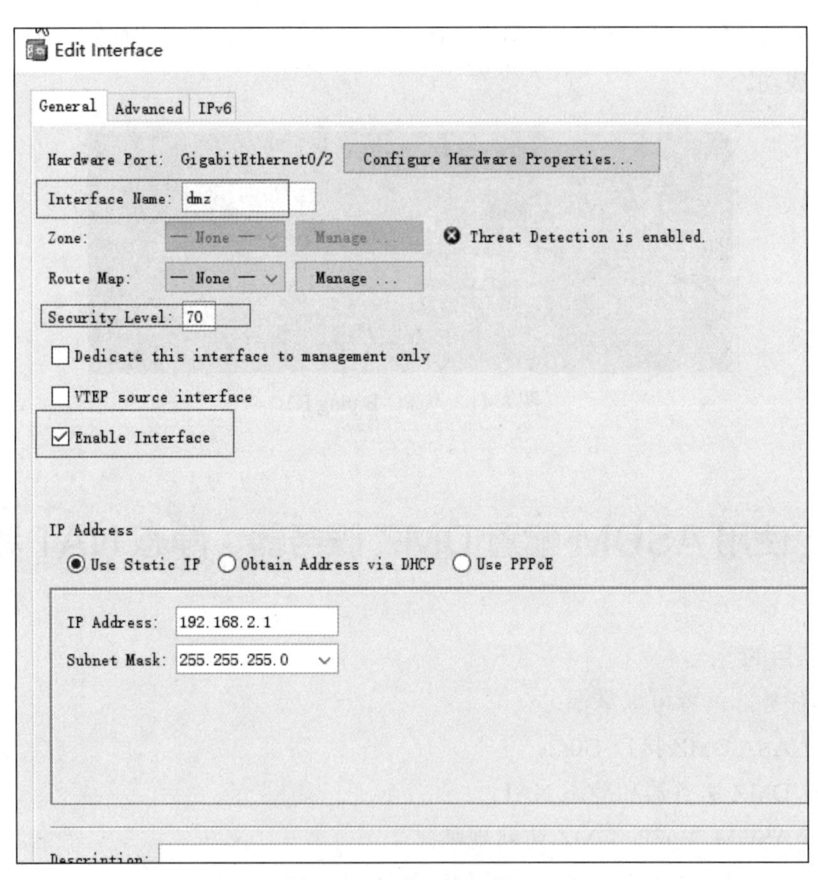

图 8-42　添加 DMZ 接口

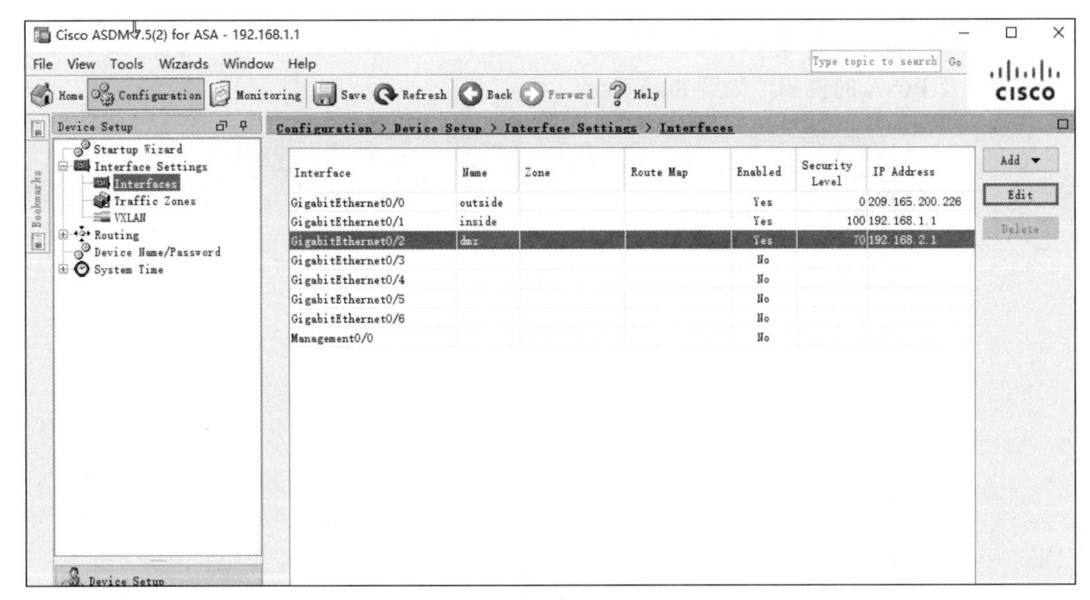

图 8-43　应用设置

第 2 步：配置 DMZ 服务器和静态 NAT。

a．在 **Firewall**（防火墙）菜单中，单击 **Public Servers**（公共服务器）选项，然后单击 **Add**（添加），以定义 DMZ 服务器和所提供的服务。在“Add Public Server”（添加公共服务器）对话框中，将专用接口指定为 **dmz**，将公共接口指定为 **outside**（外部），将公共 IP 地址指定为 **209.165.200.227**，如图 8-44 所示。

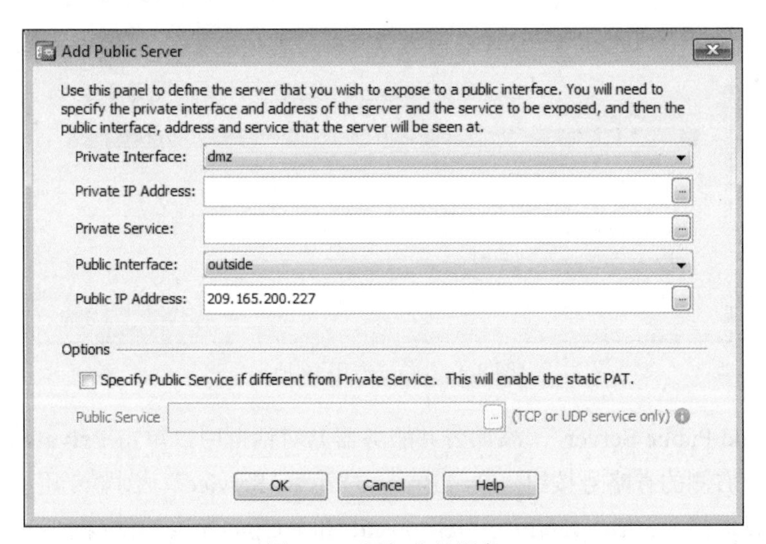

图 8-44　添加公共服务

b．单击 **Private IP Address**（专用 IP 地址）右侧的省略号按钮。在“Browse Private IP Address”（浏览器专用 IP 地址）窗口中，单击 **Add**（添加）以将该服务器定义为网络对象。在“Add Network Object”（添加网络对象）对话框中，输入名称

DMZ-Server，从 Type（类型）下拉菜单中选择 **Host**（主机），输入 IP 地址 **192.168.2.3** 以及 **PC-A** 的说明，如图 8-45 所示。

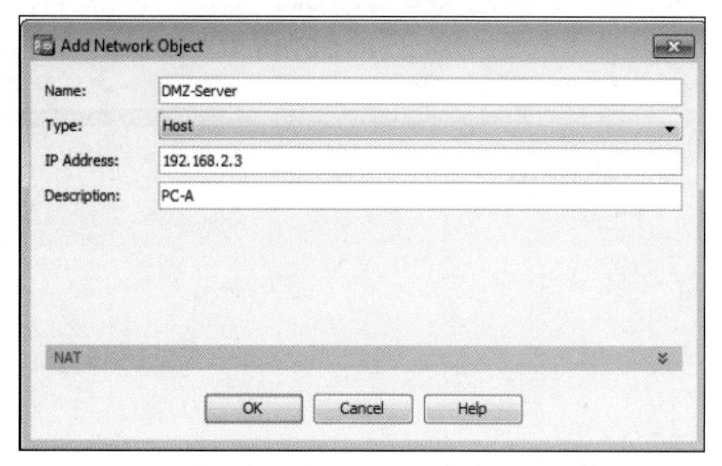

图 8-45　添加网络对象

c．在“Browse Private IP Address”（浏览器专用 IP 地址）窗口中，验证 **DMZ-Server** 是否出现在“Selected Private IP Address”（选定的专用 IP 地址）字段中，然后单击 **OK**（确定），如图 8-46 所示。您将返回到“Add Public Server”（添加公共服务器）对话框。

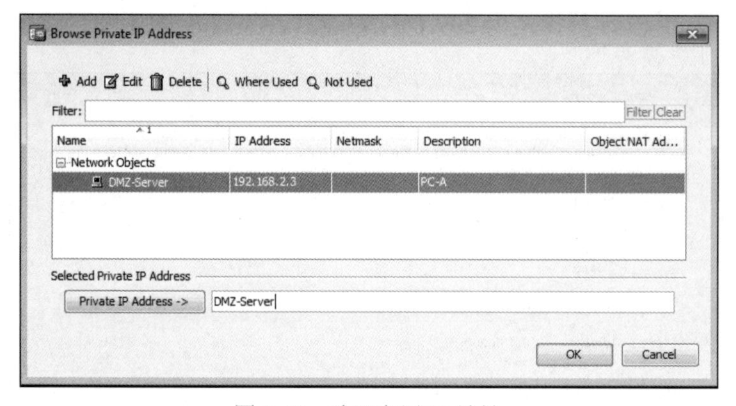

图 8-46　验证专用 IP 地址

d．在“Add Public Server”（添加公共服务器）对话框中，单击 **Private Service**（专用服务）右侧的省略号按钮。在“Browse Private Service”（浏览专用服务）窗口中，双击以选择 **tcp/ftp**、**tcp/http**、**icmp/echo** 和 **icmp/echo-reply**（向下滚动可查看所有服务）服务。单击 **OK**（确定）继续并返回到“Add Public Server”（添加公共服务器）对话框。

注意：如果公共服务与私有服务不同，则可以使用此界面上的选项指定公共服务。

e．填写好“Add Public Server”（添加公共服务器）对话框中的所有信息，如图 8-47 所示。单击 **OK**（确定），添加该服务器。在“Public Servers”（公共服务器）界面中，单击 **Apply**（应用）以将命令发送至 ASA。

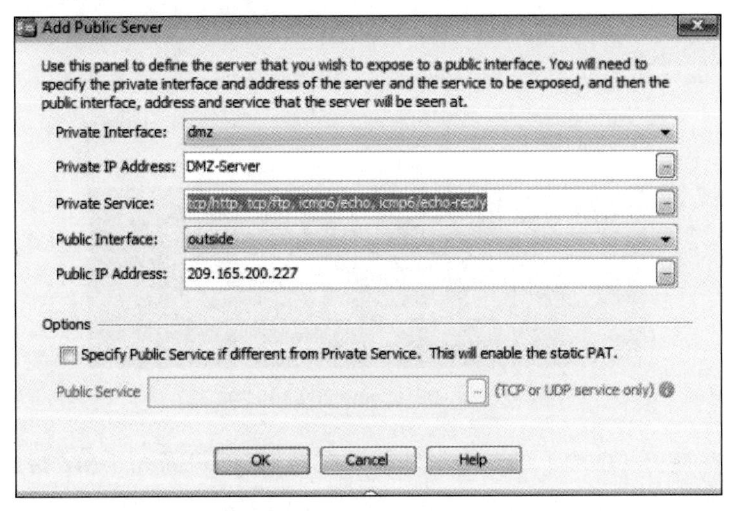

图 8-47　填写“添加公共服务”对话框

第 3 步：查看 ASDM 生成的 DMZ 访问规则。

a．创建 DMZ 服务器对象和选择服务后，ASDM 会自动生成访问规则（ACL）以允许对服务器的适当访问，并将该规则应用于传入方向的外部接口。

b．要在 ASDM 中查看此 ACL，请依次单击 **Configuration**（配置）→**Firewall**（防火墙）→**Access Rules**（访问规则）。它显示为外部传入规则。您可以选择此规则并使用水平滚动条查看所有组件，如图 8-48 所示。

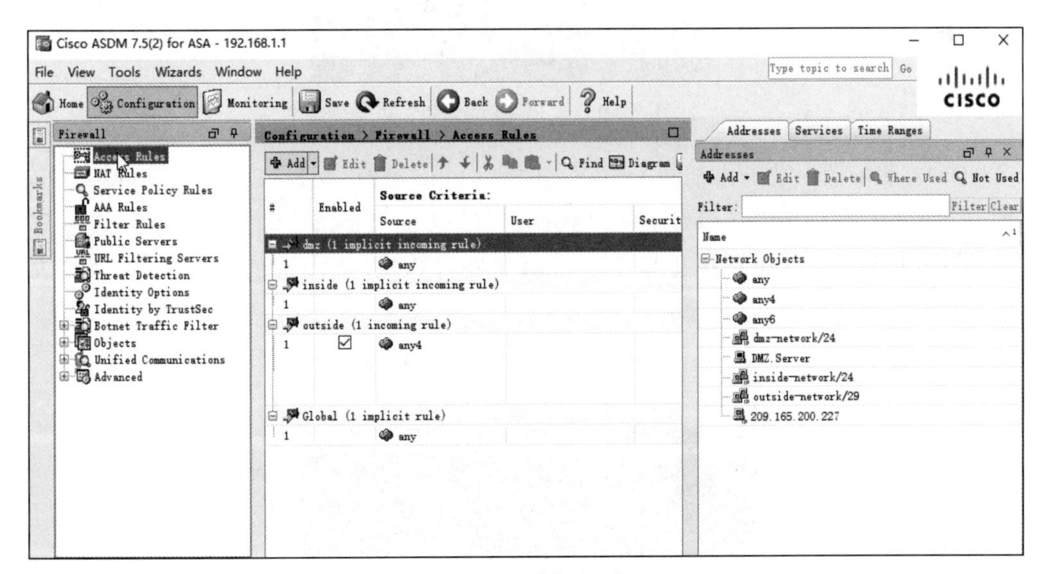

图 8-48　访问规则

注意： 您还可以使用 **Tools**（工具）→**Command Line Interface**（命令行界面）并输入 show run 命令来查看这些内容。

第 4 步：从外部网络对 DMZ 服务器的访问进行测试。

a. 从 PC-C 对静态 NAT 公共服务器地址（209.165.200.227）的 IP 地址执行 ping 操作。Ping 操作应当能成功，如图 8-49 所示。

图 8-49　从 PC-C ping 209.165.200.227

b. ASA 内部接口（G0/1）的安全级别被设置为 100（最高），DMZ 接口（G0/2）的安全级别被设置为 70，您还可以从内部网络上的主机访问 DMZ 服务器。ASA 的作用类似两个网络之间的路由器，从内部网络主机 PC-B（192.168.1.3）对 DMZ 服务器（PC-A）内部地址（**192.168.2.3**）执行 ping 操作。接口安全级别被设置并且已按照全局检查策略检查了内部接口上的 ICMP，因此 ping 操作应当会成功，如图 8-50 所示。

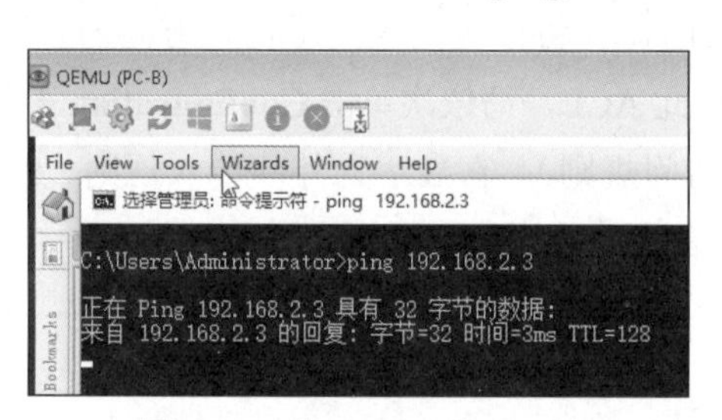

图 8-50　从 PC-B ping PC-A

c. DMZ 服务器无法对内部网上的 PC-B 执行 ping 操作，因为 DMZ 接口 G0/2 的安全级别较低并且在创建接口 G0/2 时有必要指定 no forward 命令。可以尝试从 DMZ 服务器 PC-A 对位于 IP 地址 **192.168.1.3** 处的 PC-B 执行 ping 操作。ping 操作应当不会成功，如图 8-51 所示。

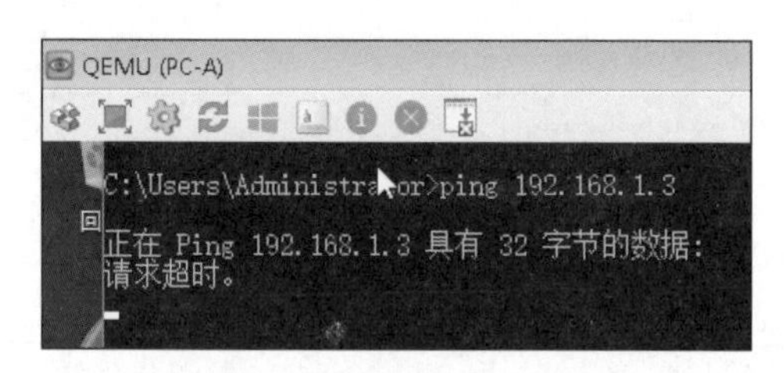

图 8-51　从 PC-A ping PC-B

第 5 步：使用 ASDM 监控功能来绘制数据包活动图。

我们可以使用 Monitoring（监控）界面监控 ASA 的方方面面。此界面上的主要类别包括接口、VPN、路由、属性和日志记录。在此步骤中，您将创建一个图形来监控外部接口的数据包活动。

a. 在 **Monitoring**（监控）界面→**Interfaces**（接口）菜单中，单击 **Interface Graphs**（接口图）→**outside**（外部）。选择 **Packet Counts**（数据包计数），然后单击 **Add**（添加）以添加图形。图 8-52 显示了已添加数据包计数的情形。

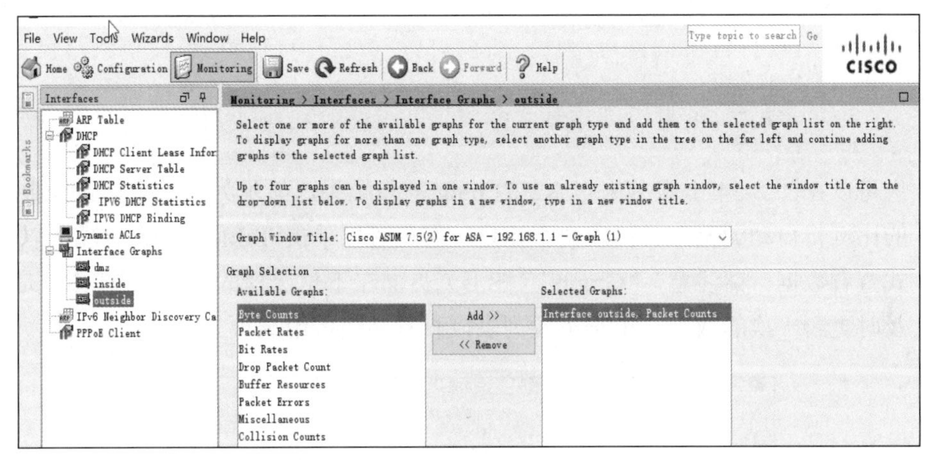

图 8-52　已添加数据包计数的情形

b. 单击 **Show Graphs**（显示图形），来显示图形。最初，没有显示流量，如图 8-53 所示。

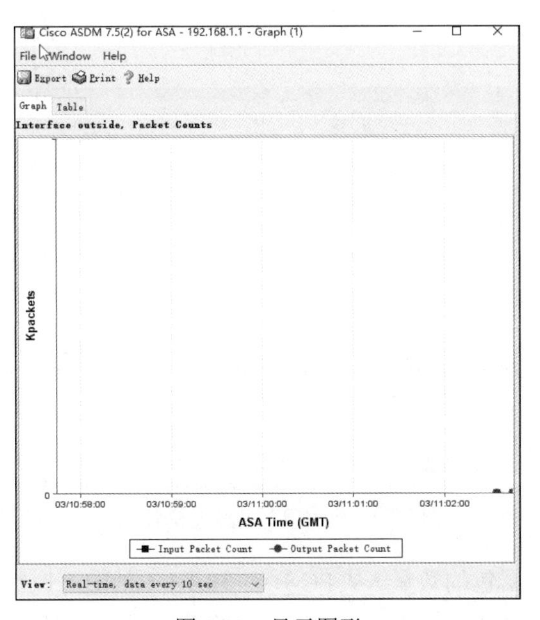

图 8-53　显示图形

c. 根据 R2 上的特权模式命令提示符，通过对重复计数为 1000 的 DMZ 服务器公共地址执行 ping 操作，来模拟 ASA 的互联网流量。如有需要，可以增加 ping 操作的次数。

```
R2# ping 209.165.200.227 repeat 1000
    Type escape sequence to abort.
    Sending 1000, 100-byte ICMP Echos to 209.165.200.227, timeout is
    2 seconds:
    !!!!!!!!!!!!!!!!!!!!!!!!!!!!!!!!!!!!!!!!!!!!!!!!!!!!!!!!!!!!!!!!!!!!!!
    !!!!!!!!!!!!!!!!!!!!!!!!!!!!!!!!!!!!!!!!!!!!!!!!!!!!!!!!!!!!!!!!!!!!!!
    <output omitted>
    !!!!!!!!!!!!!!!!!!!!!!!!!!!!!!!!!!!!!!!!!!!!!!!!!!!!!!!!!!!!!!!!!!!!!!
    !!!!!!!!!!!!!!!!!!!!
    Success rate is 100 percent (1000/1000), round-trip min/avg/max =
    1/2/12 ms
```

d. 您可以在图 8-54 上看到来自 R2 的 ping 操作结果，显示为输入数据包计数。图形的比例将自动调整，具体取决于流量。您还可以单击 **Table**（表）选项卡以表格形式查看数据。请注意，“Graph”（图形）界面左下角选择的 **View**（视图）是每 10s 及时更新一次的数据。单击下拉列表以查看其他可用选项。

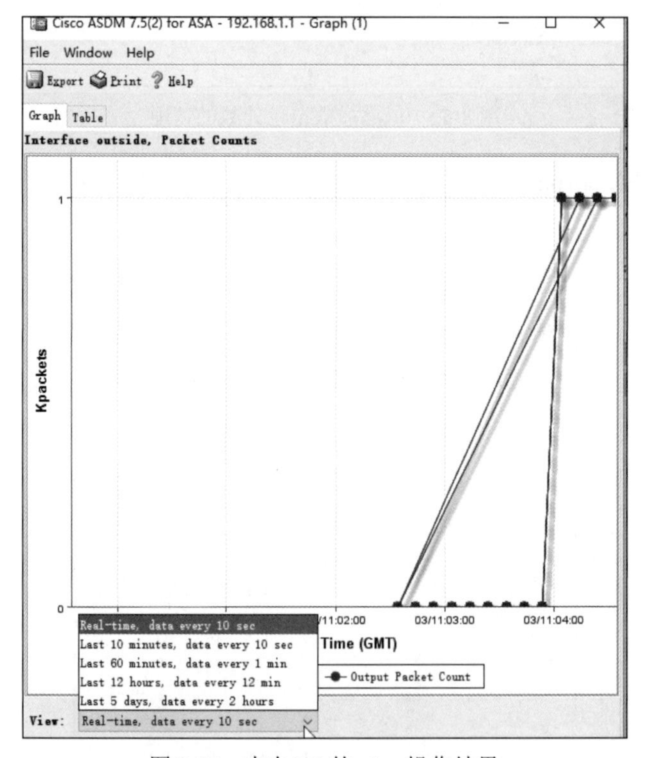

图 8-54　来自 R2 的 ping 操作结果

e. 使用–n 选项（数据包的数量）从 PC-B 对 **10.1.1.1** 处的 R1 接口 S1/0 执行 ping 操作，以指定 100 个数据包，如图 8-55 所示。结果如图 8-56 所示。

```
C:\Users\Administrator>ping 10.1.1.1 -n 100

正在 Ping 10.1.1.1 具有 32 字节的数据:
来自 10.1.1.1 的回复: 字节=32 时间=3ms TTL=255
来自 10.1.1.1 的回复: 字节=32 时间=6ms TTL=255
来自 10.1.1.1 的回复: 字节=32 时间=4ms TTL=255
```

图 8-55　从 PC-B ping R1

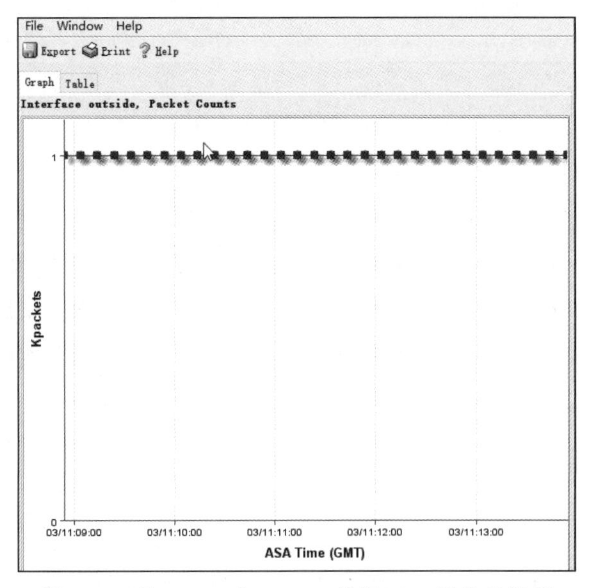

图 8-56　从 PC-B 对 **10.1.1.1** 执行 ping 操作的结果

项目九 自适应安全设备实施 IPSec VPN

09

在本书中，我们讲解了如何在以两台路由器为服务提供商边缘设备的站点之间，使用这两台路由器来建立 IPSec VPN 隧道。ASA 在网络中既可以充当边缘安全设备，又可以作为加密点来建立站点间 IPSec VPN 隧道。当然，IPSec VPN 隧道既可以由两台 ASA 建立，也可以由一台 ASA 与另一台支持 IPSec VPN 的设备建立，例如本项目中的综合交换路由器（ISR）。在本项目中，我们需要分别使用 ASA 的 CLI 和 ASDM 在一台 ASA 和一台 ISR 之间建立一条站点间 IPSec VPN 隧道。

正如 ISR 和 ASA 支持 VPN，VPN 是通过 TCP/IP 网络（例如互联网）创建像私有链路一样的安全连接。如 Site-to-Site VPN（站点间 VPN），创建的是安全的 LAN 到 LAN 连接：Remote Access VPN（远程访问 VPN），创建的是安全的单一用户到 LAN 连接。

ASA 可以与其他 ASA 或 ISR 建立站点间 VPN，利用 ASDM 站点间 VPN 向导（Site-to-Site VPN Wizard）和使用 CLI 的思科 ISR 在 ASA 5505 之间建立站点间 VPN。假设 ASA 内部网络的用户需要通过公共互联网与内部网络中的用户安全地交换大量信息，那么他们将实施站点间 VPN。可以使用 GUI[例如思科 Configuration Professional（配置专家）或 CLI]配置 ISR。在本项目任务步骤 1 中，我们将通过 CLI 配置 ISR。要在 ISR 上实施站点间 VPN，必须完成以下 5 个步骤。

步骤 1：为 IKE 第 1 阶段配置 ISAKMP 策略。

步骤 2：为 IKE 第 2 阶段配置 IPSec 策略。

步骤 3：配置 ACL 以定义 VPN 感兴趣的流。

步骤 4：为 IPSec 策略配置加密映射。

步骤 5：将加密映射应用于转发接口。

在本项目的任务步骤 2 中，使用 ASDM 配置 ASA 站点间 VPN，要通过 ISR 路由器建立站点间 VPN ISR，必须对 ASA 配置补充信息。首先，配置 ASA，尽管可使用 ASA CLI 完成 VPN 的配置，但使用 ASDM 可以更轻松地完成站点间 VPN 的配置。以下是使用向导来完成站点间 VPN 实施的步骤。

步骤 1：启动站点间 VPN 向导。在菜单栏中，单击 **Wizards**（向导）→**VPN Wizards**（VPN 向导）→**Site-to-Site VPN Wizard**（站点间 VPN 向导）。此时将显示 VPN 向导简介窗口，单击 **Next**（下一步）继续。

步骤 2：在“对等设备标识”窗口中确定对等设备。输入对等体的可达 IP 地址，此窗口还可让管理员确定用于访问对等体的接口，将加密映射应用于外部接口。

步骤 3：在“要保护的流量”窗口中确定 VPN 感兴趣的流，管理员可以通过此步骤确定本地网络和远程网络，这些网络通过 IPSec 加密保护流量。

步骤 4：保护“安全”窗口中的选定流量，此窗口提供以下两个安全选项。

- Simple Configuration（简单配置）：使用在认证已标识对等体时用到的预共享密钥。“Simple Configuration”（简单配置）选项用于选择通用 IKE 和 ISAKMP 的安全参数以建立隧道。也可与预共享密钥一并使用。
- Customized Configuration（自定义配置）：使用预共享密钥或认证已标识对等体的数字证书，也可以具体选择 IKE 和 ISAKMP 安全参数。

步骤 5：确定是否需要在“NAT 免除”窗口中免除 NAT。除非已选择 NAT 免除规则，否则尝试通过将数据发送到其真实 IP 地址来到达内部主机的远程 VPN 客户端，无法连接到这些主机。

步骤 6：验证并提交配置。接下来会显示摘要页面，验证在站点间 VPN 向导中配置的信息是否正确。使用 Back（上一步）可以更改任何配置参数。单击 **Finish**（完成）以完成向导配置并将命令传递给 ASA。

要验证并编辑站点间 VPN 配置，请单击 **Configuration**（配置）→**Site-to-Site VPN**（站点间 VPN）→**Connection Profiles**（连接配置文件）。要测试隧道，成功连接的标志是内部流量到达远程网络。因为 ASA 必须由 ISR 协商隧道参数，所以由内部主机向远程主机发起 ping 操作，对远程主机的初始 ping 操作失败，但之后成功 ping 通。这是因为 ASA 必须和 ISR 协商隧道参数。单击 **Monitoring**（监控）→**VPN**→**Sessions**（会话）即可监控 VPN，远程主机就可以 ping 通内部主机。

本项目的背景为：公司有两个位置已连接到 ISP，R1 表示由 ISP 管理的 CPE。R2 表示中间互联网路由器，R3 将远程分支机构的用户连接到 ISP。ASA 是一种边缘安全设备，可将内部企业网络和 DMZ 服务器连接到 ISP，同时为内部主机提供 NAT 服务。管理层要求在远程分支机构的 ISR 与公司站点上的 ASA 设备之间建立专用站点间 IPSec VPN 隧道。此隧道将保护分支机构 LAN 与公司 LAN 之间的通信，站点间 VPN 不需要在远程公司站点主机上部署 VPN 客户端。从 LAN 路由到其他互联网目的地的流量由 ISP 进行路由，不受 VPN 隧道保护。VPN 隧道将通过 R1 和 R2 来建立，但两台路由器不知道隧道的存在。在本项目的任务步骤 1 中，需要使用 CLI 将 R3 ISR 配置为站点间 IPSec VPN 终端。在任务步骤 2 中，需要使用 ASDM VPN 向导将 ASA 配置为站点间 IPSec VPN 终端。

任务：站点间 IPSec VPN 的配置

1. 任务目的

通过本任务，读者可以掌握：

- 配置基本的 VPN 连接信息；
- 指定 IKE 策略参数；
- 配置转换集；
- 指定要保护的流量；
- 查看站点间 VPN 隧道配置；
- 配置对等设备标识；
- 配置认证；
- 配置其他信息；
- 查看配置摘要并将命令传递给 ASA；
- 验证 ASDM VPN 连接配置文件；
- 测试 R3 的 VPN 配置；
- 使用 ASDM 监控功能验证隧道。

2. 任务拓扑

本任务所用的拓扑如图 7-1 所示。

本任务的 IP 地址分配见表 7-1。

3. 任务步骤

步骤 1：基本的路由器/交换机/计算机配置。

在步骤 1 中，您将建立网络拓扑并配置路由器的基本信息，如接口 IP 地址和静态路由。

注意：此时不要配置 ASA。

第 1 步：为网络布线并清除之前的设备设置。

按照图 7-1 连接设备，并根据需要布线。确保已经清除路由器和交换机的启动配置。

第 2 步：使用 CLI 脚本配置 R1。

在此步骤中，您需要使用以下 CLI 脚本在 R1 上配置基本信息。复制并粘贴下面列出的基本配置脚本命令。在应用命令时观察消息，以确保没有警告或错误。

注意：路由器型号不同，接口的编号可能与列出的编号有所不同。您需要相应地更改名称。

注意：此任务中的最小密码长度被设置为 10 个字符，但为了执行任务，密码相对较为简单。建议在生产网络中使用更复杂的密码。

```
hostname R1
security passwords min-length 10
enable algorithm-type scrypt secret cisco12345
username admin01 algorithm-type scrypt secret admin01pass
ip domain name ccnasecurity.com
line con 0 login local
exec-timeout 0 0
logging synchronous
exit
line vty 0 4
login local
transport input ssh
exec-timeout 0 0
logging synchronous
exit
interface Ethernet 0/0
ip address 209.165.200.225 255.255.255.248
no shut
exit
int serial 1/0
ip address 10.1.1.1 255.255.255.252
clock rate 2000000
no shut
exit
ip route 0.0.0.0 0.0.0.0 Serial1/0
crypto key generate rsa general-keys modulus 1024
```

第 3 步：使用 CLI 脚本配置 R2。

在此步骤中，您需要使用以下 CLI 脚本在 R2 上配置基本信息。复制并粘贴下面列出的基本配置脚本命令。在应用命令时观察消息，以确保没有警告或错误。

```
hostname R2
security passwords min-length 10
enable algorithm-type scrypt secret cisco12345
username admin01 algorithm-type scrypt secret admin01pass
ip domain name ccnasecurity.com
line con 0 login local
exec-timeout 0 0
logging synchronous
exit
line vty 0 4
login local
transport input ssh
exec-timeout 5 0
logging synchronous
exit
interface serial 1/0
ip address 10.1.1.2 255.255.255.252
no shut
```

```
exit
interface serial 1/1
ip address 10.2.2.2 255.255.255.252
clock rate 2000000
no shut
exit
ip route 209.165.200.224 255.255.255.248 s1/0
ip route 172.16.3.0 255.255.255.0 s1/1
crypto key generate rsa general-keys modulus 1024
```

第 4 步：使用 CLI 脚本配置 R3。

在此步骤中，您需要使用以下 CLI 脚本在 R3 上配置基本信息。复制并粘贴下面列出的基本配置脚本命令。在应用命令时观察消息，以确保没有警告或错误。

```
hostname R3
security passwords min-length 10
enable algorithm-type scrypt secret cisco12345
username admin01 algorithm-type scrypt secret admin01pass
ip domain name ccnasecurity.com
line con 0
login local
exec-timeout 5 0
logging synchronous
exit
line vty 0 4
login local
transport input ssh
exec-timeout 5 0
logging synchronous
exit
interface ethernet 0/1
ip address 172.16.3.1 255.255.255.0
no shut
exit
int serial 1/1
ip address 10.2.2.1 255.255.255.252
no shut
exit
ip route 0.0.0.0 0.0.0.0 s1/1
crypto key generate rsa general-keys modulus 1024
```

第 5 步：配置计算机主机 IP。

为 PC-A、PC-B 和 PC-C 配置静态 IP 地址、子网掩码和默认网关。

第 6 步：验证连接。

由于 ASA 是网络区域的关键，并且尚未被配置，因此连接到 ASA 的设备之间将没有连接。但是，PC-C 应能够 ping 通 R1 接口 E0/0。从 PC-C 对 R1 接口 E0/0 的 IP 地址（**209.165.200.225**）执行 ping 操作。若 ping 操作不成功，则需要排除设备基本配置故障才能继续，如图 9-1 所示。

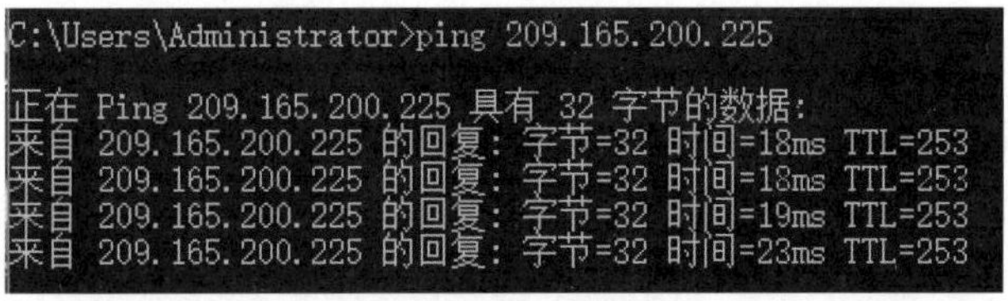

```
C:\Users\Administrator>ping 209.165.200.225

正在 Ping 209.165.200.225 具有 32 字节的数据:
来自 209.165.200.225 的回复: 字节=32 时间=18ms TTL=253
来自 209.165.200.225 的回复: 字节=32 时间=18ms TTL=253
来自 209.165.200.225 的回复: 字节=32 时间=19ms TTL=253
来自 209.165.200.225 的回复: 字节=32 时间=23ms TTL=253
```

图 9-1　从 PC-C ping R1

注意：如果可以从 PC-C ping 通 R1 接口 E0/0 和 S1/0，则表明静态路由已被配置且运行正常。保存每台路由器的运行配置。

步骤 2：访问 ASA 控制台和 ASDM。

第 1 步：清除之前的 ASA 配置。

a．使用 **write erase** 命令从闪存中删除**启动配置**文件。

注意：ASA 不支持 erase startup-config IOS 命令。

b．使用 **reload** 命令重新启动 ASA，会导致 ASA 以 CLI 设置模式显示。如果看到 **System config has been modified. Save? [Y]es/[N]o:**（系统配置已修改，是否保存？是/否）消息，那么键入 **n**，然后按 **Enter** 键。

第 2 步：绕过设置模式。

ASA 完成重新加载过程时，应检测到缺少启动配置文件并进入设置模式。如果进入设置模式，请重复步骤 2 的第 1 步。

a．系统通过交互式提示（设置模式）来提示预配置防火墙时，请回复 **no**（否）。

b．使用 **enable** 命令进入特权 EXEC 模式。密码应为空（无密码）。

第 3 步：使用 CLI 脚本配置 ASA。

在此步骤中，您需要使用 CLI 脚本配置基本设置、防火墙和 DMZ。

a．除了 ASA 自动插入的默认值外，使用 show run 命令确认 ASA 中没有任何先前的配置。

b．进入全局配置模式。系统提示您启用匿名回拨报告时，请回复 **no**（否）。

c．在 ASA 全局配置模式提示符后复制并粘贴下面列出的预 VPN 配置脚本命令，以开始配置 SSL VPN。

d．在应用命令时观察消息，以确保没有警告或错误。如果系统提示您更换 RSA 密钥，请回复 **yes**（是）。

```
hostname CCNAS-ASA
domain-name ccnasecurity.com
enable password cisco12345
!
interface GigabitEthernet0/0
 nameif outside
 security-level 0
 ip address 209.165.200.226 255.255.255.248
!
interface GigabitEthernet0/1
```

```
 nameif inside
 security-level 100
 ip address 192.168.1.1 255.255.255.0
!
interface GigabitEthernet0/2
 nameif dmz
 security-level 70
 ip address 192.168.2.1 255.255.255.0
!
object network inside-net
subnet 192.168.1.0 255.255.255.0
!
object network dmz-server
host 192.168.2.3
!
access-list OUTSIDE-DMZ extended permit ip any host 192.168.2.3
!
object network inside-net
nat (inside,outside) dynamic interface
!
object network dmz-server
nat (dmz,outside) static 209.165.200.227
!
access-group OUTSIDE-DMZ in interface outside
!
route outside 0.0.0.0 0.0.0.0 209.165.200.225 1
!
username admin01 password admin01pass
!
aaa authentication ssh console LOCAL
aaa authentication http console LOCAL
!
http server enable
http 192.168.1.0 255.255.255.0 inside
ssh 192.168.1.0 255.255.255.0 inside
ssh timeout 10
!
class-map inspection_default
match default-inspection-traffic
policy-map global_policy class inspection_default
inspect icmp
!
crypto key generate rsa modulus 1024
```

e. 在特权 EXEC 模式提示符后，发出 **write mem**（或 **copy run start**）命令，将运行配置保存到启动配置中并将 RSA 密钥保存到非易失性存储器中。

步骤 3：使用 CLI 将 ISR 配置为站点间 IPSec VPN 终端。

在本任务的步骤 3 中，将 R3 配置为 R3 与 ASA 之间的 IPSec VPN 隧道终端。R1 和

R2 不知道是否存在隧道。

第 1 步：验证从 R3 LAN 到 ASA 的连接。

在此步骤中，您需要验证 R3 LAN 上的 PC-C 是否可以 ping 通 ASA 外部口。从 PC-C 对 ASA 的 IP 地址 **209.165.200.226** 执行 ping 操作。

```
PC-C:\> ping 209.165.200.226
```

若 ping 操作不成功，则只有排除设备基本配置故障才能继续，如图 9-2 所示。

```
C:\Users\Administrator>ping 209.165.200.226

正在 Ping 209.165.200.226 具有 32 字节的数据:
来自 209.165.200.226 的回复: 字节=32 时间=26ms TTL=252
来自 209.165.200.226 的回复: 字节=32 时间=19ms TTL=252
来自 209.165.200.226 的回复: 字节=32 时间=19ms TTL=252
```

图 9-2　从 PC-C 对 ASA 的 IP 地址 209.165.200.226 执行 ping 操作

第 2 步：在 R3 上启用 IKE 策略。

请参考项目六步骤 1 中的第 2 步来完成操作。

第 3 步：在 R3 上配置 ISAKMP 策略参数。

请参考项目六步骤 1 中的第 3 步来完成操作。

第 4 步：配置预共享密钥。

请参考项目六步骤 1 中的第 4 步来完成操作。

第 5 步：配置 IPSec 转换集和使用期限。

a．IPSec 转换集是路由器协商以形成安全关联的另一个加密配置参数，在 **crypto ipsec transform-set<tag>**全局配置命令进行配置，使用标记 **ESP-TUNNEL** 配置转换集。使用?查看可用参数。

```
R3(config)# crypto ipsec transform-set ESP-TUNNEL ?
  ah-md5-hmac        AH-HMAC-MD5 transform
  ah-sha-hmac        AH-HMAC-SHA transform
  ah-sha256-hmac     AH-HMAC-SHA256 transform on R3
  ah-sha384-hmac     AH-HMAC-SHA384 transform
  ah-sha512-hmac     AH-HMAC-SHA512 transform
  comp-lzs           IP Compression using the LZS compression algorithm
  esp-3des           ESP transform using 3DES(EDE) cipher (168 bits)
  esp-aes            ESP transform using AES cipher
  esp-des            ESP transform using DES cipher (56 bits)
  esp-gcm            ESP transform using GCM cipher
  esp-gmac           ESP transform using GMAC cipher
  esp-md5-hmac       ESP transform using HMAC-MD5 auth
  esp-null           ESP transform w/o cipher
  esp-seal           ESP transform using SEAL cipher (160 bits)
  esp-sha-hmac       ESP transform using HMAC-SHA auth
  esp-sha256-hmac    ESP transform using HMAC-SHA256 auth
  esp-sha384-hmac    ESP transform using HMAC-SHA384 auth
  esp-sha512-hmac    ESP transform using HMAC-SHA512 auth
```

b．在使用 ASA 的站点间 VPN 中，我们将输入两个突出显示的参数完成命令。

```
R3(config)# crypto ipsec transform-set ESP-TUNNEL esp-3des esp-sha-hmac
```

第 6 步：定义需要关注的流量。

请参考项目六步骤 1 中的第 6 步来完成操作。

第 7 步：创建并应用加密映射。

请参考项目六步骤 1 中的第 7 步来完成操作。

步骤 4：使用 ASDM 将 ASA 配置为站点间 IPSec VPN 终端。

在本任务的步骤 4 中，将 ASA 配置为 IPSec VPN 隧道终端。ASA 与 R3 之间的隧道通过 R1 和 R2。

第 1 步：访问 ASDM。

a．在 PC-B 上打开浏览器，输入 https://192.168.1.1 以测试对 ASA 的 HTTPS 访问。输入 https://192.168.1.1 后，您应该会看到有关网站安全证书的安全警告。单击**高级→添加例外**，在“添加安全例外”对话框中，单击**确认安全例外**。

注意：在 URL 中指定 HTTPS 协议。

b．在 ASDM 欢迎页面中，可以看到有两种运行 ASDM 的方式，**Install ASDM Launcher** 和 **Install Java Web Start**，这里我们使用 **Install ASDM Launcher**。

c．单击 **Install ASDM Launcher**，会弹出 **dm-launcher.msi** 对话框，选择保存路径后单击**保存文件**。

d. 右键单击 **dm-launcher.msi** 文件，选择安装，安装完成后会在桌面出现 ASDM 启动器。

第 2 步：双击 ASDM 启动器，在弹出的对话框地址一栏输入 192.168.1.1。

a．在弹出的安全警告对话框中单击**继续**。

b．在弹出的认证对话框中输入 **admin01**、**admin01pass**。

第 3 步：查看 ASDM 主界面，如图 9-3 所示。

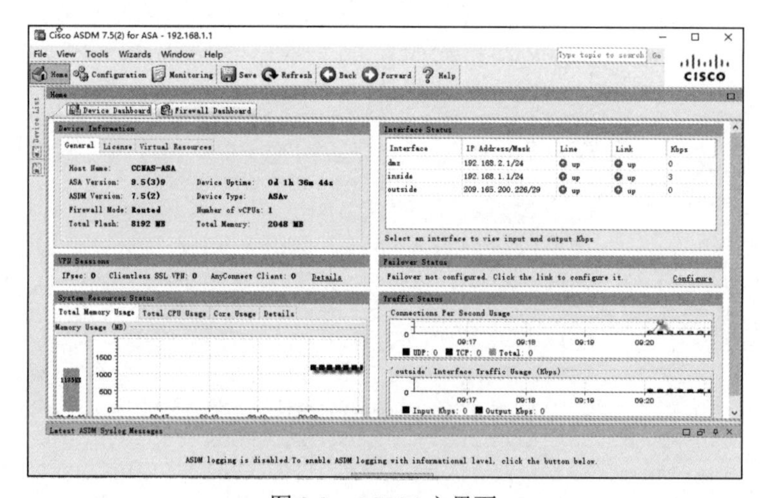

图 9-3　ASDM 主界面

系统将显示主界面，并显示当前的 ASA 设备配置和流量统计信息。请注意本任务步骤 2 中配置的内部、外部和 DMZ 接口。

第 4 步：启动 VPN 向导。

a．在 ASDM 主界面中，单击 **Wizards**（向导）**→VPN Wizards**（VPN 向导）**→Site-to-Site VPN Wizard**（站点间 VPN 向导）以打开"Site-to-site VPN Connection Setup Wizard"（站点间 VPN 连接安装向导）对话框，如图 9-4 所示。

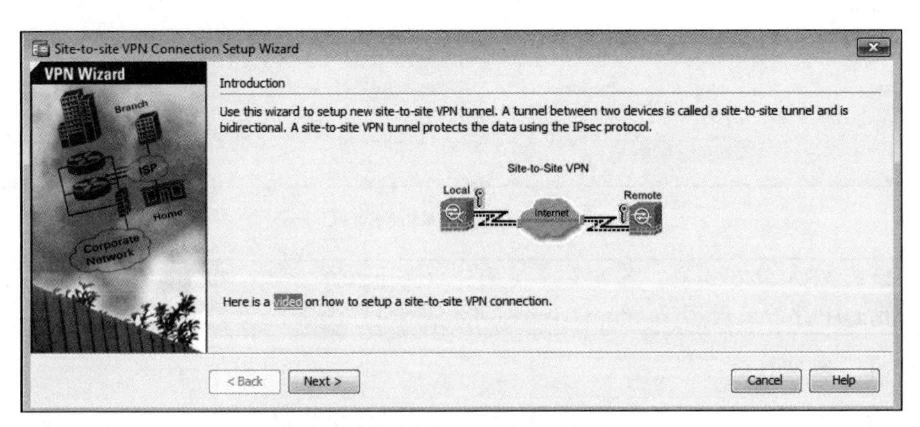

图 9-4　站点间 VPN 连接安装向导

b．查看界面上的文本和拓扑图，然后单击 **Next**（下一步）继续。

第 5 步：配置对等设备标识。

在"Peer Device Identification"（对等设备标识）窗口中，输入 R3 接口 S1/1 的 IP 地址（**10.2.2.1**）作为对等体 IP 地址。将默认 VPN 访问接口设置为 outside（外部）。VPN 隧道将位于 R3 接口 S1/1 与 ASA 外部接口（G0/0）之间。单击 **Next**（下一步）继续，如图 9-5 所示。

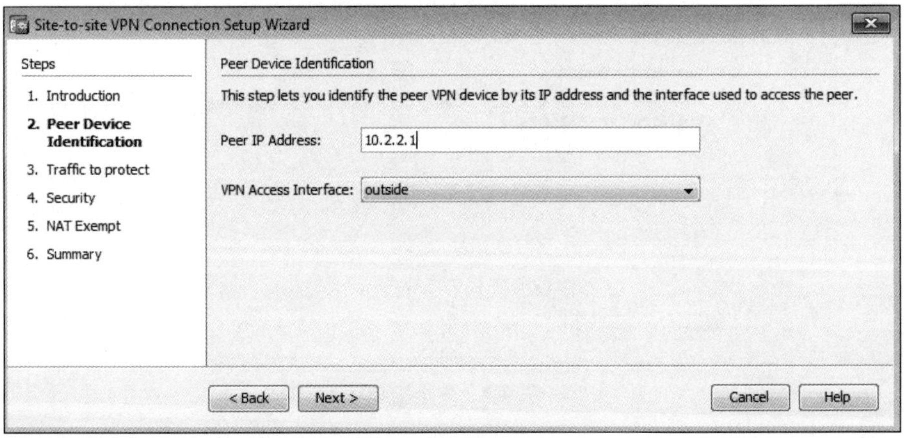

图 9-5　对等设备标识

第 6 步：指定要保护的流量。

在"Traffic to protect"（要保护的流量）窗口中，输入 **inside-network/24** 作为本地网络，

输入类型 **172.16.3.0/24** 将 R3 LAN 添加为远程网络，如图 9-6 所示。单击 **Next**（下一步）继续。系统可能会显示一条消息，表明正在检索证书信息。

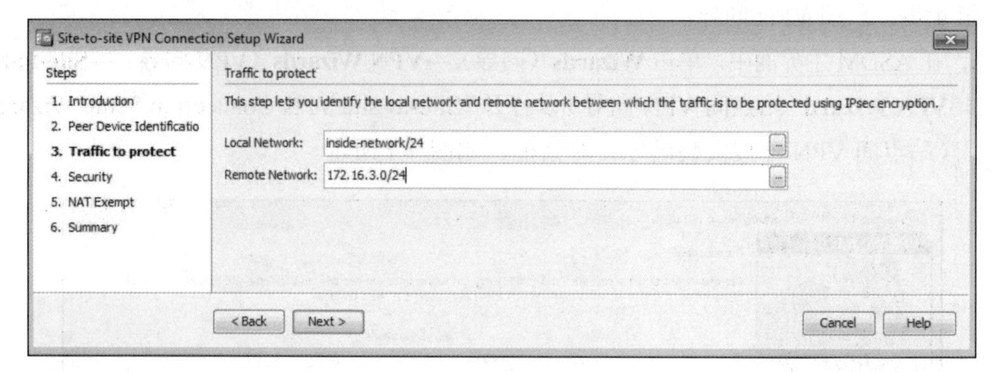

图 9-6　指定要保护的流量

注意：如果 ASA 没有响应，可能需要关闭窗口并继续下一步。如果系统提示进行认证，请以 admin01 身份使用密码 admin01pass 再次登录。

第 7 步：配置认证。

在“Security”（安全）窗口中，输入预共享密钥 **SECRET-KEY**。您不需要使用设备证书。单击 **Next**（下一步）继续，如图 9-7 所示。

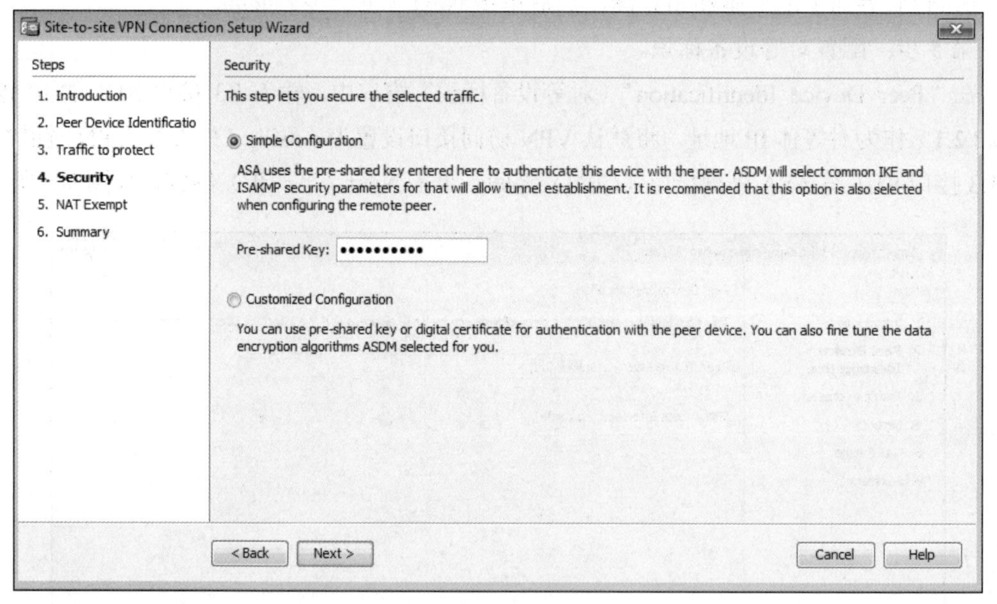

图 9-7　安全窗口

第 8 步：配置其他设置。

在“NAT Exempt”（NAT 免除）窗口中，单击内部接口的 **Exempt ASA…**（免除 ASA……）复选框。单击 **Next**（下一步）继续，如图 9-8 所示。

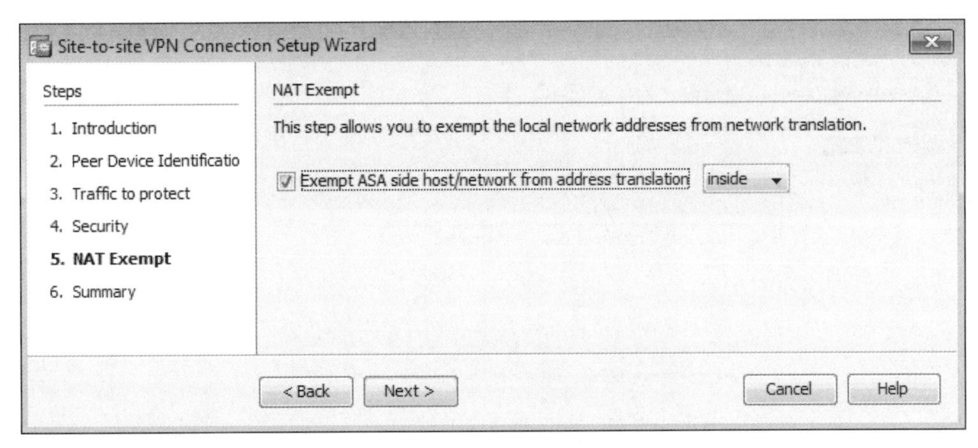

图 9-8　NAT 免除

第 9 步：查看配置摘要并将命令传递给 ASA。

完成上面的步骤后，系统将显示“Summary”（摘要）页面。验证所配置的信息是否正确。您可以单击 **Back**（返回）进行更改，或单击 **Cancel**（取消）并重新启动 VPN 向导（推荐）。单击 **Finish**（完成）以完成此过程并将命令传递给 ASA，如图 9-9 所示。

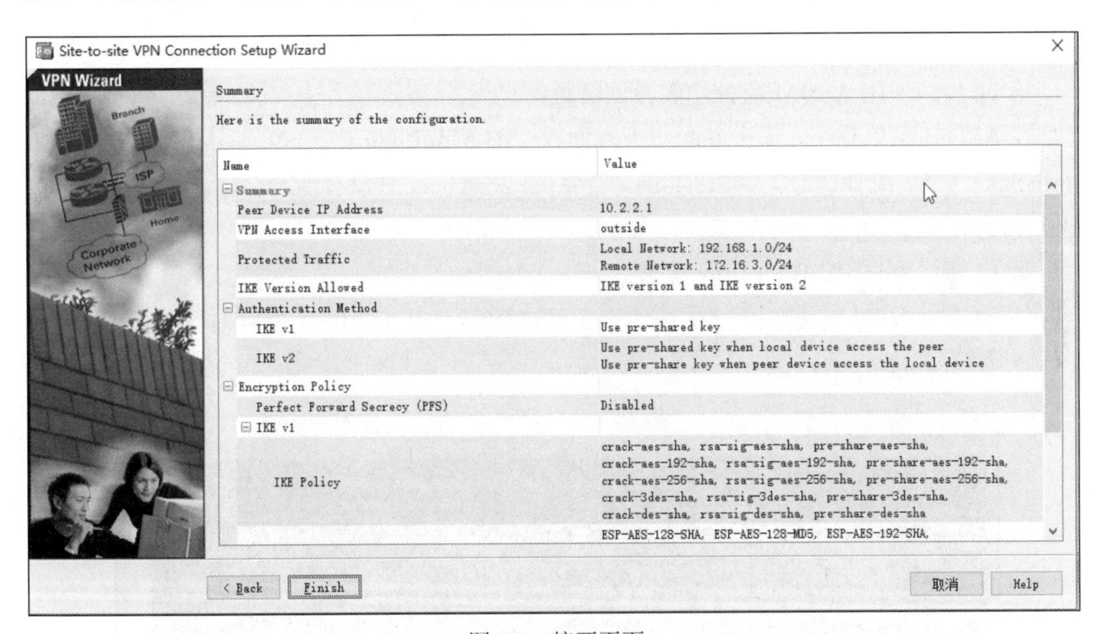

图 9-9　摘要页面

注意：如果系统提示进行认证，请以 **admin01** 身份使用密码 **admin01pass** 再次登录。

第 10 步：验证 ASDM VPN 连接配置文件。

在 ASDM 中单击 **Configuration**（配置）→**Site-to-Site VPN**（站点间 VPN）→**Connection Profiles**（连接配置文件），界面将显示您配置的信息。在此窗口中，可以验证和编辑 VPN 配置，如图 9-10 所示。

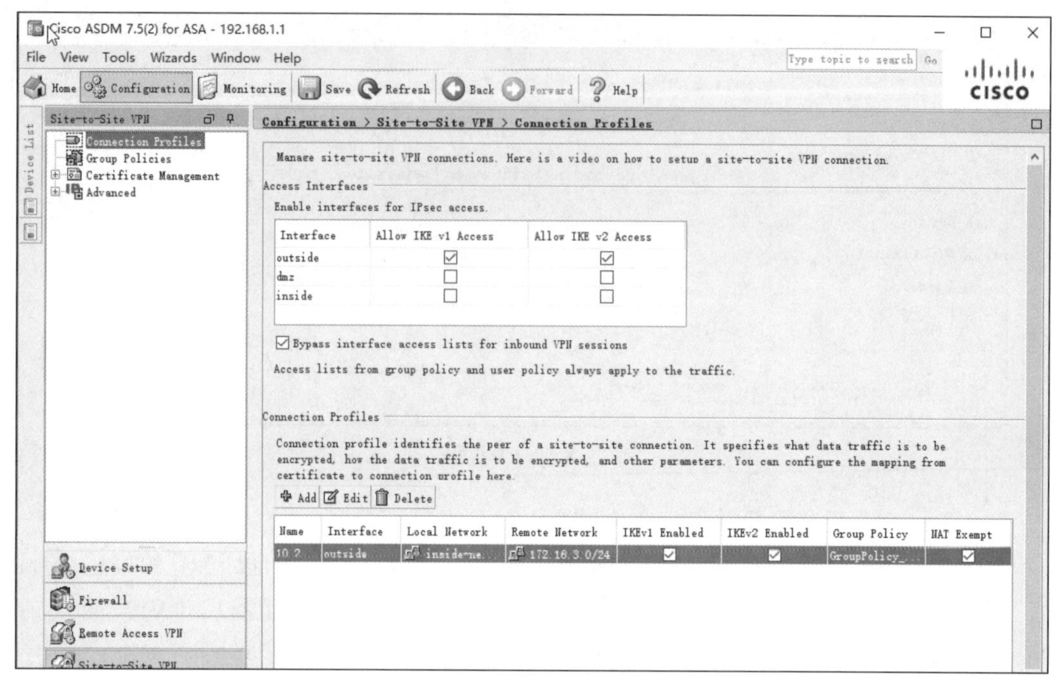

图 9-10　验证和编辑 VPN 配置

第 11 步：使用 ASDM 监控功能验证隧道。

在 ASDM 菜单栏中，单击界面左下方面板中的 **Monitoring**（监控）→**VPN**。单击 **VPN Statistics**（VPN 统计信息）→**Sessions**（会话）。注意，此时没有活动会话，这是因为尚未建立 VPN 隧道。

第 12 步：测试 PC-B 的 VPN 配置。

a．要建立 VPN 隧道，必须生成需要关注的流量。从 PC-B 对 PC-C 执行 ping 操作，如图 9-11 所示。

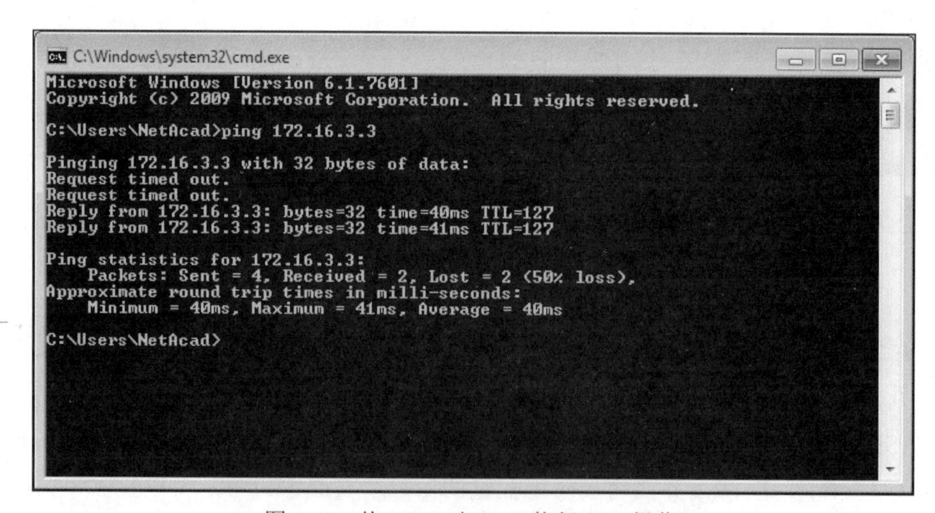

图 9-11　从 PC-B 对 PC-C 执行 ping 操作

b．完成步骤 a 后，将生成需要关注的流量。注意图 9-12 中的前两次 ping 操作，在成功之前是如何失败的。这是因为必须在 ICMP 数据包成功之前协商和建立隧道。

c．此时，VPN 信息显示在 **ASDM Monitoring**（监控）→**VPN**→**VPN Statistics**（VPN 统计信息）→**Sessions**（会话）页面上。

注意： 在显示统计信息之前，您可能需要单击 **Refresh**（刷新）。

d．单击 **Encryption Statistics**（加密统计信息）。您应该会看到使用 3DES 加密算法的一个或多个会话。

e．单击 **Crypto Statistics**（加密统计信息）。您应该会看到已加密和已解密的数据包数量、安全关联（SA）请求等。

项目十 自适应安全设备实施 SSL VPN

10

除了状态防火墙和其他安全功能，ASA 还可提供站点间和远程访问 VPN 功能。ASA 提供思科 SSL 远程访问 VPN 解决方案中的两种主要部署模式。

- 基于客户端的 SSL VPN：提供全隧道 SSL VPN 连接，但需要在远程主机上安装 VPN 客户端应用。通过认证后，用户可以访问任何内部资源，就好像这些资源是放在本地网络上，因为 ASA 支持 SSL 和 IPSec 基于客户端的 VPN。
- 无客户端 SSL VPN：基于浏览器的无客户端 VPN，允许用户使用 Web 浏览器和内置 SSL 与 ASA 建立安全的远程访问 VPN 隧道，以保护 VPN 流量。通过认证后，用户将看到门户页面，并且可以从该门户访问预定义的特定内部资源。

用于远程访问的思科 AnyConnect SSL VPN 要想让远程用户安全地访问企业网络，必须配置 Cisco ASA 以支持 SSL VPN 连接。ASDM 提供两个工具，可在 ASA 上初始配置 SSL VPN：ASDM Assistant（ASDM 助手），可指导管理员完成 SSL VPN 配置；VPN Wizard（VPN 向导），可使 ASDM 向导简化 SSL VPN 配置。

要使用 ASDM Assistant（ASDM 助手）配置基于客户端的远程访问 VPN，请先单击 **Configuration**（配置）→**Remote Access VPN**（远程访问 VPN）→**Introduction**（简介），再单击 **SSL or IPSec（IKEv2）VPN Remote Access（using Cisco AnyConnect Client）**［SSL 或 IPSec（IKEv2）VPN 远程访问（通过思科 AnyConnect 客户端）］。要从菜单栏中使用基于客户端的 VPN 向导，请单击 **Wizards**（向导）→**VPN Wizards**（VPN 向导）→**AnyConnect VPN Wizard**（AnyConnect VPN 向导）。

要创建完整隧道 SSL VPN 配置，请使用 VPN 向导并完成以下步骤。

步骤 1：启动 AnyConnect VPN 向导。在菜单栏中，单击 **Wizards**（向导）→**VPN Wizards**（VPN 向导）→**AnyConnect VPN Wizard**（AnyConnect VPN 向导）。此时将显示 VPN 向导简介窗口。

步骤 2：在连接配置文件标识窗口中配置连接配置文件。为连接配置"connection profile name"（连接配置文件名称），并确定外部用户可以连接的接口。

步骤 3：选择 VPN 协议，选择如何保护流量，可以选择 SSL 和/或 IPSec，也可配置第三方证书。如果最初选择 SSL 和 IPSec，将仅使用 SSL，因此 IPSec 处于未选中状态。

步骤 4：在客户端映像窗口中添加 AnyConnect 客户端映像。为了使客户端系统可从 ASA 自动下载思科 AnyConnect SSL VPN 客户端，必须在配置中指定 SSL VPN 客户端的位置。要配置思科 AnyConnect SSL VPN 客户端的位置，请单击 **Add**（添加）以确定映像位置并打开“Add AnyConnect Client Image”（添加 AnyConnect 客户端映像）窗口。

如果图像文件已位于思科 ASA 中，请单击 **Browse Flash**（浏览闪存）。这将会打开浏览窗口，该窗口列出了位于 ASA 中的映像文件。

步骤 5：在认证方法窗口中配置认证方法。在此窗口中可以定义认证方式，添加 AAA 认证服务器的位置。单击 **New**（新建）输入 AAA 服务器的位置。如果未确定服务器，则使用本地数据库。要添加新用户，请输入用户名和密码，然后单击 **Add**（添加）。

步骤 6：在客户端地址管理窗口中创建并分配客户端 IP 地址池。要成功实现基于客户端的 SSL VPN 连接，需要配置 IP 地址池。如果没有可用的 IP 地址池，则与安全设备的连接将失败。可以从“Address Pool”（地址池）下拉菜单中选择预配置的 IP 地址池。否则，请单击 **New**（新建），打开“Add IPv4 Pool”（添加 IPv4 池）窗口，然后创建一个新池。在此窗口中，可以确定地址池名称，开始和结束 IP 地址，以及关联的子网掩码。

步骤 7：在“Network Name Resolution Servers”（网络名称解析服务器）窗口中指定 DNS 的相关信息。指定 DNS 服务器和 WINS 服务器（如果有）的位置，并提供域名。

步骤 8：在 NAT 免除窗口中为 VPN 流量启用 NAT 免除。如果在 ASA 上配置 NAT，则必须从 NAT 过程中免除 SSL 客户端地址池，因为在加密前已经进行 NAT 转换。选中“Exempt NAT traffic”（免除 NAT 流量）复选框以显示免除项的详细信息。

步骤 9：在 AnyConnect 客户端部署窗口。这只是一个信息性页面，说明可通过 Web 启动部署 AnyConnect 客户，也可在主机上预先配置。

步骤 10：验证并提交配置。完成前面的步骤后会显示摘要窗口，验证 SSL VPN 向导中配置的信息是否正确。使用 Back（上一步）可更改任何配置参数。

可以在“AnyConnect 连接配置文件”页面中修改、自定义并验证 VPN 配置。要打开网络客户端访问窗口，请单击 **Configuration**（配置）→**Remote Access VPN**（远程访问 VPN）→**Network**（**Client**）**Access**[网络（客户端）访问]→**AnyConnect Connection Profiles**（AnyConnect 连接配置文件）。滚动到页面底部，可查看 ASA 上的连接配置文件。页面中突出显示了最近配置的配置文件，您可以编辑或删除配置文件，也可以添加新的连接配置文件。

要在远程主机上安装 AnyConnect VPN 客户端，必须执行几个步骤。其中一些步骤是否为可选步骤，具体取决于远程主机上是否已安装（预部署）AnyConnect 客户端，或者客户端是否将在 Web 上启动。要使用 Web 启动连接，需要与 ASA 建立无客户端 SSL VPN

连接。打开兼容的 Web 浏览器并在地址字段中输入 SSL VPN 的登录 URL。请务必使用安全的 HTTP（HTTPS），因为连接到 SSL 需要 ASA。浏览器将显示警告消息，要接受网站的安全证书，请单击 **Continue to this website**（继续访问此网站）以继续。在显示登录窗口中，选择 **Client-Based-SSL-VPN** 组，输入之前配置的用户名和密码，然后单击 Logon（登录）继续。思科 AnyConnect VPN 客户端开始安装，使用 ActiveX，按提示下载安装程序，并手动安装思科 AnyConnect 客户端。

本项目需要使用 ASDM 在 ASA 上完成基于客户端的 SSL VPN 配置，以及无客户端 SSL VPN 的配置。本项目的背景为：公司有两个位置已连接到 ISP，路由器 R1 代表由 ISP 管理的 CPE，路由器 R2 代表中间互联网路由器，路由器 R3 将远程分支机构的用户连接到 ISP。ASA 是一台边缘安全设备，可将内部企业网络和 DMZ 连接到 ISP，同时为内部主机提供 NAT 服务。管理层要求使用 ASA 作为 VPN 集中器，为远程工作人员提供 VPN 访问。他们希望远程工作人员可以通过 SSL VPN 访问公司内部资源。请配置 ASA，分别完成允许使用 AnyConnect 客户端和无客户端两种方式的 SSL VPN 访问。

任务 1：AnyConnect 远程访问 SSL VPN 的配置

1．任务目的

通过本任务，读者可以掌握：

- 启动 VPN 向导；
- 指定 VPN 加密协议；
- 指定要上传到 AnyConnect 用户的客户端映像；
- 配置 AAA 本地认证；
- 配置客户端地址的分配；
- 配置网络名称解析；
- 免除 VPN 流量的地址转换；
- 验证 AnyConnect 客户端配置文件；
- 从远程主机登录；
- 执行平台检测；
- 执行 AnyConnect VPN 客户端的自动安装；
- 手动安装 AnyConnect VPN 客户端。

2．任务拓扑

本任务所用的拓扑如图 7-1 所示。

本任务的 IP 地址分配见表 7-1。

3. 任务步骤

步骤 1：基本路由器/交换机/计算机配置。

请参考项目九的步骤 1 完成操作。

步骤 2：访问 ASA 控制台和 ASDM。

第 1 步：清除之前的 ASA 配置。

请参考项目九步骤 2 中的第 1 步完成操作。

第 2 步：绕过设置模式。

请参考项目九步骤 2 中的第 2 步完成操作。

第 3 步：使用 CLI 脚本配置 ASA。

请参考项目九步骤 2 中的第 3 步完成操作。

第 4 步：访问 ASDM。

a．在 PC-B 上打开浏览器，输入 **https://192.168.1.1** 以测试对 ASA 的 HTTPS 访问。输入 https://192.168.1.1 后，您会看到有关网站安全证书的安全警告。单击 **Continue to this website**（继续访问此网站）。如果看到任何其他安全警告，请单击 **Yes**（是）。

注意：在 URL 中指定 HTTPS。

b．在 ASDM 欢迎页面中，单击 **Install Java Web Start**，如图 10-1 所示。系统将显示 ASDM-IDM 启动程序。

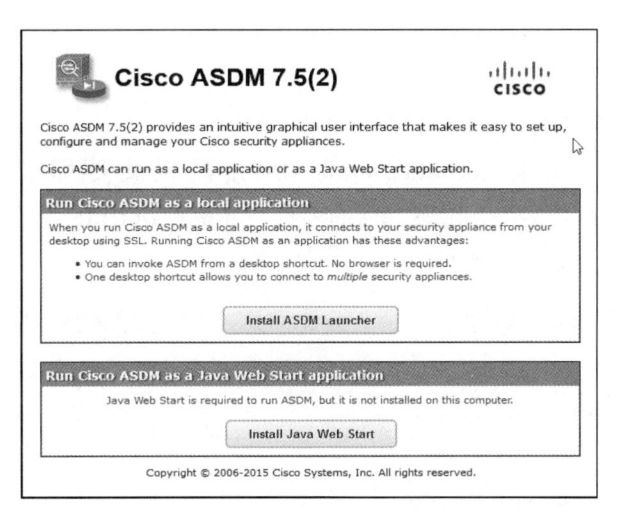

图 10-1　ASDM 欢迎页面

c．以 **admin01** 的身份登录，密码为 **admin01pass**，如图 10-2 所示。

步骤 3：使用 ASDM 配置 AnyConnect SSL VPN 远程访问。

第 1 步：启动 VPN 向导。

a．在 ASDM 主菜单中，依次单击 **Wizards**（向导）→**VPN Wizards**（VPN 向导）→**AnyConnect VPN Wizard**（AnyConnect VPN 向导）。

b．查看界面上的文本和拓扑图。单击 **Next**（下一步）继续，如图 10-3 所示。

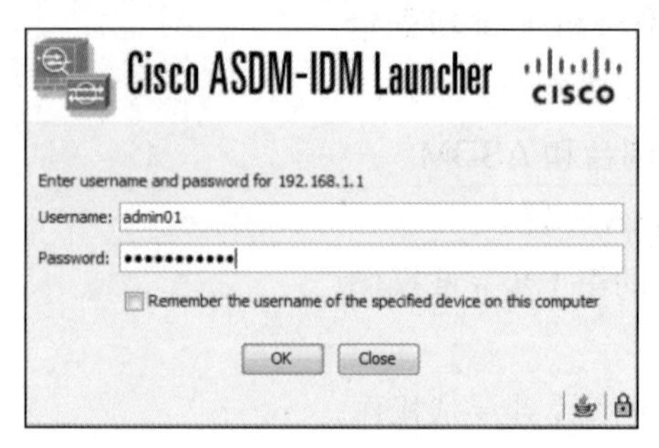

图 10-2　思科 ASDM-IDM 启动程序

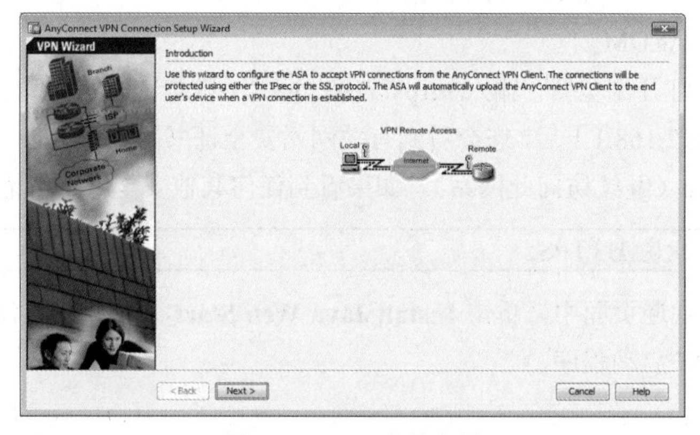

图 10-3　VPN 向导介绍

第 2 步：配置 SSL VPN 接口连接配置文件。

在“Connection Profile Identification”（连接配置文件标识）窗口中，输入 **AnyConnect-SSL-VPN** 作为连接配置文件的名称，并指定 **outside** 作为 VPN 访问接口。单击 **Next**（下一步）继续，如图 10-4 所示。

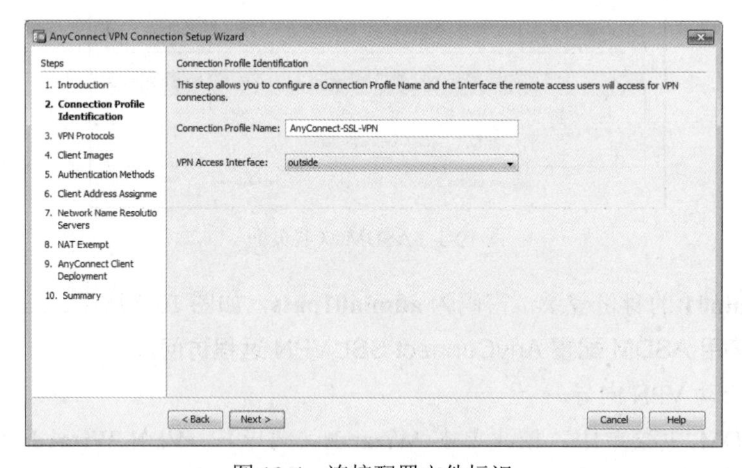

图 10-4　连接配置文件标识

第 3 步：指定 VPN 加密协议。

在“VPN Protocols”（VPN 协议）窗口中，取消选中 **IPsec** 复选框并选中 **SSL** 复选框。请不要指定设备证书。单击 **Next**（下一步）继续，如图 10-5 所示。

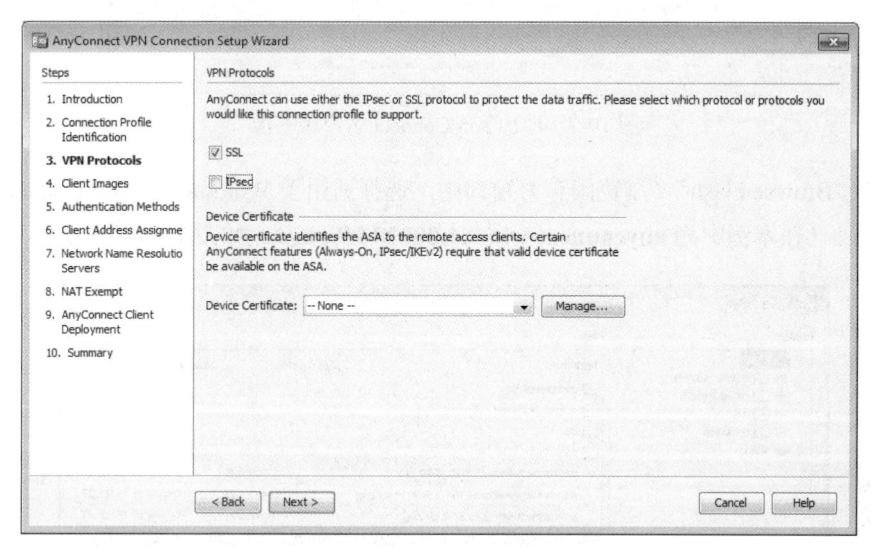

图 10-5　VPN 协议

第 4 步：指定要上传到 AnyConnect 用户的客户端映像。

a．在“Client Images”（客户端映像）窗口中，单击 **Add**（添加）以指定 AnyConnect 客户端映像文件名，如图 10-6 所示。

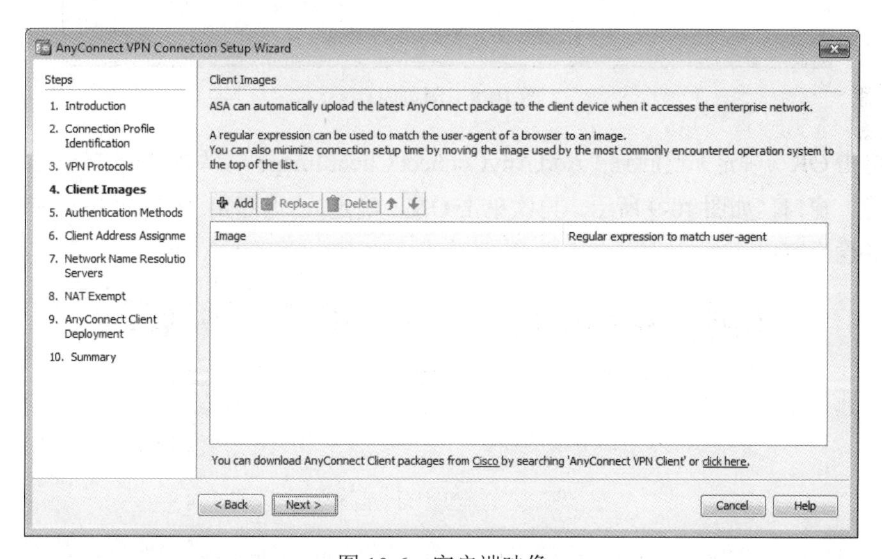

图 10-6　客户端映像

b．在“Add AnyConnect Client Image”（添加 AnyConnect 客户端映像）窗口中，单击 **Browse Flash**（浏览闪存），如图 10-7 所示。

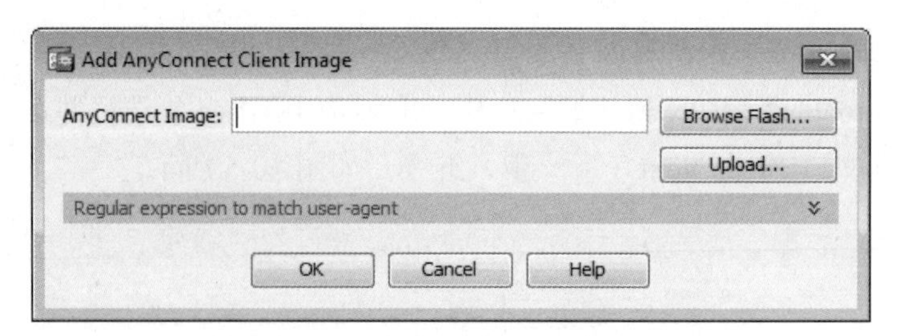

图 10-7　添加 AnyConnect 客户端映像

c．在“Browse Flash”（浏览闪存）窗口中，选择适用于 Windows 的 AnyConnect 软件包文件（在本例中为 **anyconnect-win-4.1.00028-k9.pkg**），如图 10-8 所示。

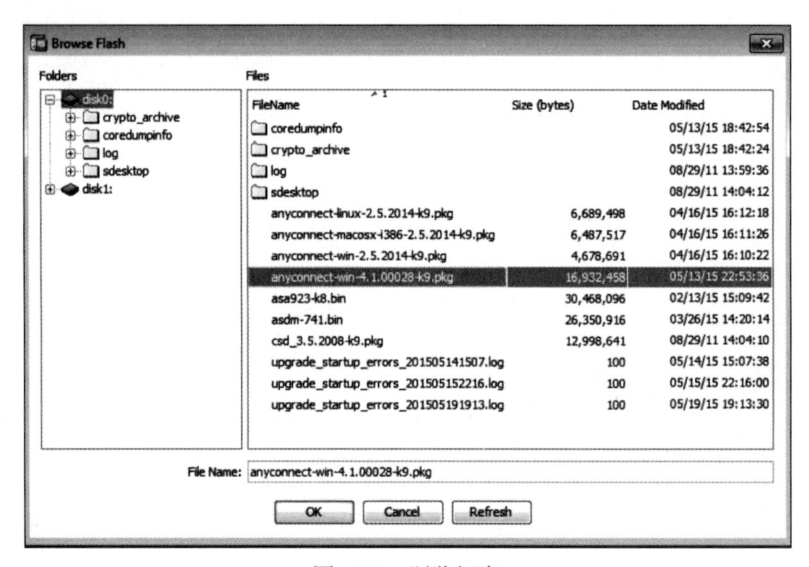

图 10-8　浏览闪存

d．单击 **OK**（确定）返回到“Add AnyConnect Client Image”（添加 AnyConnect 客户端映像）窗口，如图 10-9 所示。再次单击 **OK**（确定）。返回到“Client Images”（客户端映像）窗口。

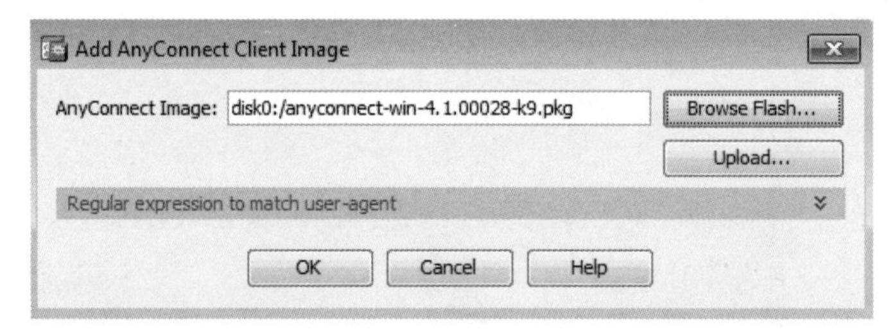

图 10-9　返回到“添加 AnyConnect 客户端映像”窗口

e．“Client Images”（客户端映像）窗口会显示所选的映像。单击 **Next**（下一步）继续，如图 10-10 所示。

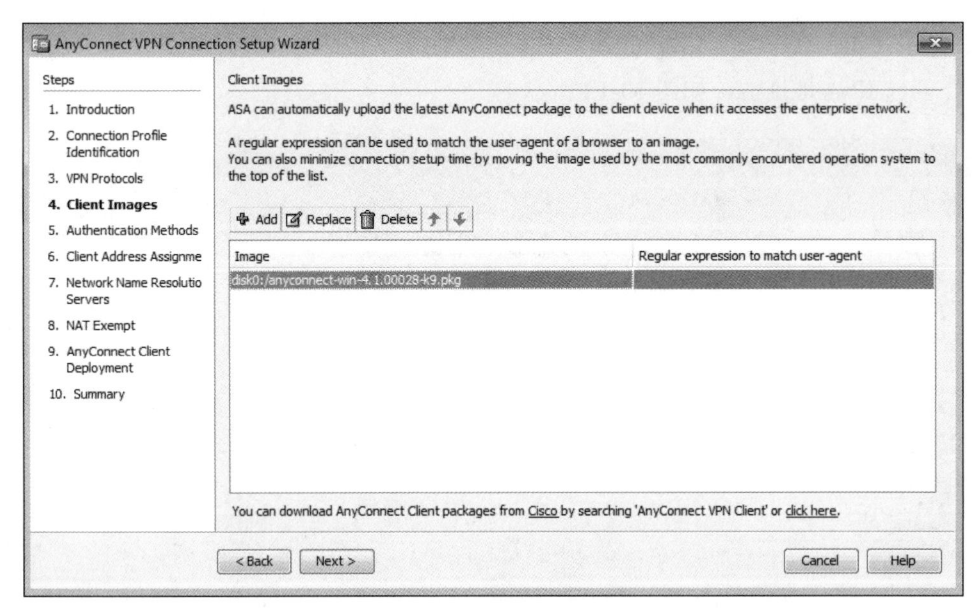

图 10-10　显示所选的映像

第 5 步：配置 AAA 本地认证。

a．在“Authentication Methods”(认证方法)窗口中，确保将 AAA 服务器组指定为 **LOCAL**。

b．输入名为 **REMOTE-USER** 的新用户，密码为 **cisco12345**。单击 **Add**（添加），如图 10-11 所示。

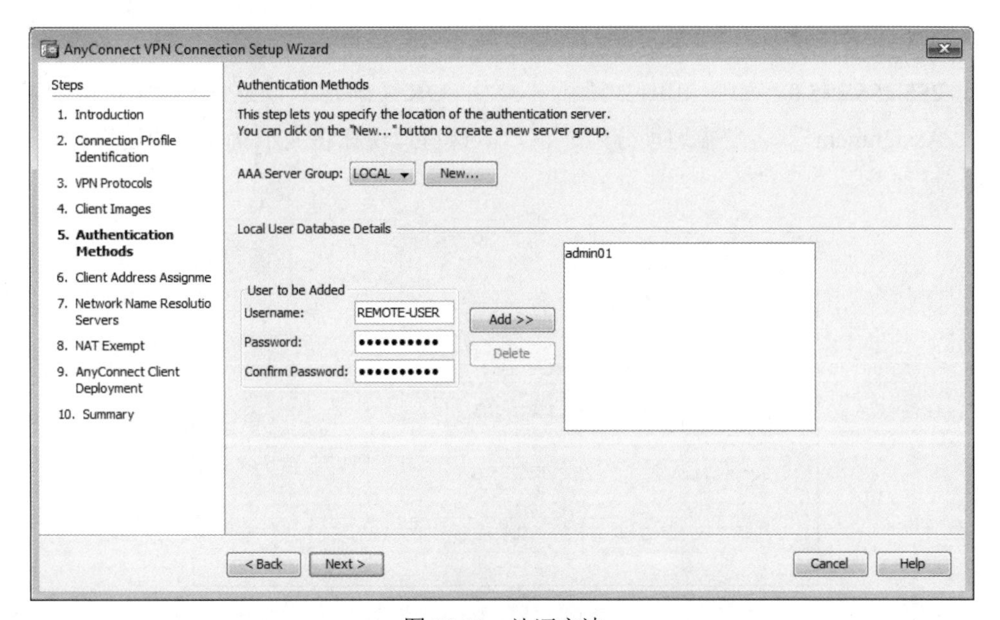

图 10-11　认证方法

c．单击 **Next**（下一步）继续。

第 6 步：配置客户端地址的分配。

a．在“Client Address Assignment”（客户端地址分配）窗口中，单击 **New**（新建）以创建 IPv4 地址池，如图 10-12 所示。

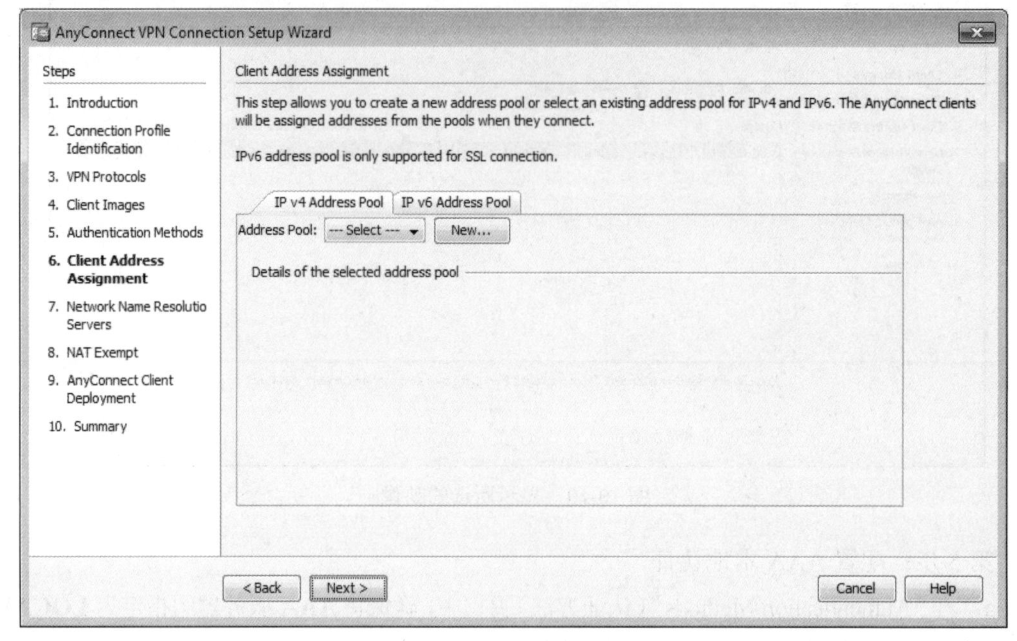

图 10-12　客户端地址分配

b．在“Add IPv4 Pool”（添加 IPv4 地址池）窗口中，将该地址池命名为 **Remote-Pool**，指定起始 IP 地址为 **192.168.1.100**，结束 IP 地址为 **192.168.1.125**，子网掩码为 **255.255.255.0**，如图 10-13 所示。单击 **OK**（确定）以返回到“Client Address Assignment”（客户端地址分配）窗口。该窗口现在将显示新创建的远程用户 IP 地址池。

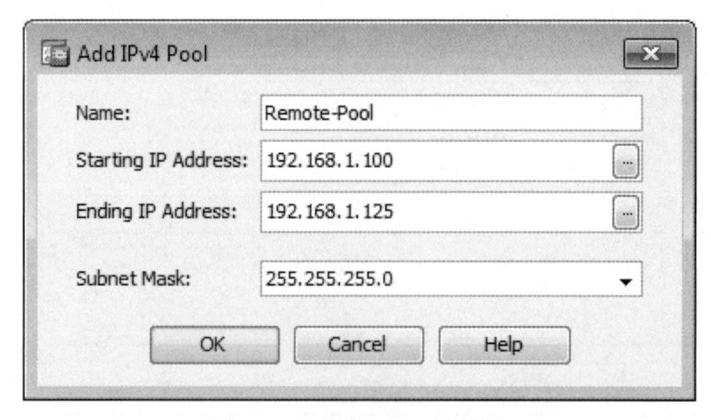

图 10-13　添加 IPv4 地址池

c．“Client Address Assignment”（客户端地址分配）窗口现在显示新创建的远程用户 IP 地址池，如图 10-14 所示。单击 **Next**（下一步）继续。

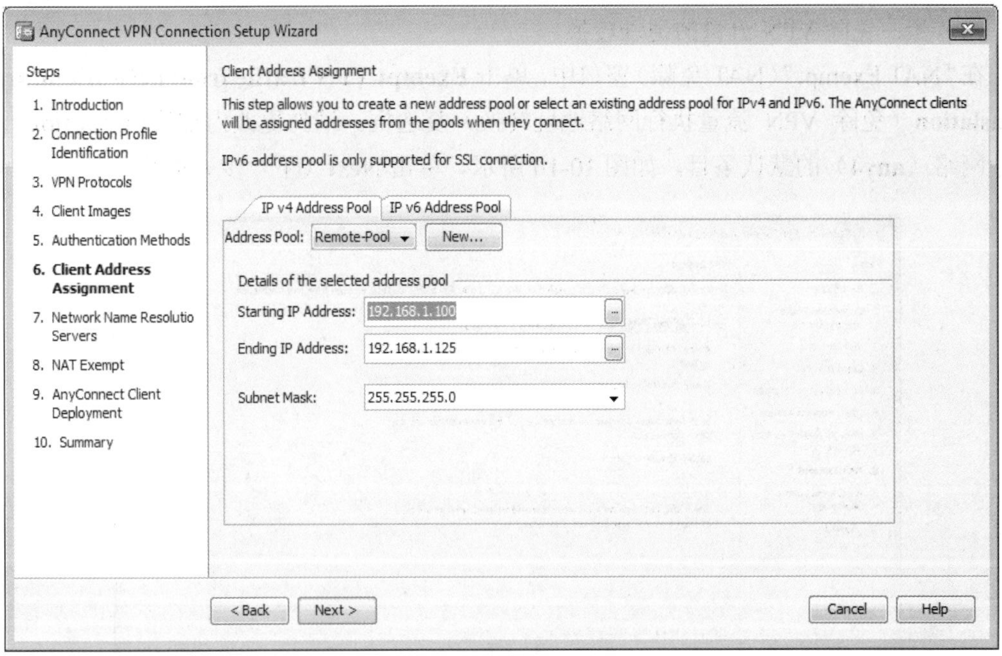

AnyConnect VPN Connection Setup Wizard

Steps

1. Introduction
2. Connection Profile Identification
3. VPN Protocols
4. Client Images
5. Authentication Methods
6. **Client Address Assignment**
7. Network Name Resolutio Servers
8. NAT Exempt
9. AnyConnect Client Deployment
10. Summary

Client Address Assignment

This step allows you to create a new address pool or select an existing address pool for IPv4 and IPv6. The AnyConnect clients will be assigned addresses from the pools when they connect.

IPv6 address pool is only supported for SSL connection.

IP v4 Address Pool | IP v6 Address Pool

Address Pool: Remote-Pool New...

Details of the selected address pool

Starting IP Address: 192.168.1.100

Ending IP Address: 192.168.1.125

Subnet Mask: 255.255.255.0

< Back Next > Cancel Help

图 10-14 显示新创建的远程用户 IP 地址池

第 7 步：配置网络名称解析。

在“Network Name Resolution Servers”（网络名称解析服务器）窗口中，输入 DNS 服务器的 IP 地址（**192.168.2.3**），将当前域名保留为 **ccnasecurity.com**，如图 10-15 所示。单击 **Next**（下一步）继续。

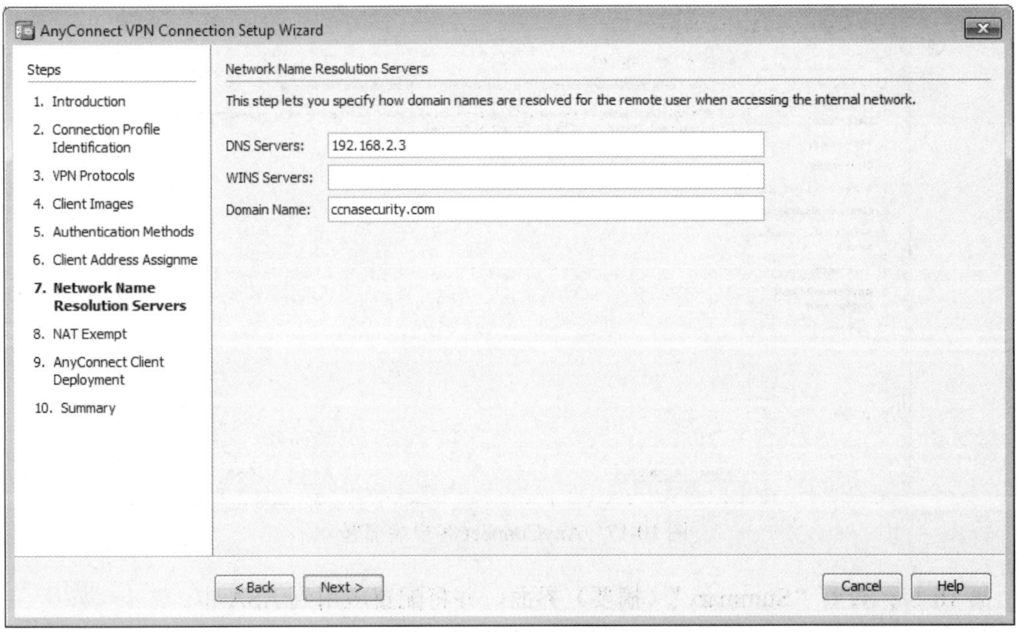

AnyConnect VPN Connection Setup Wizard

Steps

1. Introduction
2. Connection Profile Identification
3. VPN Protocols
4. Client Images
5. Authentication Methods
6. Client Address Assignme
7. **Network Name Resolution Servers**
8. NAT Exempt
9. AnyConnect Client Deployment
10. Summary

Network Name Resolution Servers

This step lets you specify how domain names are resolved for the remote user when accessing the internal network.

DNS Servers: 192.168.2.3

WINS Servers:

Domain Name: ccnasecurity.com

< Back Next > Cancel Help

图 10-15 网络名称解析服务器

第 8 步：免除 VPN 流量的地址转换。

在“NAT Exempt”（NAT 免除）窗口中，单击 **Exempt VPN traffic from network address translation**（免除 VPN 流量执行网络地址转换）复选框。请勿更改内部接口（**inside**）和本地网络（**any4**）的默认条目，如图 10-16 所示。单击 **Next**（下一步）继续。

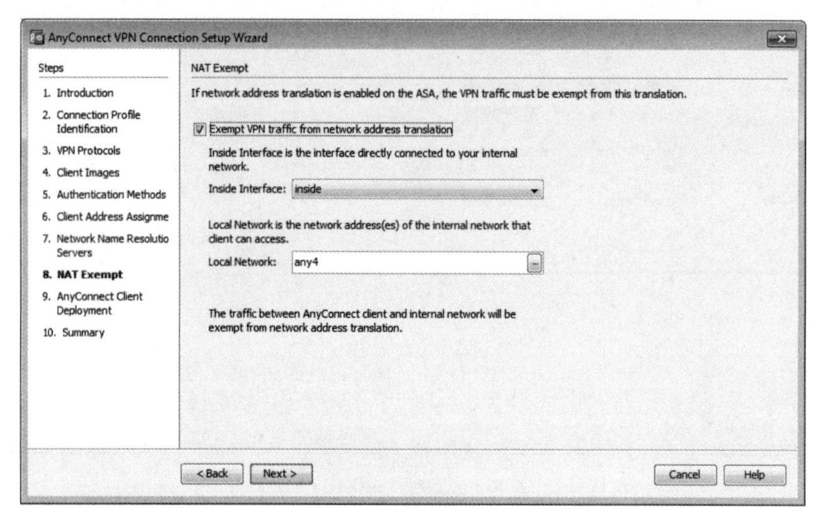

图 10-16　NAT 免除

第 9 步：查看 AnyConnect 客户端部署详细信息。

在“AnyConnect Client Deployment”（AnyConnect 客户端部署）窗口中，阅读描述选项的文本，然后单击 **Next**（下一步）继续，如图 10-17 所示。

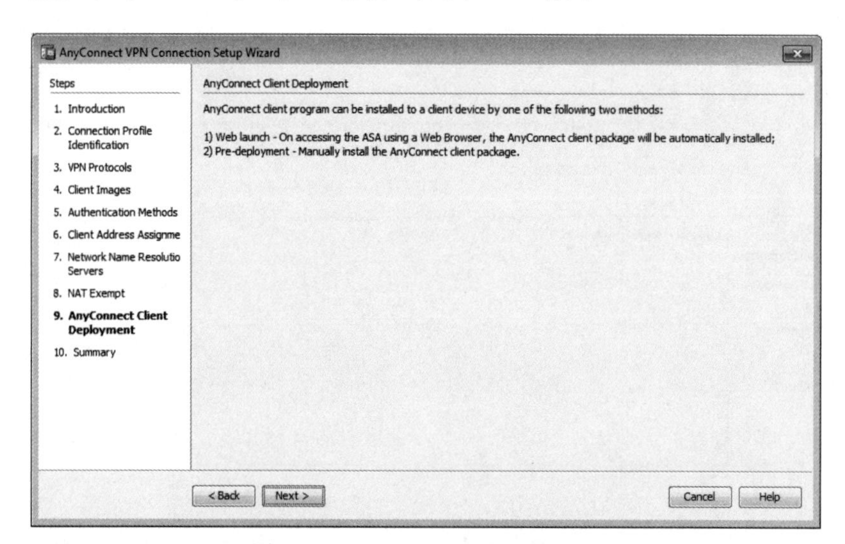

图 10-17　AnyConnect 客户端部署

第 10 步：查看“Summary”（摘要）界面，并将配置应用到 ASA 中。

在“Summary”（摘要）窗口中，查看配置说明，然后单击 **Finish**（完成），如图 10-18 所示。

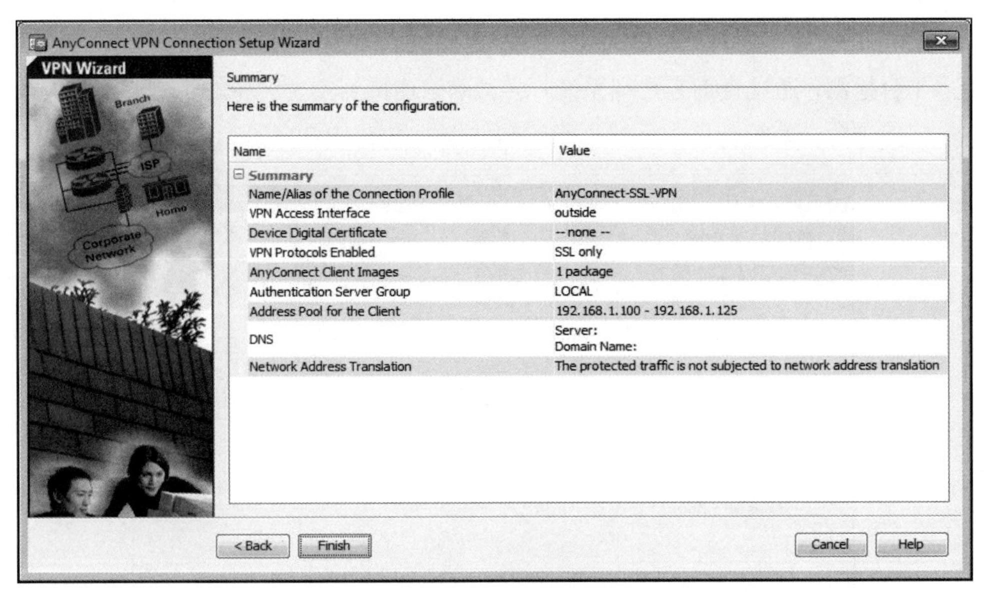

图 10-18　查看配置说明

第 11 步：验证 AnyConnect 客户端配置文件。

将配置传送到 ASA 后，系统将显示“AnyConnect Connection Profiles”（AnyConnect 连接配置文件）窗口。

步骤 4：连接到 AnyConnect SSL VPN。

第 1 步：从远程主机登录。

a．最初，您需要与 ASA 建立无客户端 SSL VPN 连接，以便下载 AnyConnect 客户端软件。在 PC-C 上打开 Web 浏览器。在浏览器的地址字段中，为 SSL VPN 输入 **https://209.165.200.226**。连接 ASA 需要用到 SSL，因此请使用安全的 HTTP（HTTPS）。

b．输入先前创建的用户名 **REMOTE-USER**，密码为 **cisco12345**。单击 **Logon**（登录）继续，如图 10-19 所示。

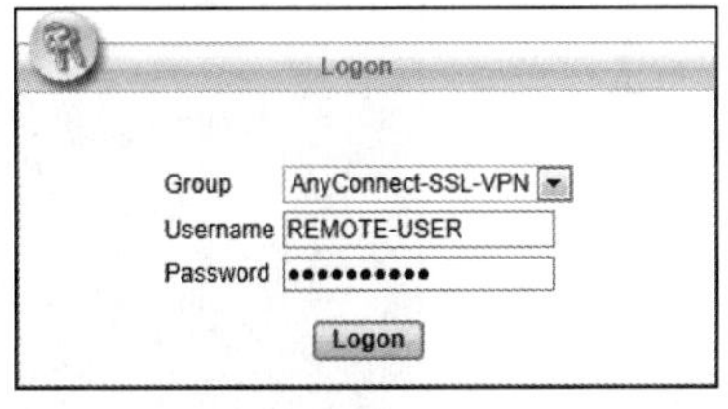

图 10-19　登录

注意：ASA 可能会请求确认这是受信任的站点。如果收到此请求，请单击 **Yes**（是）以继续操作。

第 2 步：执行平台检测（如果需要）。

如果必须下载 AnyConnect 客户端，远程主机上将显示安全警告。ASA 将检测主机系统上是否有 ActiveX。为了使 ActiveX 能够在思科 ASA 上正常运行，需要将安全设备添加为受信任的网络站点，这一点非常重要。

注意：如果未检测到 ActiveX，必须手动下载并安装 AnyConnect 客户端软件。

a．ASA 开始软件的自动下载过程，包括对目标系统的一系列合规性检查。ASA 执行平台检测，通过查询客户端系统，尝试确定连接到安全设备的客户端类型。根据确定的平台，系统会自动下载正确的软件包，如图 10-20 所示。

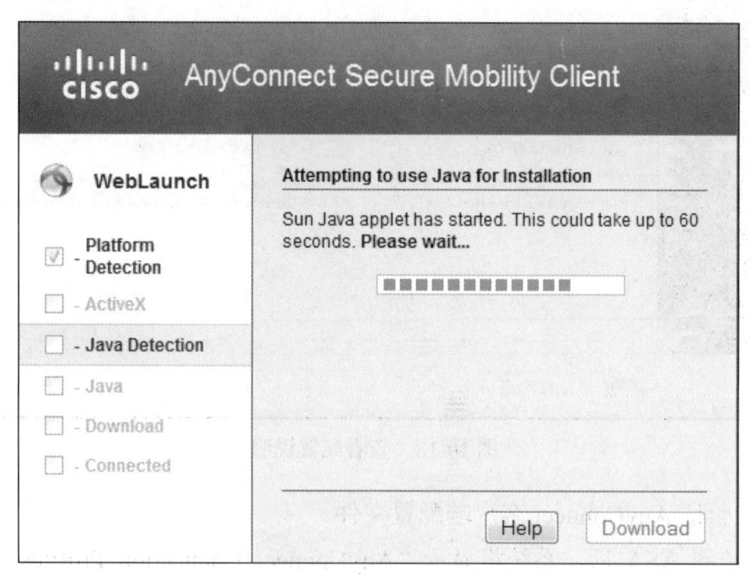

图 10-20　执行平台检测

b．如果您看到“AnyConnect Downloader”（AnyConnect 下载程序）窗口指示无法验证 209.165.200.226 AnyConnect 服务器，请单击 **Change Setting…**（更改设置……），如图 10-21 所示。

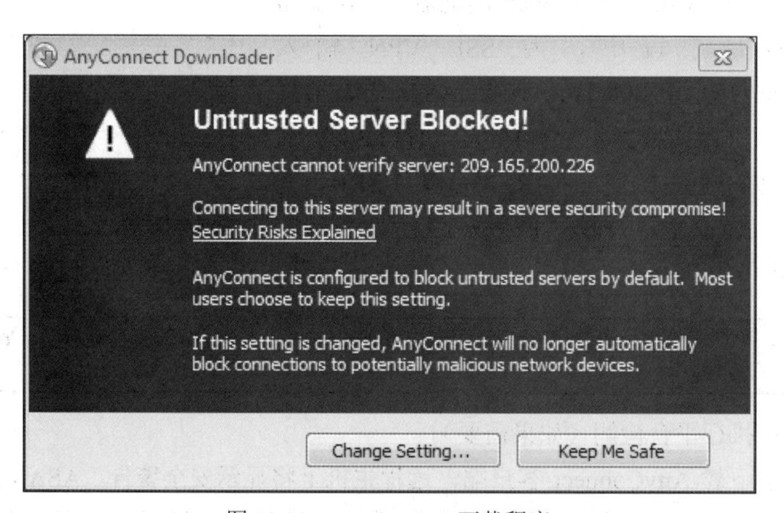

图 10-21　AnyConnect 下载程序

c．AnyConnect 下载程序将显示验证窗口，以更改“阻止不受信任的连接”的设置。单击 **Apply Change**（应用更改），如图 10-22 所示。

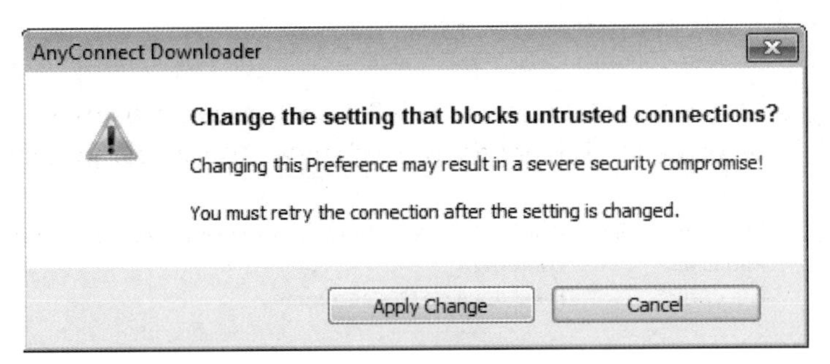

图 10-22　更改应用

d．如果收到“Security Warning: Untrusted Server Certificate!（安全警告：不受信任的服务器证书!）”消息，请单击 **Connect Anyway**（仍然连接），如图 10-23 所示。

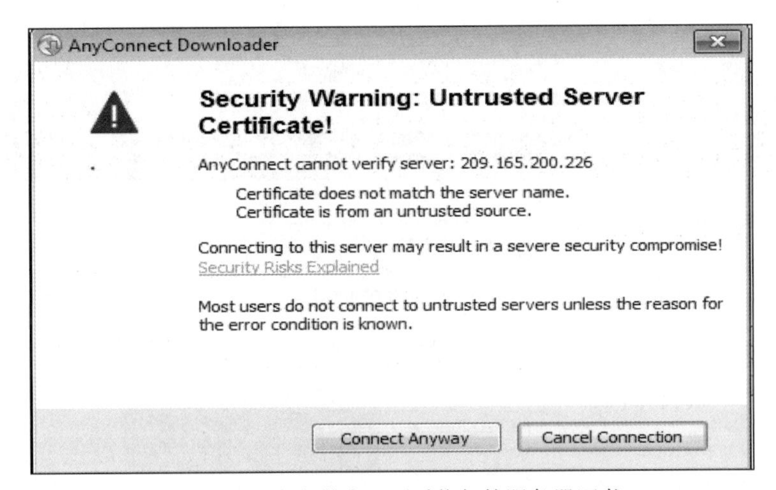

图 10-23　安全警告：不受信任的服务器证书

e．“AnyConnect Secure Mobility Client Downloader”（AnyConnect 安全移动客户端下载程序）窗口会对下载时间进行倒计时，如图 10-24 所示。

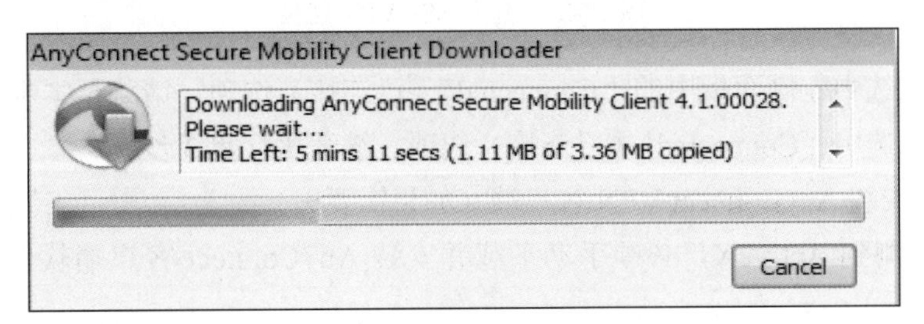

图 10-24　AnyConnect 安全移动客户端下载程序

f．下载完成后，系统将自动开始安装软件。当系统要求您允许程序对计算机进行更改时，请单击 **Yes**（是），如图 10-25 所示。

g．安装完成后，AnyConnect 客户端将建立 SSL VPN 连接，如图 10-26 所示。

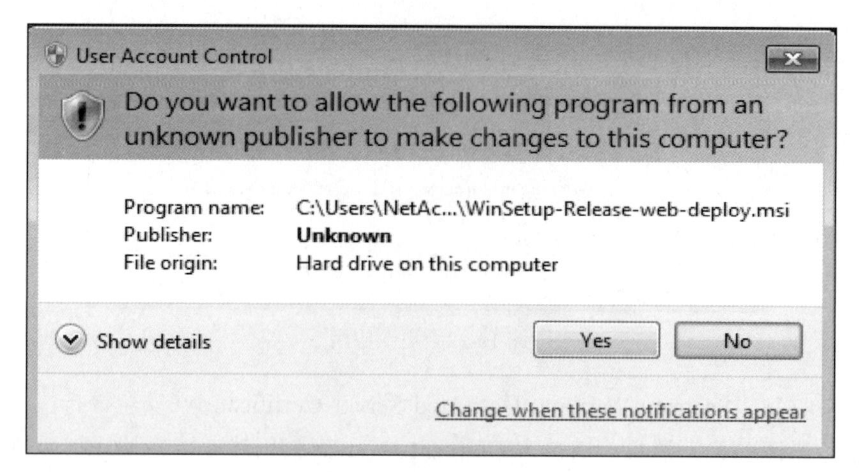

图 10-25　安装软件

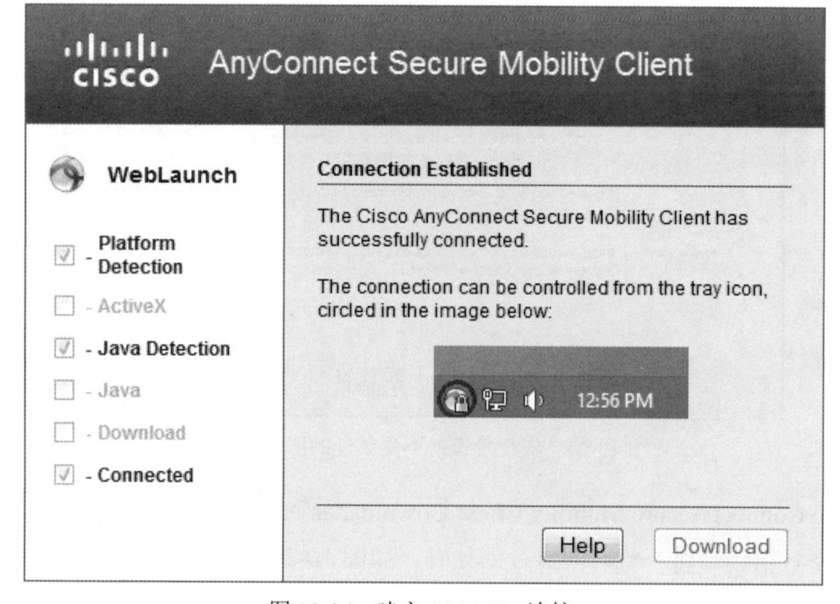

图 10-26　建立 SSL VPN 连接

h．如果已选中左侧面板中的“Connected”（已连接）选项，请跳至本步骤的**第 5 步**。如果未选中“Connected”（已连接）选项，继续执行**第 3 步**。

第 3 步：安装 AnyConnect VPN 客户端（如果需要）。

如果未检测到 ActiveX，必须手动下载并安装 AnyConnect 客户端软件，如图 10-27 所示。

a．在“Manual Installation”（手动安装）窗口中，单击 **Windows 7/Vista/64/XP**。

b．单击 **Run**（运行）以安装 AnyConnect VPN 客户端。

c．下载完成后，系统将启动思科 AnyConnect VPN 客户端的安装。单击 **Next**（下一步）继续，如图 10-28 所示。

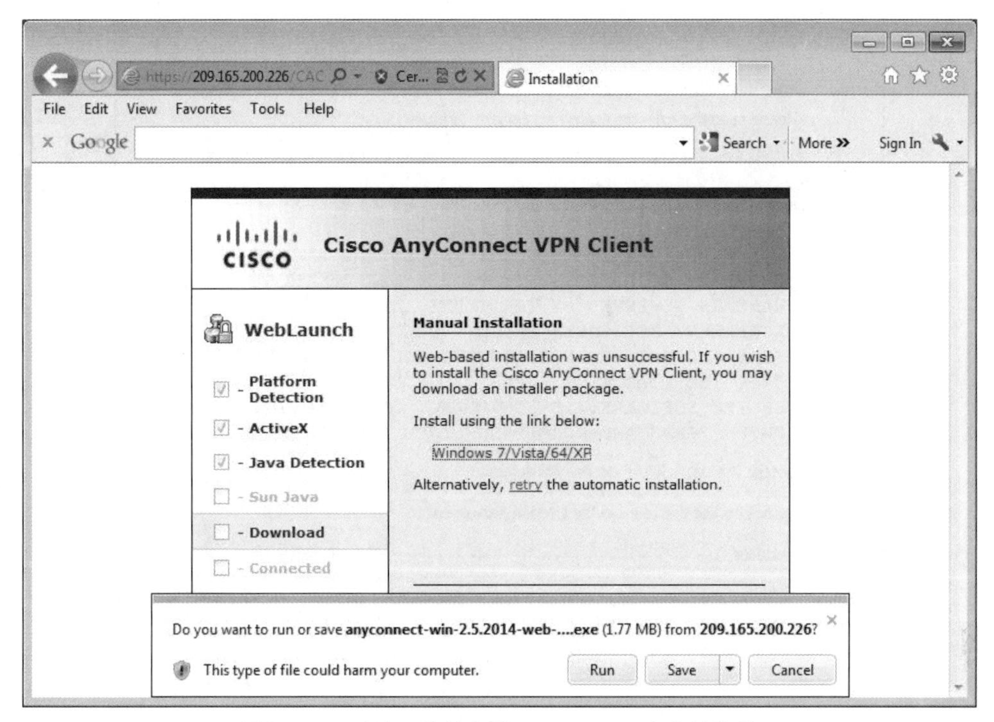

图 10-27　手动下载并安装 AnyConnect 客户端软件

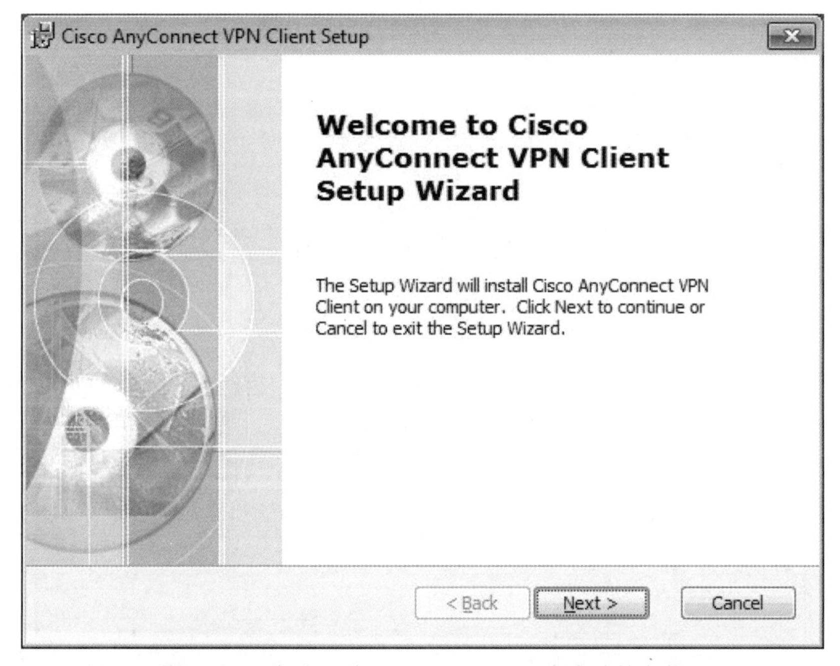

图 10-28　启动思科 AnyConnect VPN 客户端的安装

d．阅读最终用户许可协议。选择 **I accept the terms in the License Agreement**（我接受许可协议条款），然后单击 **Next**（下一步），如图 10-29 所示。

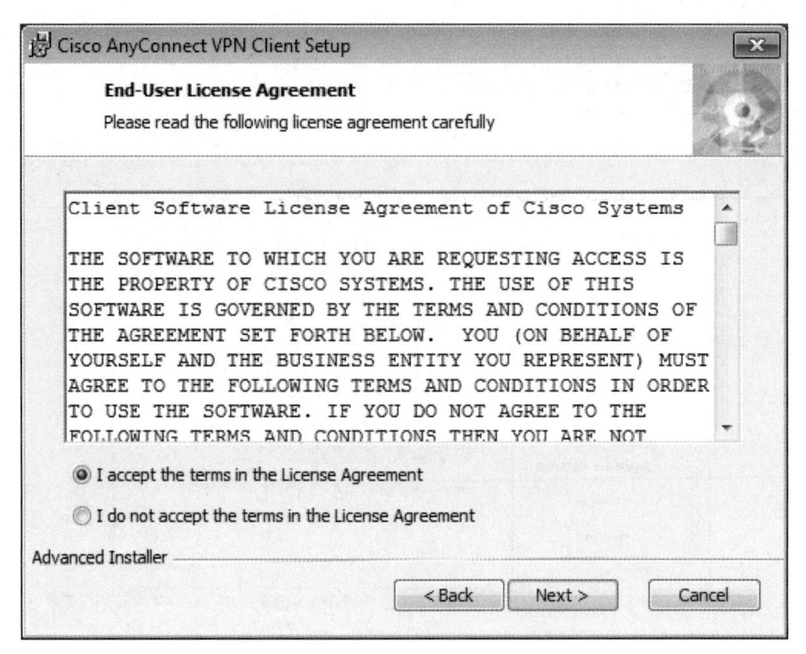

图 10-29　最终用户许可协议

e. 系统显示“Ready to Install”（准备安装）窗口。单击 **Install**（安装）继续，如图 10-30 所示。

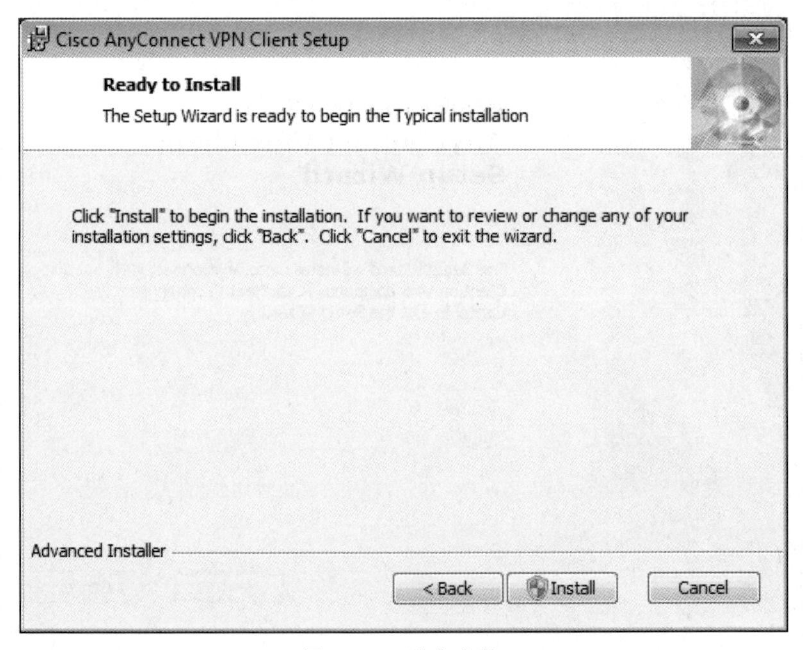

图 10-30　准备安装

注意：如果显示安全警告，请单击 **Yes**（是）以继续。

f. 单击 **Finish**（完成）完成安装，如图 10-31 所示。

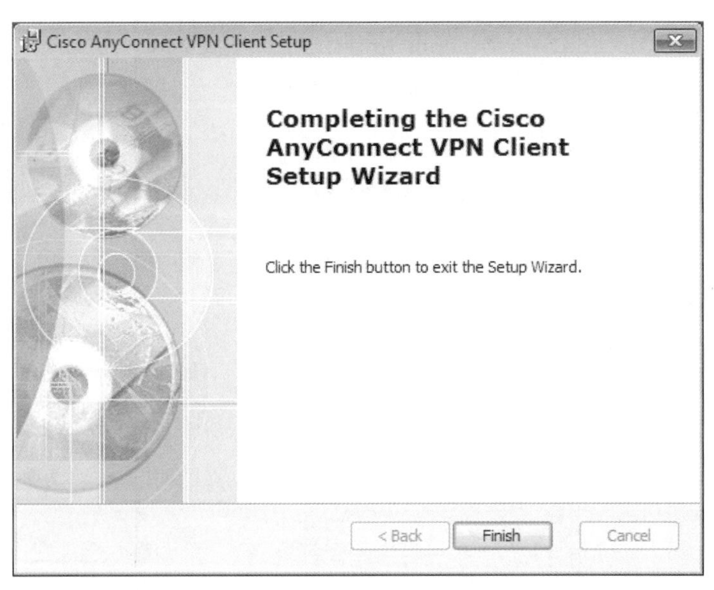

图 10-31　完成安装

第 4 步：建立思科 AnyConnect SSL VPN 连接。

a. 安装思科 AnyConnect VPN 客户端后，单击 **Start**（启动）→**Cisco AnyConnect VPN Client**（思科 AnyConnect VPN 客户端）以手动启动该程序，如图 10-32 所示。

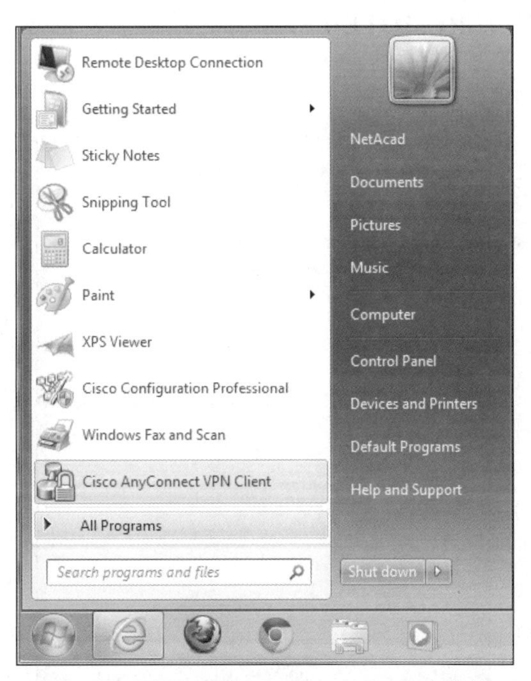

图 10-32　启动思科 AnyConnect VPN 客户端

b. 当系统提示您输入安全网关地址时，在“Connect to”（连接到）字段中，输入 **209.165.200.226**，然后单击 **Select**（选择），如图 10-33 所示。

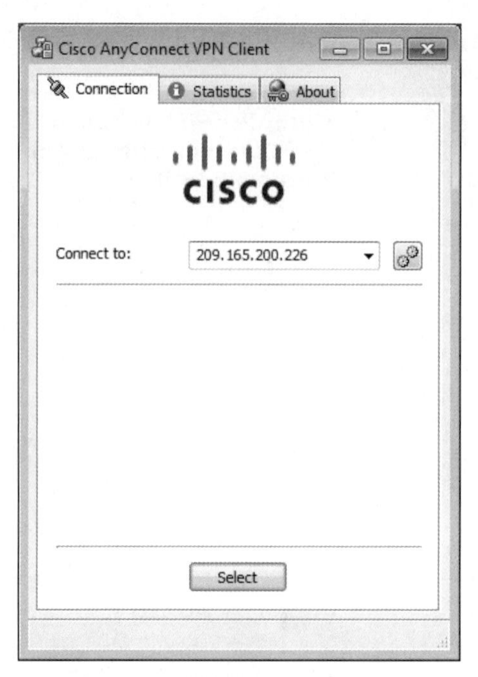

图 10-33　连接到 209.165.200.226

注意：如果显示安全警告，请单击 Yes（是）以继续。

c. 出现提示时，输入 **REMOTE-USER** 作为用户名，输入 **cisco12345** 作为密码，如图 10-34 所示。

图 10-34　输入用户名和密码

第 5 步：确认 VPN 连接。

建立全隧道 SSL VPN 连接后，在系统托盘中将显示一个图标，指示客户端已成功连接到 SSL VPN 网络。

a．双击系统托盘中的 **AnyConnect** 图标将显示连接的统计数据和相关信息。您将能够从这里断开 SSN VPN 会话。**此时请勿**单击 **Disconnect**（断开连接）。

b．单击“Cisco AnyConnect Secure Mobility Client”（思科 AnyConnect 安全移动客户端）窗口左下角的**齿轮图标**，如图 10-35 所示。使用“Virtual Private Network (VPN) - Statistics”[虚拟专用网络（VPN）-统计信息]选项卡右侧的滚动条获取其他连接信息，如图 10-36 所示。

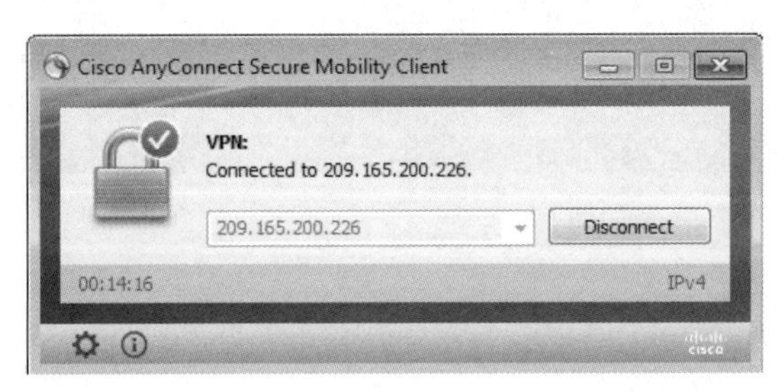

图 10-35　思科 AnyConnect 安全移动客户端

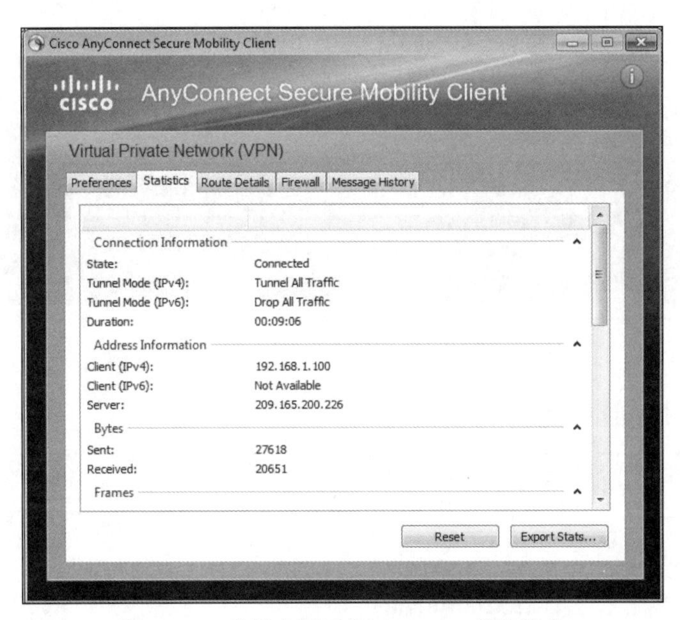

图 10-36　虚拟专用网络（VPN）-统计信息

注意：从 VPN 地址池分配给客户端的内部 IP 地址是 192.168.1.100 ~ 125。

c．在远程主机 PC-C 上的命令提示符后，使用 **ipconfig** 命令验证 IP 地址分配。注意，系统列出了两个 IP 地址。其中一个用于 PC-C 远程主机本地 IP 地址（172.16.3.3），另一个是分配给 SSL VPN 隧道的 IP 地址（192.168.1.100），如图 10-37 所示。

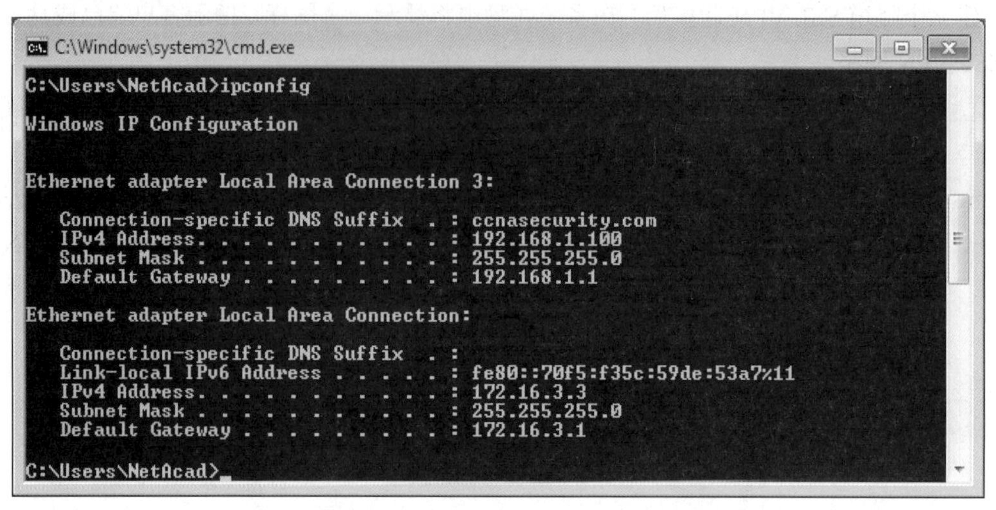

图 10-37　验证 IP 地址分配

d. 在远程主机 PC-C 上，对 PC-B（**192.168.1.3**）执行 ping 操作以验证连接，如图 10-38 所示。

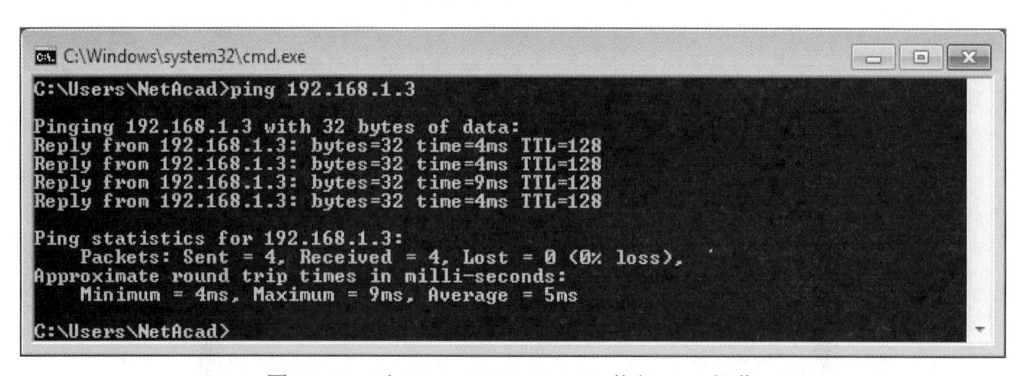

图 10-38　对 PC-B（192.168.1.3）执行 ping 操作

第 6 步：使用 ASDM 监视器查看 AnyConnect 远程用户会话。

注意：未来的 SSL VPN 会话可以通过 Web 门户或安装的思科 AnyConnect SSL VPN 客户端启动。当 PC-C 上的远程用户使用 AnyConnect 客户端登录时，您可以使用 ASDM 监视器查看会话统计信息。

在 ASDM 菜单栏中，单击 **Monitoring**（监控），然后选择 **VPN→VPN Statistics**（VPN 统计信息）→**Sessions**（会话）。单击 **Filter By**（过滤条件）下拉列表并选择 **AnyConnect Client**（AnyConnect 客户端）。您可以看到从 PC-C 登录的 **VPN-User** 会话，ASA 已向其分配了内部网络 IP 地址 192.168.1.100。

注意：您可能需要单击 **Refresh**（刷新）以显示远程用户会话。

任务 2：无客户端 SSL VPN 的配置

1. 任务目的

通过本任务，读者可以掌握：

- 启动 VPN 向导；
- 配置 SSL VPN 用户界面；
- 配置 AAA 用户认证；
- 配置 VPN 组策略；
- 配置书签列表；
- 验证远程主机的 VPN 访问；
- 验证 Web 门户窗口访问。

2. 任务拓扑

本任务所用的拓扑如图 7-1 所示。

本任务的 IP 地址分配见表 7-1。

3. 任务步骤

注意：关于各个路由器和 ASA 的基本配置，本任务不再赘述。

第 1 步：启动 VPN 向导。

使用 PC-B 上的 ASDM，依次单击 **Wizards**（向导）→**VPN Wizards**（VPN 向导）→**Clientless SSL VPN wizard**（无客户端 SSL VPN 向导）。系统将显示 SSL VPN 向导“Clientless SSL VPN Connection”（无客户端 SSL VPN 连接）窗口，如图 10-39 所示。

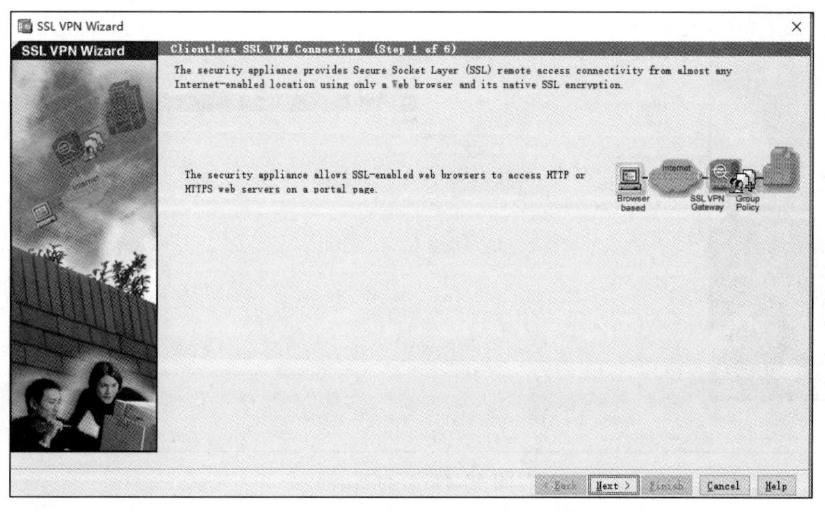

图 10-39　无客户端 SSL VPN 连接

第 2 步：配置 SSL VPN 用户界面。

在“SSL VPN Interface”（SSL VPN 接口）窗口中，配置 **VPN_PROFILE** 作为连接配置文件名称，并指定 **outside** 作为外部用户将连接的接口，如图 10-40 所示。

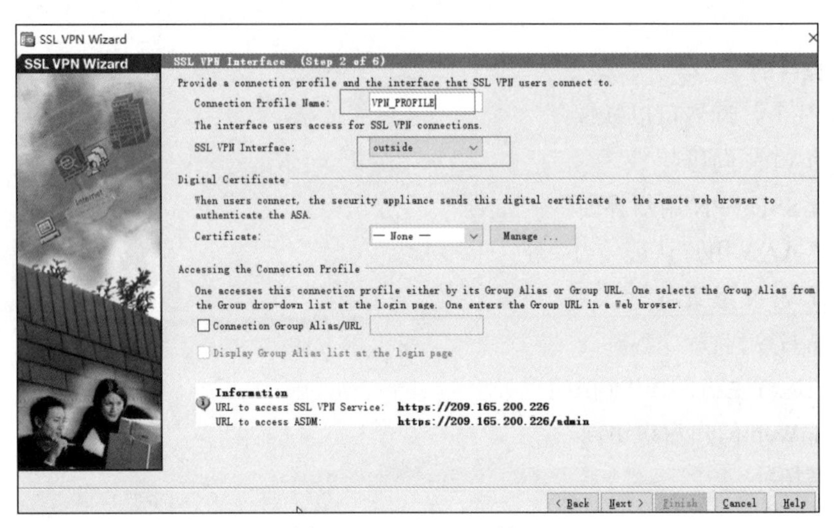

图 10-40　SSL VPN 接口

第 3 步：配置 AAA 用户认证。

在“User Authentication”（用户认证）窗口中，单击 **Authenticate using the local user database**（使用本地用户数据库进行认证），并输入用户名 **VPNuser** 和密码 **Remotepa55**，单击 **Add**（添加）以创建新用户，如图 10-41 所示。

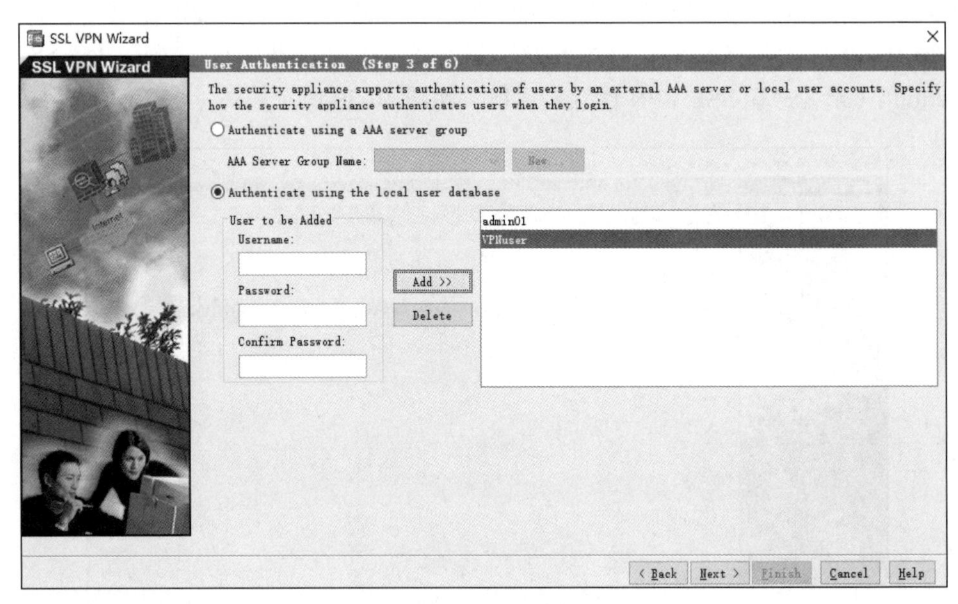

图 10-41　用户认证

第 4 步：配置 VPN 组策略。

在“Group Policy”（组策略）窗口中，创建名为 **VPN_GROUP** 的组策略，如图 10-42 所示。

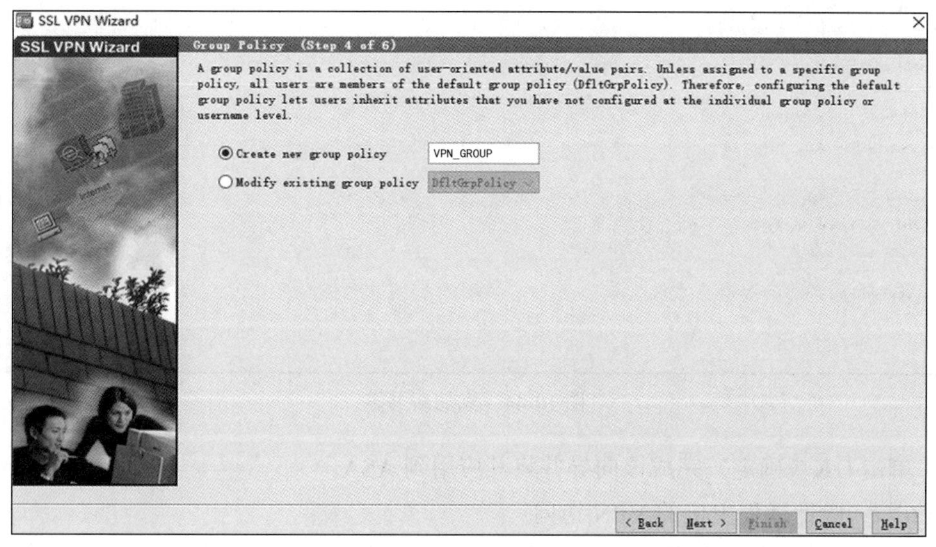

图 10-42　组策略

第 5 步：配置书签列表。

a．在“Clientless Connections Only-Bookmark List”（仅无客户端连接–书签列表）窗口中，单击 **Manage**（管理）以在书签列表中创建 HTTP 服务器书签。在“Configure GUI Customization Objects”（配置 GUI 自定义对象）窗口中，单击 **Add**（添加）以打开“Add Bookmark List”（添加书签列表）窗口。将该列表命名为 **WebServer**，如图 10-43 所示。

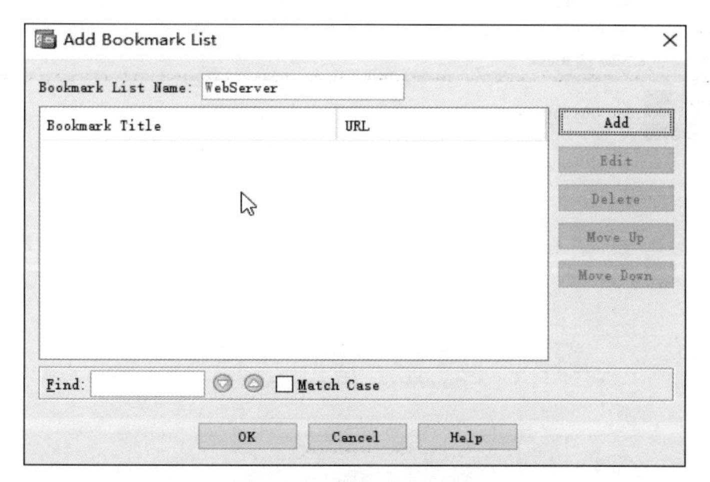

图 10-43　添加书签列表

b. 添加新书签，使用 **Web Mail** 作为书签标题。输入服务器目的 IP 地址 **192.168.1.3**（PC-B

模拟内部 Web 服务器）作为 URL，如图 10-44 所示。

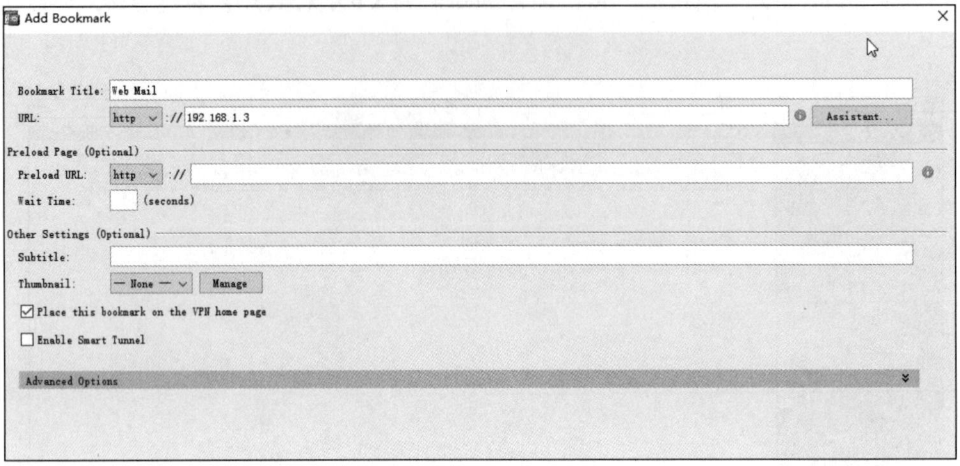

图 10-44　添加新书签

c．单击 **OK**（确定）完成该向导并将其应用到 ASA。

第 6 步：验证远程主机的 VPN 访问。

a. 打开 PC-C 上的浏览器，并在地址字段中输入 SSL VPN 的登录 URL（**https://209.165.200.226**）。由于连接 ASA 需要用到 SSL，请使用安全的 HTTP（HTTPS）。

注意：接受安全通知警告。

b. 系统应显示“Login”（登录）窗口。输入之前配置的用户名 **VPNuser** 和密码 **Remotepa55**，然后单击 **Login**（登录）以继续，如图 10-45 所示。

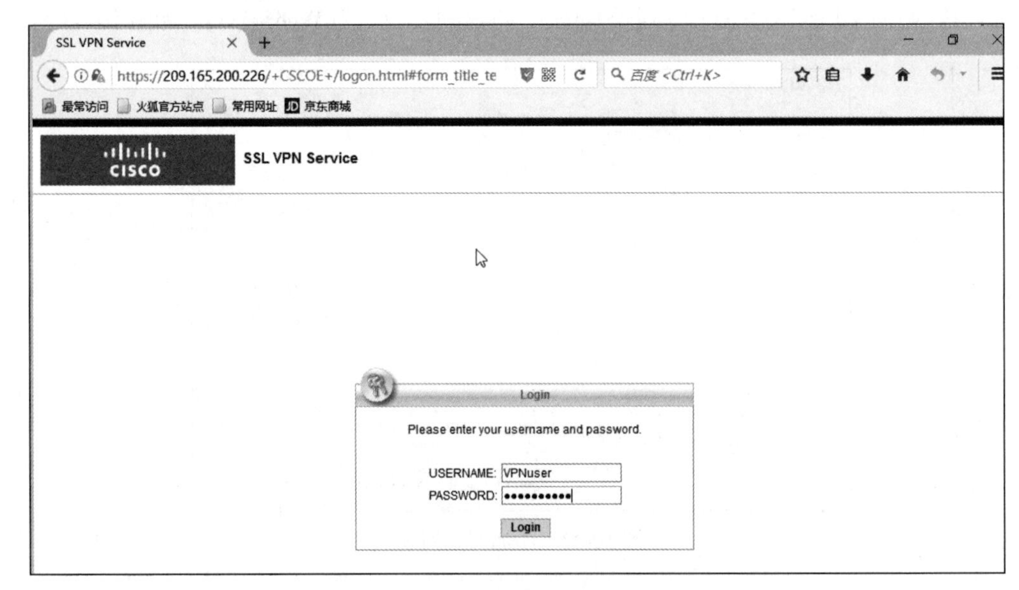

图 10-45　验证远程主机的 VPN 访问

第 7 步：访问 Web 门户窗口。

用户通过认证后，系统将显示 ASA SSL Web 门户网页。此网页列出了之前分配给该配置文件的书签。如果书签指向安装了 HTTP Web 服务且可正常运行的有效服务器的 IP 地址或主机名，则外部用户可以从 ASA 门户访问服务器，如图 10-46 所示。

注意：在本任务中，PC-B 上未安装 Web 邮件服务器。

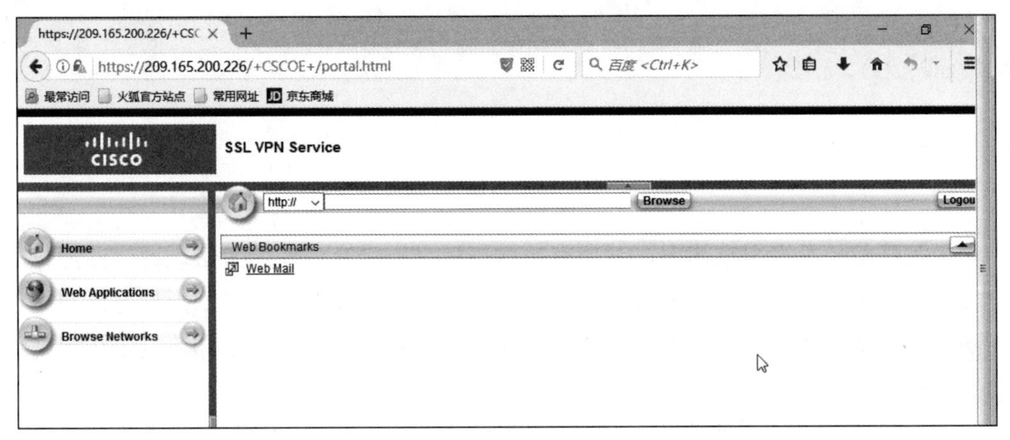

图 10-46　访问 Web 门户窗口

项目十一 构建管理安全的网络

11

安全策略是一家组织机构中，对所有技术与信息资产合法使用者必须遵守的操作准则所定义的正式条款。一套全面的安全策略，至少应该包括标准、基线、指导方针和流程文档，同时各个文档都应该包含策略。总之，安全策略就是一套包含了计算机安全规则详细内容的文档。这些文档的概念如下。

- 标准：顾名思义，指业内公认的一套实践、框架、概念与设计、操作准则，因此标准在安全策略中扮演着定义规范的作用。各行各业都有自己的行业标准，在信息安全管理领域，比较著名的标准包括国际标准化组织（ISO）27002 和 COBIT 2019。在安全策略中，其他部分需要参考标准所定义的准则。同时在信息安全策略中，设计者可以针对不同的具体事项起草具体的标准，比如密码标准、局域网安全标准、用户等。
- 基线：指这个网络或者系统必须满足的安全底线。所以，基线定义了这个网络或系统满足最低程度安全需求的手段，而这个最低程度的安全需求需要在整个组织机构的所有系统中保持一致。比如，一家企业可以定义这样的桌面系统基线，规定所有桌面系统都必须使用某个版本以上的操作系统，或者必须打上某个补丁。
- 指导方针：定义这个网络或者系统的具体最佳实践。也就是说，指导方针应该包含具体的操作方式。指导方针的详细程度介于标准（概括性设计）和流程（细节性设计）之间。从这个角度上看，标准和指导方针的最大区别在于，在部署网络时，指导方针可以当作参考资料，而标准则基本上扮演规范性材料的角色。
- 流程：关于这个网络或者系统的最详细设计方案。它需要对实施人员应该如何实施安全策略，维护人员应该如何监控、保证网络安全，以及用户应该如何安全使用网络这一系列问题，给出系统的规范性指导。所以，流程应该是非常具体的，可以在执行时提供详细指导的安全策略。一套全面的安全策略应该包含提供给实施人员、管理人员和用户的安全策略流程。他们可以利用这份文档了解到这个系统具体的实现/维护/使用方法。

- 策略：这是整个安全策略的基本要素，其中应该涉及应对安全风险的措施。策略并不是一份专门的文档，而是应该贯穿在大量上述文档中。比如，各个安全策略文档都有可能包含局域网安全策略、访问控制策略、入侵防御策略、应用安全策略、设备管理策略、终端用户策略等。

本项目分为 9 个任务，需要完成一个完整的网络安全环境搭建，全面覆盖前面各项目的内容，各个任务需要按照顺序完成。

在任务 1 中，需要创建一份基本的技术安全策略。

在任务 2 中，需要配置基本设备参数。

在任务 3 中，需要使用 CLI 来配置包括 AAA 和 SSH 在内的 IOS 功能，以保护网络路由器的安全；

在任务 4 中，需要在 ISR 上配置 ZPF。

在任务 5 中，需要使用 CLI 配置网络交换机。

在任务 6 中，需要配置 ASA 基本设置和防火墙。

在任务 7 中，需要配置 ASA DM2 服务器、静态 NAT 和 ACL。

在任务 8 中，需要配置无客户端 SSL VPN 远程访问。

在任务 9 中，需要配置站点间 IPSec VPN。

任务 1：安全策略的基本配置

在第 1 个任务中，您将创建网络设备安全指南文档，该文档可作为综合网络安全策略的一部分。该文档用于介绍特定的路由器和交换机安全措施，并说明要在基础设施上实施的安全要求。（补充说明：本项目是个综合项目，任务 2～9 中的任务目的、任务拓扑与任务 1 相同，后文不再重复叙述。）

1．任务目的

通过本任务，读者可以掌握：

- 配置路由器交换机等基本设备；
- 配置安全的路由器管理访问；
- 配置基于区域的策略防火墙；
- 保护网络交换机的安全；
- 配置 ASA 基本设置和防火墙；
- 在 ASA 上配置 DMZ 服务器、静态 NAT 和 ACL；
- 使用 ASDM 配置 ASA 无客户端 SSL VPN 远程访问；
- 配置站点间 IPSec VPN。

2．任务拓扑

本任务所用的拓扑如图 11-1 所示。

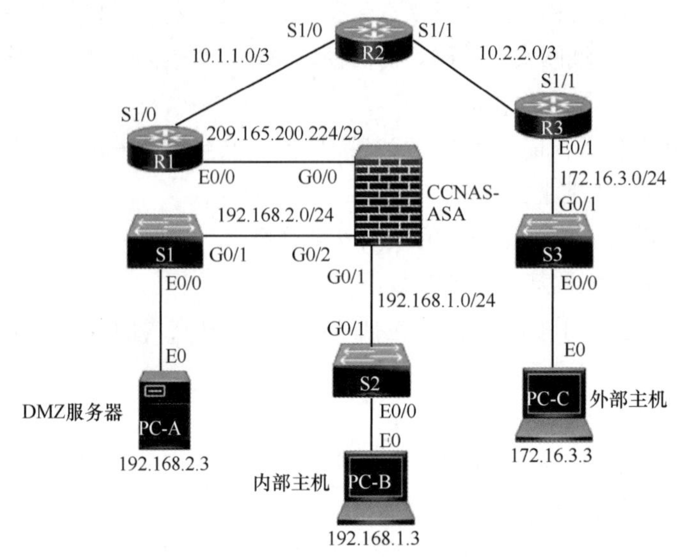

图 11-1　任务拓扑

本任务的 IP 地址分配见表 11-1。

表 11-1　IP 地址分配

设备	接口	IP 地址	子网掩码	默认网关	交换机端口
R1	E0/0	209.165.200.225	255.255.255.248	不适用	ASA G0/0
	S1/0	10.1.1.1	255.255.255.252	不适用	不适用
	环回接口 1	172.20.1.1	255.255.255.0	不适用	不适用
R2	S1/0	10.1.1.2	255.255.255.252	不适用	不适用
	S1/1	10.2.2.2	255.255.255.252	不适用	不适用
R3	E0/1	172.16.3.1	255.255.255.0	不适用	S3 E0/1
	S1/1	10.2.2.1	255.255.255.252	不适用	不适用
S1	G0/1	192.168.2.11	255.255.255.0	192.168.2.1	不适用
S2	G0/1	192.168.1.11	255.255.255.0	192.168.1.1	不适用
S3	G0/1	172.16.3.11	255.255.255.0	172.16.3.1	不适用
ASA	G0/1	192.168.1.1	255.255.255.0	不适用	S2 E0/1
	G0/0	209.165.200.226	255.255.255.248	不适用	R1 E0/0
	G0/2	192.168.2.1	255.255.255.0	不适用	S1 E0/1
PC-A	E0	192.168.2.3	255.255.255.0	192.168.2.1	S1 E0/0
PC-B	E0	192.168.1.3	255.255.255.0	192.168.1.1	S2 E0/0
PC-C	E0	172.16.3.3	255.255.255.0	172.16.3.1	S3 E0/0

3．任务步骤

步骤 1：确定基本网络安全策略的潜在部分。

网络安全策略的作用是解决用户、网络访问、设备访问和其他方面的潜在问题。

步骤 2：创建“网络设备安全指南”文档作为对基本安全策略的补充内容。

第 1 步：回顾之前的 CCNA Security 任务的目标。

a．打开前面的每项任务，并回顾为每项任务列出的目标。

b．将这些目标复制到一个单独的文档中，从这些目标着手，重点关注涉及安全实践和设备配置的目标。

第 2 步：为路由器和交换机的安全创建“网络设备安全指南”文档。

创建要被包含在网络访问和设备安全中的概括性任务列表。该文档应加强并补充基本安全策略中的信息，并基于之前的 CCNA Security 任务的内容以及课程任务拓扑中的网络设备。

> **注意：**“网络设备安全指南”文档不得超过两页，并将作为该任务其余部分中设备配置的基础。

任务 2：设备连通性的配置

第 1 步：建立网络，如图 11-1 所示。连接设备并根据需要进行布线。

第 2 步：为所有路由器配置基本设置，这里以 R1 为例。

a．如图 11-1 所示，配置主机名。

```
Router(config)#hostname R1
```

b．如表 11-1 所示，配置接口 IP 地址。

```
R1(config)#int e0/0
R1(config-if)#ip address 209.165.200.225 255.255.255.248
R1(config-if)#no shutdown
R1(config-if)#int s1/0
R1(config-if)#ip address 10.1.1.1 255.255.255.252
R1(config-if)#no shutdown
R1(config-if)#int loopback 1
R1(config-if)#ip address 172.20.1.1 255.255.255.0
R1(config-if)#no shutdown
```

c．如果使用的路由器并非本任务指定的路由器，则将路由器的串行接口时钟频率配置为 **128000**。

```
R1(config)# interface s1/0
R1(config-if)# clock rate 128000
```

d．禁用每个路由器的 DNS 查找功能。

```
R1(config)# no ip domain-lookup
```

第 3 步：配置 R1 和 R3 上的静态默认路由。

a．配置从 R1 到 R2 以及从 R3 到 R2 的静态默认路由。

```
R1(config)#ip route 0.0.0.0 0.0.0.0 10.1.1.2
R3(config)#ip route 0.0.0.0 0.0.0.0 10.2.2.2
```

b．配置从 R2 到 R1 模拟 LAN（环回接口 1），从 R1 接口 E0/0 到 ASA 子网，以及从 R1 接口 E0/0 到 R3 LAN 的静态路由。

```
R2(config)#ip route 172.20.1.0 255.255.255.0 10.1.1.1
R2(config)#ip route 209.165.200.224 255.255.255.248 10.1.1.1
R2(config)#ip route 172.16.3.0 255.255.255.0 10.2.2.1
```

第 4 步：配置每台交换机的基本设置，这里以 S1 为例。

a．如图 11-1 所示，配置主机名。

```
Switch(config)#hostname S1
```

b．如表 11-1 所示，在每台交换机上配置端口 G0/1 的管理地址。

```
S1(config)#interface g0/1
S1(config-if)#ip address 192.168.2.11 255.255.255.0
S1(config-if)#no shutdown
```

c．分别为 3 台交换机配置 IP 默认网关。

```
S1(config)#ip route 0.0.0.0 0.0.0.0 192.168.2.1
```

d．在每台交换机上禁用 DNS 查找功能。

```
S1(config)#no ip domain-lookup
```

第 5 步：配置计算机主机 IP。

如表 11-1 所示，为每台计算机配置静态 IP 地址、子网掩码和默认网关。

第 6 步：验证 PC-C 和 R1 接口 E0/0 之间的连接，如图 11-2 所示。

```
C:\Users\Administrator>ping 209.165.200.225

正在 Ping 209.165.200.225 具有 32 字节的数据:
来自 209.165.200.225 的回复: 字节=32 时间=18ms TTL=253
来自 209.165.200.225 的回复: 字节=32 时间=18ms TTL=253
来自 209.165.200.225 的回复: 字节=32 时间=18ms TTL=253
```

图 11-2　验证 PC-C 和 R1 接口 E0/0 之间的连接

第 7 步：保存每台路由器和交换机的基本运行配置，以 R1 为例。

```
R1#copy running-config startup-config
```

任务 3：路由器安全管理访问的配置

在本任务中，您将使用 CLI 配置密码和设备访问限制。

步骤 1：配置 R1 和 R3 的参数，此处以 R1 为例。

第 1 步：将最小密码长度配置为 10 个字符。

```
R1(config)# security passwords min-length 10
```

第 2 步：加密明文密码。

```
R1(config)# service password-encryption
```

第 3 步：配置登录警告横幅。

使用当日消息（MOTD）横幅配置向未经授权的用户显示的警告，内容为：**Unauthorized access strictly prohibited and prosecuted to the full extent of the law!**（严禁未经授权的访问，违者将受到法律的严惩！）。

```
R1(config)# banner motd $Unauthorized access strictly prohibited and
prosecuted to the full extent of the law!$
```

第 4 步：配置启用加密密码。

使用 **cisco12345** 作为启用加密密码。使用可用的最强加密类型。

```
R1(config)# enable algorithm-type scrypt secret cisco12345
```

第 5 步：配置本地用户数据库。

创建一个本地用户账户 **admin01**，密码为 **admin01pass**，权限级别为 **15**。使用可用的最强加密类型。

```
R1(config)# username admin01 privilege 15 algorithm-type scrypt secret
admin01pass
```

第 6 步：启用 AAA 服务。

```
R1(config)# aaa new-model
```

第 7 步：使用本地数据库实施 AAA 服务。

创建默认登录认证方法列表。使用区分大小写的本地认证作为第一选项，并使用启用密码作为备份选项，以便在发生与本地认证相关的错误时使用。

```
R1(config)#aaa authentication login default local-case enable
```

第 8 步：配置控制台线路。

配置控制台线路，以在登录时进行权限级别为 15 的访问。设置 **exec-timeout** 值，在非活动状态持续 **15**min 后注销会话。防止控制台消息中断命令的输入。

```
R1(config)#line console 0
R1(config-line)#privilege level 15
R1(config-line)#exec-timeout 15 0
R1(config-line)#logging synchronous
```

第 9 步：配置 VTY 线路。

配置 VTY 线路，以在登录时进行权限级别为 15 的访问。设置 **exec-timeout** 值，在非活动状态持续 **15**min 后注销会话。仅允许使用 SSH 进行远程访问。

```
R1(config-line)#line vty 0 4
R1(config-line)#privilege level 15
R1(config-line)#exec-timeout 15 0
```

```
R1(config-line)#transport input ssh
```

第 10 步：配置路由器以记录登录活动。

a．配置路由器以生成成功和失败登录尝试的系统日志记录消息。配置路由器以记录每次成功登录的消息。配置路由器以记录所有第二次失败登录尝试的消息。

```
R1(config)#login on-success log
R1(config)#login on-failure log every 2
```

b．发出 **show login** 命令。

第 11 步：启用 HTTP 访问。

a．启用 R1 上的 HTTP 服务器，模拟互联网目标，供稍后进行测试。

```
R1(config)#ip http server
```

b．配置 HTTP 认证，以使用 R1 上的本地用户数据库。

```
R1(config)#ip http authentication local
```

步骤 2：在 R1 和 R3 上配置 SSH 服务器，此处以 R1 为例。

第 1 步：配置域名。

配置 **ccnasecurity.com** 的域名。

```
R1(config)#ip domain-name ccnasecurity.com
```

第 2 步：生成 RSA 加密密钥。

配置 RSA 密钥，使用 **1024** 作为模数位数。

```
R1(config)#crypto key generate rsa general-keys modulus 1024
The name for the keys will be: R1.ccnasecurity.com
% The key modulus size is 1024 bits
% Generating 1024 bit RSA keys, keys will be non-exportable...
[OK] (elapsed time was 1 seconds)
R1(config)#
```

第 3 步：配置 SSH 版本。

指定路由器仅接受 **SSH 版本 2** 连接。

```
R1(config)#ip ssh version 2
```

第 4 步：配置 SSH 超时和认证参数。

将默认 SSH 超时和认证参数改为更严格的设置。将 SSH 超时值配置为 **90**s，将认证尝试次数配置为 **2**。

```
R1(config)# ip ssh time-out 90
R1(config)# ip ssh authentication-retries 2
```

第 5 步：验证从 PC-C 到 R1 的 SSH 连接。

a．在 PC-C 上启动 SSH 客户端，输入 R1 接口 S1/0 的 IP 地址（10.1.1.1），如图 11-3 所示。如果 SSH 客户端提示有关服务器主机密钥的安全警报，请单击**是**，如图 11-4 所示。然后以 **admin01** 身份，使用密码 **admin01pass** 登录，如图 11-5 所示。

b．从 PC-C 上的 SSH 会话发出 **show run** 命令。系统应显示 R1 的配置，如图 11-6 所示，此处仅显示部分输出。

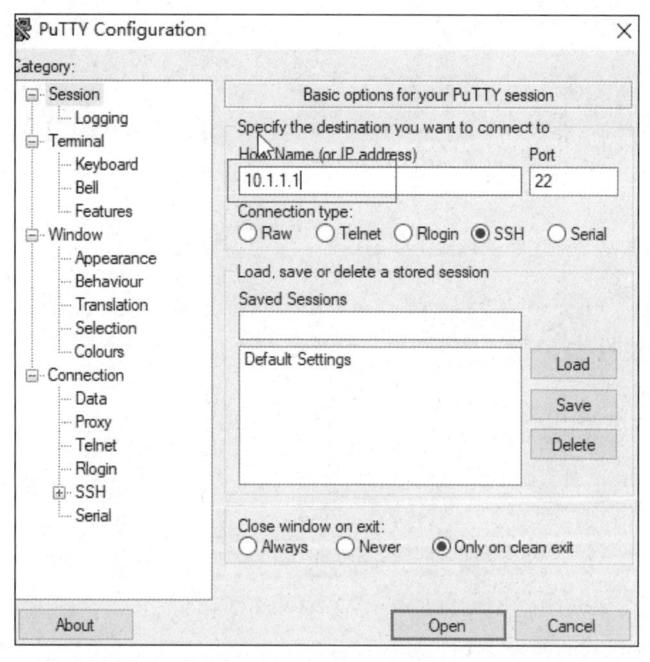

图 11-3 在 SSH 客户端上输入 10.1.1.1

图 11-4 安全警报

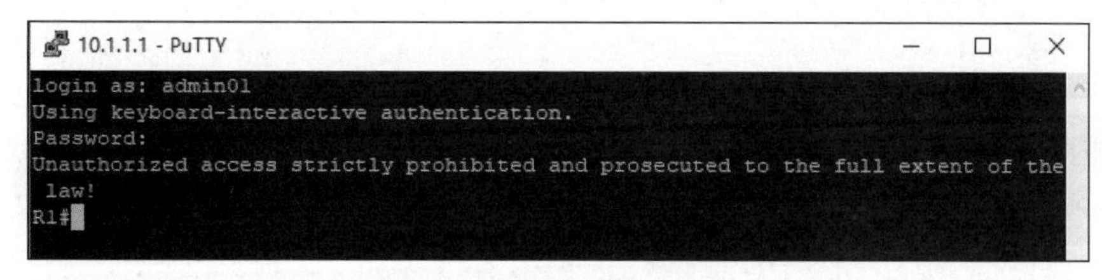

图 11-5 输入用户名和密码

```
R1#show run
Building configuration...

Current configuration : 1988 bytes
!
! Last configuration change at 10:32:59 EET Sun Mar 8 2020
!
version 15.4
service timestamps debug datetime msec
service timestamps log datetime msec
service password-encryption
!
hostname R1
!
boot-start-marker
boot-end-marker
!
!
security passwords min-length 10
enable secret 9 $9$VinUxuwwdvlPI4$osKBwGx9jz8L372lUqBBpeV0F0y4pg9mNLkNwOcUFE6
!
aaa new-model
!
!
aaa authentication login default local-case enable
 --More--
```

图 11-6　显示 R1 的配置

步骤 3：防止登录攻击并保护 R1 上的 IOS 和配置文件。

第 1 步：配置增强的登录安全功能。

如果用户在 30s 的时间范围内两次登录尝试都失败了，请禁用登录 1min。记录所有失败的登录尝试消息。

```
R1(config)#login block-for 30 attempts 2 within 60
R1(config)#login on-failure log
```

第 2 步：保护思科 IOS 映像并存档运行配置的副本。

a．使用 **secure boot-image** 命令可启用思科 IOS 映像恢复功能，而使用 **dir** 和 **show** 命令可隐藏 IOS 映像文件。使用 EXEC 模式命令无法查看、复制、修改或删除 IOS 映像文件。（可以在 ROMMON 模式下查看 IOS 映像文件）

```
R1(config)#secure boot-image
.Feb 11 25:42:18.691:%IOS_RESILIENCE-5-IMAGE_RESIL_ACTIVE: Successfully secured
running image
```

b．使用 secure boot-config 命令将获取路由器运行配置的快照，并将其安全存档在永久存储器（闪存）中。

```
R1(config)# secure boot-config
.Feb 11 25:42:18.691:%IOS_RESILIENCE-5-CONFIG_RESIL_ACTIVE:
Successfully secured config archive [flash: .runcfg-20150211-224218.ar]
```

第 3 步：验证您的映像和配置是否安全。

a．您只能使用 **show secure bootset** 命令来显示存档的文件名。显示配置恢复功能的状态和主 bootset 的文件名。

```
R1# show secure bootset
IOS resilience router id FTX1111W0QF
IOS image resilience version 15.4 activated at 25:40:13 UTC Wed Feb 11
2015 Secure
archive flash: c1900-universalk9-mz.SPA.154-3.M2.bin type is image
(elf) []
  file size is 75551300 bytes, run size is 75730352 bytes
  Runnable image, entry point 0x8000F000, run from ram
IOS configuration resilience version 15.4 activated at 25:42:18 UTC Wed
Feb 11 2015
Secure archive flash: .runcfg-20150211-224218.ar type is config
 configuration archive size 3293 bytes
```

b．在特权 EXEC 模式提示符后，将运行配置保存到启动配置中。

```
R1#copy running-config startup-config
```

第 4 步：将 IOS 和配置文件恢复为默认设置。

您已验证安全 IOS 和配置文件的设置。现在，使用 **no secure boot-image** 和 **no secure boot-config** 命令来恢复这些文件的默认设置。

```
R1# config t
R1(config)# no secure boot-image
.Feb 11 25:48:23.009:%IOS_RESILIENCE-5-IMAGE_RESIL_INACTIVE: Disabled secure
 image archival
R1(config)# no secure boot-config
.Feb 11 25:48:47.972: %IOS_RESILIENCE-5-CONFIG_RESIL_INACTIVE: Disabled
secure config archival [removed flash: .runcfg-20150211-224218.ar]
```

步骤 4：使用 NTP 配置同步时钟源。

R2 将成为 R1 和 R3 的主 NTP 时钟源。

第 1 步：使用思科 IOS 命令设置 NTP 主设备。

R2 是本任务中的主 NTP 服务器。所有其他路由器和交换机直接或间接地从 R2 获知时间。因此，您必须确保 R2 被设置了正确的协调世界时。

a．使用 **show clock** 命令显示路由器上设置的当前时间。

```
R2# show clock
*19:48:38.858 UTC Wed Feb 18 2015
```

b．使用 **clock set** *time* 命令设置路由器上的时间。

```
R2# clock set 20:12:00 Dec 17 2014
*Dec 17 20:12:18.000:%SYS-6-CLOCKUPDATE: System clock has been updated
from 01:20:26 UTC Mon Dec 15 2014 to 20:12:00 UTC Wed Dec 17 2014,
configured from console by admin on console.
```

c．定义通过采用 **md5** 散列算法的认证密钥编号 **1** 和密码 **NTPpassword** 来配置 NTP

认证。密码区分大小写。

```
R2# config t
R2(config)# ntp authentication-key 1 md5 NTPpassword
```

d．配置将用于 R2 上认证的受信任的密钥。

```
R2(config)# ntp trusted-key 1
```

e．启用 R2 上的 NTP 认证功能。

```
R2(config)# ntp authenticate
```

f．在全局配置模式下，使用 **ntp master** *stratum-number* 命令将 R2 配置为 NTP 主设备。层数（stratum-number）表示与原始源的距离。对于本任务，在 R2 上使用层数 **3**。设备从 NTP 源获知时间时，其层数将变得大于其源的层数。

```
R2(config)# ntp master 3
```

第 2 步：使用 CLI 将 R1 和 R3 配置为 NTP 客户端。

a．定义通过采用 **md5** 散列算法的认证密钥编号 **1** 和密码 **NTPpassword** 来配置 NTP 认证。

```
R1(config)# ntp authentication-key 1 md5 NTPpassword
```

b．配置将用于认证的受信任的密钥。此命令可防止意外将设备与不受信任的时钟源同步。

```
R1(config)# ntp trusted-key 1
```

c．启用 NTP 认证功能。

```
R1(config)# ntp authenticate
```

d．将 R1 和 R3 设置为 R2 的 NTP 客户端，使用 **ntp server** *hostname* 命令。使用 R2 的串行 IP 地址作为主机名。在 R1 和 R3 上发出 **ntp update-calendar** 命令，即可根据 NTP 时间定期更新日历。

```
R1(config)# ntp server 10.1.1.2
R1(config)# ntp update-calendar
```

e．使用 **show ntp associations** 命令验证 R1 已与 R2 建立关联。您还可以通过添加 *detail* 参数来使用命令的更详细版本。可能需要等待一段时间才能形成 NTP 关联。

```
R1# show ntp associations
Address    ref clock   st  when  poll reach  delay  offset  disp
~10.1.1.2 127.127.1.1 3     14     64      3  0.000  -280073 3939.7
*sys.peer, # selected, +candidate, -outlyer, x falseticker, ~ configured
```

f．与 R2 建立 NTP 关联后，验证 R1 和 R3 上的时间。

```
R1# show clock
*20:12:24.859 UTC Wed Dec 17 2014
```

步骤 5：在 R3 和 PC-C 上配置系统日志（syslog）支持。

第 1 步：在 PC-C 上安装系统日志服务器。

a．免费下载和安装 jounin.net 的 Tftpd64 软件，它包括 TFTP 服务器、TFTP 客户端以及系统日志服务器和查看器。如果尚未安装 Tftpd64 软件，可从官网下载并将其安装到 PC-C 上。

b. 运行 **Tftpd64.exe** 文件，单击 **Settings**（设置），并确保选中 **Syslog server**（系统日志服务器）复选框。在 SYSLOG（系统日志）选项卡中，可以配置用于保存系统日志消息的文件。关闭设置，在 Tftpd64 主界面中记录服务器接口的 IP 地址，然后选择 **Syslog server**（系统日志服务器）选项卡以将其显示在前台，如图 11-7 所示。

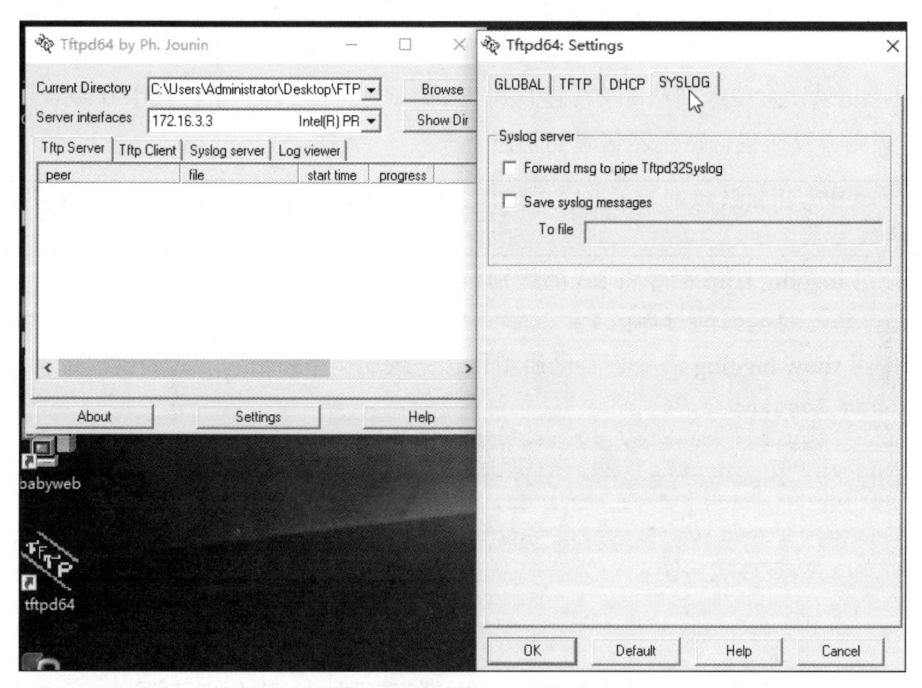

图 11-7　Tftpd64 主界面

第 2 步：配置 R3 以使用 CLI 将消息记录到系统日志服务器中。

a. 通过对 R3 接口 E0/1 的 IP 地址 **172.16.3.1** 执行 ping 操作，验证 R3 和 PC-C 之间是否建立了连接，如图 11-8 所示。如果 ping 操作不成功，请根据需要进行故障排除，然后继续执行其他操作。

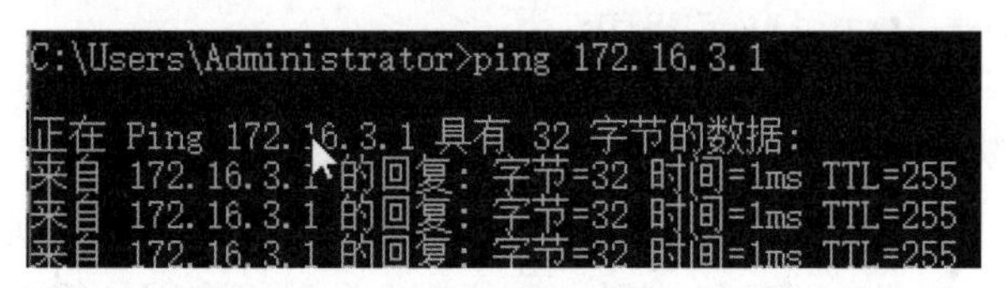

图 11-8　验证 R3 和 PC-C 之间是否建立了连接

b. 在步骤 4 中配置了 NTP 以同步网络上的时间。使用系统日志监控网络时，在系统日志消息中显示正确的时间和日期至关重要。如果不知道消息的正确日期和时间，就很难确定是什么网络事件导致了该消息出现。

使用 **show run** 命令验证在路由器中是否已为日志记录启用时间戳服务。如果未启用时间戳服务，请使用 **service timestamps log datetime msec** 命令。

```
R1(config)# service timestamps log datetime msec
```

c．在路由器上配置 syslog 服务，以发送 syslog 消息到 syslog 服务器。

```
R1(config)# logging host 192.168.1.3
```

第 3 步：在 R3 上配置日志记录的级别。

设置日志记录陷阱可以支持日志记录功能，陷阱是触发日志消息的阈值。调整日志记录消息的级别，可以允许管理员确定将哪种消息发送到系统日志服务器。路由器支持不同级别的日志记录。这些级别从 0（紧急）到 7（调试），一共有 8 个。其中 0 级表示系统不稳定，7 级则会发送包含路由器信息的消息。

注意：系统日志的默认级别为 6（信息性日志记录）。控制台和监控日志记录的默认级别为 7（调试）。

a．使用 **logging trap** 命令将 R3 的级别设为 **4** 级（警告）。

```
R3(config)#logging trap 4
```

b．使用 **show logging** 命令查看已启用日志记录的类型和级别，此处仅显示部分输出。

```
R3#show logging
Syslog logging: enabled (0 messages dropped, 3 messages rate-limited,
0 flushes, 0 overruns, xml disabled, filtering disabled)
No Active Message Discriminator.
No Inactive Message Discriminator.
<output omitted>
```

任务 4：基于区域的策略防火墙的配置

在本任务中，需要使用 CLI 在 R3 上配置 ZPF。

步骤：使用 CLI 在 R3 上配置 ZPF。

a．创建 **INSIDE**（内部）和 **OUTSIDE**（外部）安全区域。

```
R3(config)#zone security INSIDE
R3(config)#zone security OUTSIDE
```

b．创建检查类映射，以匹配允许从 **INSIDE**（内部）区域传送到 **OUTSIDE**（外部）区域的流量。由于信任 **INSIDE**（内部）区域，我们允许所有主要协议。使用 **match-any** 关键字以匹配任何列出的条件，会生成应用的策略。匹配 **TCP**、**UDP** 或 **ICMP** 数据包的命令如下。

```
R3(config)# class-map type inspect match-any INSIDE_PROTOCOLS
R3(config-cmap)# match protocol tcp
R3(config-cmap)# match protocol udp
R3(config-cmap)# match protocol icmp
```

c. 创建名为 **INSIDE_TO_OUTSIDE** 的检查策略映射。将 **INSIDE_PROTOCOLS** 类映射与策略映射绑定。系统将检查 **INSIDE_PROTOCOLS** 类映射匹配的所有数据包。

```
R3(config)# policy-map type inspect INSIDE_TO_OUTSIDE
R3(config-pmap)# class type inspect INSIDE_PROTOCOLS
R3(config-pmap-c)# inspect
```

d. 创建名为 **INSIDE_TO_OUTSIDE** 的区域对，允许来自内部网络的流量流向外部网络，但不允许来自外部网络的流量到达内部网络。

```
R3(config)# zone-pair security INSIDE_TO_OUTSIDE source INSIDE
destination OUTSIDE
```

e. 向该区域对应用策略映射。

```
R3(config)# zone-pair security INSIDE_TO_OUTSIDE
R3(config-sec-zone-pair)# service-policy type inspect INSIDE_TO_OUTSIDE
```

f. 将 R3 接口 E0/1 分配给 **INSIDE**（内部）安全区域，将接口 S1/1 分配给 **OUTSIDE**（外部）安全区域。

```
R3(config-if)#int e0/1
R3(config-if)#zone-member security INSIDE
R3(config-if)#int s1/1
R3(config-if)#zone-member security OUTSIDE
```

g. 使用 show zone-pair security、show policy-map type inspect zone-pair 和 show zone security 命令验证 ZPF 配置。

```
R3#show zone-pair security
Zone-pair name INSIDE_TO_OUTSIDE
    Source-Zone INSIDE  Destination-Zone OUTSIDE
    service-policy INSIDE_TO_OUTSIDE

R3#show policy-map type inspect zone-pair

policy exists on zp INSIDE_TO_OUTSIDE
  Zone-pair: INSIDE_TO_OUTSIDE

  Service-policy inspect : INSIDE_TO_OUTSIDE

    Class-map: INSIDE_PROTOCOLS (match-any)
<output omitted>

R3#show zone security
zone INSIDE
 Member Interfaces:
 Ethernet0/1

zone OUTSIDE
 Member Interfaces:
 Serial1/1
```

任务 5：交换机安全的配置

注意：并不是所有交换机都会配置项目的所有安全功能，但生产网络会在所有交换机上配置所有安全功能。

第 1 步：在 S1 上配置基本安全设置。

a．默认情况下启用对交换机的 HTTP 访问。禁用 HTTP 服务器和 HTTP 安全服务器以阻止 HTTP 访问。将 **cisco12345** 作为启用加密密码，使用可用的最强加密方法。

```
S1(config)# no ip http server
S1(config)# no ip http secure-server
```

b．加密明文密码。

```
R1(config)# service password-encryption
```

c．使用 MOTD 横幅配置向未经授权的用户显示的警告，内容为：“**Unauthorized access strictly prohibited!**”（严禁未经授权的访问!）。

```
R1(config)# banner motd $Unauthorized access strictly prohibited! $
```

第 2 步：在 S1 上配置 SSH 服务器。

a．配置域名。

```
R1(config)#ip domain-name ccnasecurity.com
```

b．在本地数据库中配置用户名 **admin01** 和密码 **admin01pass**。将此用户配置为尽可能具有最高的权限级别。应使用可用的最强加密方法作为密码。

```
R1(config)# username admin01 privilege 15 algorithm-type scrypt secret
admin01pass
```

c．使用 1024 位模数配置 RSA 密钥。

```
R1(config)#crypto key generate rsa general-keys modulus 1024
```

d．启用 SSH 版本 2。

```
R1(config)#ip ssh version 2
```

e．将 SSH 超时值设置为 **90**s，将认证重试次数配置为 **2**。

```
R1(config)# ip ssh time-out 90
R1(config)# ip ssh authentication-retries 2
```

第 3 步：配置控制台和 VTY 线路。

a．配置控制台以使用本地数据库进行登录。如果用户具有最高权限，则在登录时会自动启用特权 EXEC 模式。设置 **exec-timeout** 值，在非活动状态持续 5min 后注销会话。防止控制台消息中断命令的输入。

```
R1(config)#line console 0
R1(config-line)#login local
```

```
R1(config-line)#privilege level 15
R1(config-line)#exec-timeout 5 0
R1(config-line)#logging synchronous
```

b. 将 VTY 线路配置为使用本地数据库进行登录。如果用户具有最高权限，则在登录时会自动启用特权 EXEC 模式。设置 **exec-timeout** 值，在非活动状态持续 5min 后注销会话。允许远程 SSH 访问所有 VTY 线路。

```
R1(config-line)#line vty 0 4
R1(config-line)#login local
R1(config-line)#privilege level 15
R1(config-line)#exec-timeout 5 0
R1(config-line)#transport input ssh
```

第 4 步：配置端口安全并禁用未使用的端口。

a. 在端口 E0/0 上禁用中继。

```
S1(config)# interface e0/0
S1(config-if)# switchport mode access
```

b. 在端口 E0/0 上启用 Portfast。

```
S1(config)# interface e0/0
S1(config-if)# spanning-tree portfast
```

c. 在端口 E0/0 上启用 BPDU 防护。

```
S1(config)# interface e0/0
S1(config-if)# spanning-tree bpduguard enable
```

d. 在端口 E0/0 上应用基本默认端口安全功能。这会将最大 MAC 地址设置为 1，并将违规操作设置为关闭。使用黏性选项，允许将在端口上动态获知的 MAC 地址粘贴到交换机运行配置中。

```
S1(config-if)# switchport port-security
```

e. 禁用 S1 上未使用的端口。

```
S1(config-if)#int e0/2
S1(config-if)#shutdown
```

第 5 步：将环路防护设置为 S1 上所有非指定端口的默认值。

```
S1(config)# spanning-tree loopguard default
```

第 6 步：将运行配置保存到每台交换机的启动配置中。

```
S1#copy running-config startup-config
```

任务 6：ASA 的基本配置

步骤 1：准备用于 ASDM 访问的 ASA。

第 1 步：清除之前的 ASA 配置。

确保ASA之前的配置已经被清除，使用以下代码从闪存中删除**startup-config**文件。

```
ciscoasa(config)# show startup-config
No Configuration
```

第2步：绕过设置模式并使用CLI配置ASDM VLAN接口。

a．进入特权模式。此时，密码应为空（无密码）。

```
ciscoasa> en
Password:
ciscoasa#
```

b．进入全局配置模式。对提示信息回复**n**，以启用匿名报告。

```
Would you like to enable anonymous error reporting to help improve
the product? [Y]es, [N]o, [A]sk later: n
```

c．PC-B将访问ASA接口G0/1上的ASDM。配置接口G0/1并将其命名为**inside**。安全级别应自动被设置为最高级别**100**。指定IP地址**192.168.1.1**和子网掩码**255.255.255.0**。

```
CCNAS-ASA(config)# interface g0/1
CCNAS-ASA(config-if)# nameif inside
CCNAS-ASA(config-if)# ip address 192.168.1.1 255.255.255.0
CCNAS-ASA(config-if)# security-level 100
CCNAS-ASA(config-if)# no shutdown
```

d．预配置接口**G0/0**，将其命名为**outside**，分配IP地址**209.165.200.226**和子网掩码**255.255.255.248**。请注意，系统向outside区域自动分配的安全级别为0。

```
CCNAS-ASA(config)# interface g0/0
CCNAS-ASA(config-if)# nameif outside
INFO: Security level for "outside" set to 0 by default
CCNAS-ASA(config-if)# ip address 209.165.200.226 255.255.255.248
CCNAS-ASA(config-if)# no shutdown
```

e．配置接口G0/2，这是公共访问Web服务器所在的位置。向其分配IP地址**192.168.2.1**，将其命名为**dmz**，并分配安全级别**70**。

```
CCNAS-ASA(config)# interface g0/2
CCNAS-ASA(config-if)# nameif dmz
CCNAS-ASA(config-if)# ip address 192.168.2.1 255.255.255.0
ciscoasa(config-if)# security-level 70
CCNAS-ASA(config-if)# no shutdown
```

f．使用**show interface ip brief**命令显示所有ASA接口的状态。

```
ciscoasa# show interface ip brief
Interface              IP-Address       OK? Method  Status       Protocol
GigabitEthernet0/0     209.165.200.226  YES manual  up           up
GigabitEthernet0/1     192.168.1.1      YES manual  up           up
GigabitEthernet0/2     192.168.2.1      YES manual  up           up
```

g．使用**show ip address**命令显示接口信息。

```
ciscoasa# show ip address
System IP Addresses:
Interface             Name       IP address       Subnet mask      Method
GigabitEthernet0/0    outside    209.165.200.226  255.255.255.248  manual
```

```
GigabitEthernet0/1    inside    192.168.1.1     255.255.255.0   manual
GigabitEthernet0/2    dmz       192.168.2.1     255.255.255.0   manual
Current IP Addresses:
Interface             Name      IP address      Subnet mask     Method
GigabitEthernet0/0    outside   209.165.200.226 255.255.255.248 manual
GigabitEthernet0/1    inside    192.168.1.1     255.255.255.0   manual
GigabitEthernet0/2    dmz       192.168.2.1     255.255.255.0   manual
ciscoasa#
```

第 3 步：配置并验证从内部网络对 ASA 的访问。

a．在 PC-B 上，对 ASA 的内部接口（192.168.1.1）执行 ping 操作，如图 11-9 所示。ping 操作应当会成功。

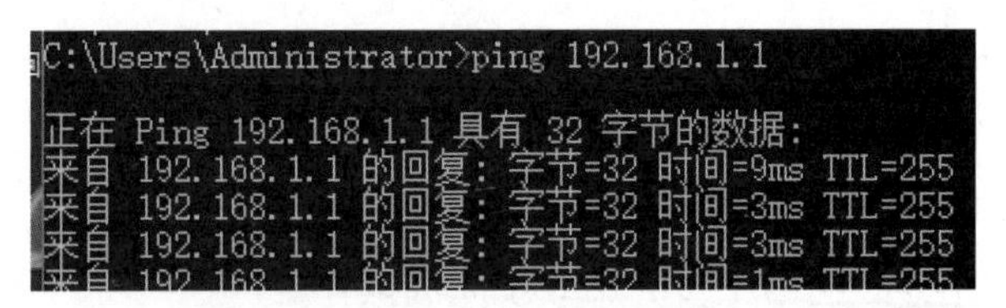

图 11-9　对 ASA 的内部接口（192.168.1.1）执行 ping 操作

b．使用 **http** 命令将 ASA 配置为接受 HTTPS 连接，并允许从内部网络上的任何主机访问 ASDM。

```
CCNAS-ASA(config)# http server enable
CCNAS-ASA(config)# http 192.168.1.0 255.255.255.0 inside
```

c．在 PC-B 上打开浏览器，输入 **https://192.168.1.1** 以测试对 ASA 的 HTTPS 访问，如图 11-10 所示。

图 11-10　测试对 ASA 的 HTTPS 访问

d．在 ASDM-IDM 启动页面中，单击 **Run ASDM**（运行 ASDM）。当系统提示输入用户名和密码时，将它们留空，然后单击 **OK**（确定），如图 11-11 所示。

Cisco ASDM-IDM Launcher v1.8(0)

Cisco ASDM-IDM Launcher

Device IP Address / Name: 192.168.1.1

Username:

Password:

Remember the username of the specified device on this computer

OK　Close

图 11-11　ASDM-IDM 启动页面

步骤 2：使用 ASDM 启动向导配置 ASA 基本参数。

请按照项目八中任务 2 的第 1 步～第 6 步完成操作。

步骤 3：从 ASDM 配置菜单配置 ASA 的参数。

第 1 步：设置 ASA 日期和时间。

在 **Configuration**（配置）→**Device Setup**（设备设置）界面中，单击 **System Time**（系统时间）→**Clock**（时钟）。设置时区、当前日期和时间，并向 ASA 应用命令。

第 2 步：配置 ASA 的静态默认路由。

a. 在 **Configuration**（配置）→**Device Setup**（设备设置）界面中，单击 **Routing**（路由）→**Static Routes**（静态路由）。单击 **IPv4 only**（仅 IPv4）按钮，然后为外部接口添加静态路由。指定网关 IP 为 **209.165.200.225** （R1 接口 E0/0）。向 ASA 添加静态路由，如图 11-12 所示。

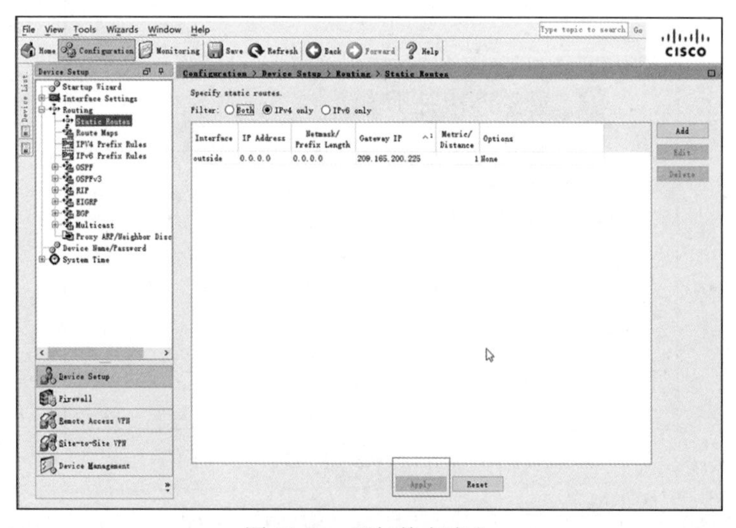

图 11-12　添加静态路由

b．在 **ASDM Tools**（工具）菜单中，选择 **Ping**，然后输入路由器 R1 接口 S1/0 的 IP 地址（**10.1.1.1**）。ping 操作应该会成功，如图 11-13 所示。

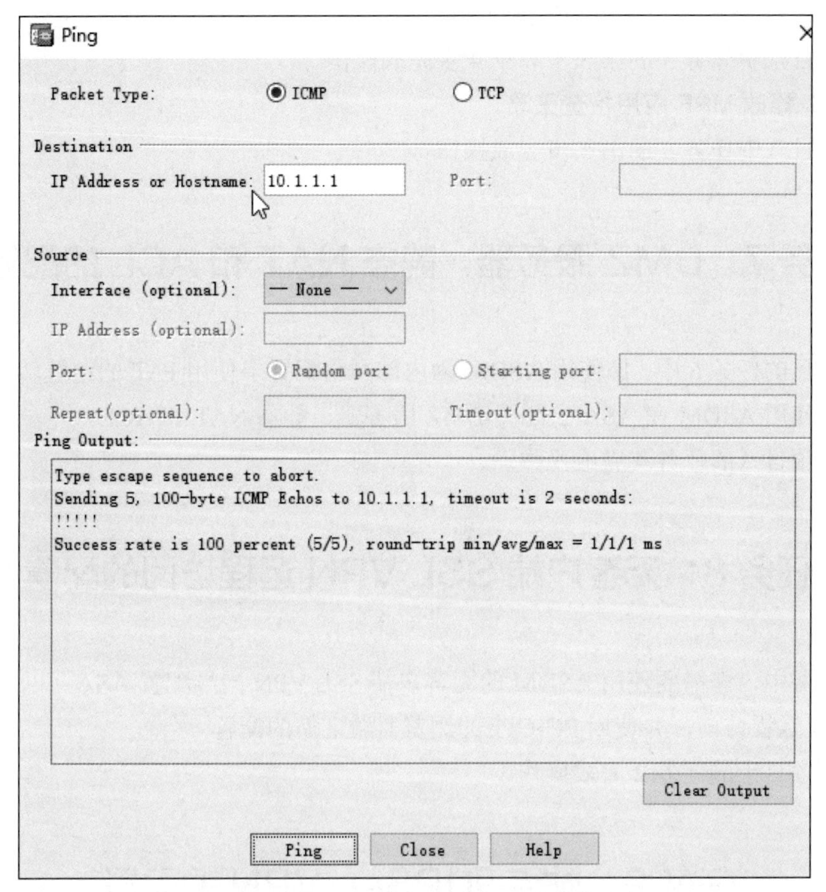

图 11-13　对 10.1.1.1 执行 ping 操作

第 3 步：从 PC-B 测试对外部网站的访问。

在 PC-B 上打开浏览器并输入 R1 接口 S1/0 的 IP 地址（10.1.1.1）以模拟对外部网站的访问。R1 已启用了 HTTP 服务器。R1 的 GUI 设备管理器会通过“需要授权”对话框来提示您，如图 11-14 所示。

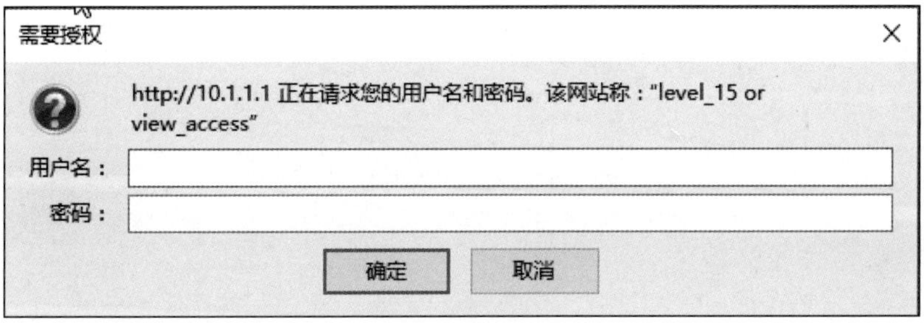

需要授权

http://10.1.1.1 正在请求您的用户名和密码。该网站称："level_15 or view_access"

用户名：

密码：

确定　取消

图 11-14　“需要授权”对话框

注意：您将无法从 PC-B 对 R1 接口 S1/0 执行 ping 操作，这是因为默认的 ASA 应用检查策略不允许来自内部网络的 ICMP。

第 4 步：为 SSH 客户端访问配置 AAA。

按照项目八中任务 3 的第 3 步和第 4 步完成操作。

步骤 4：修改 MPF 应用检查策略。

按照项目八中任务 3 的第 5 步完成操作。

任务 7：DMZ 服务器、静态 NAT 和 ACL 的配置

在本项目的任务 6 中，您使用 ASDM 为内部网络配置了使用 PAT 的地址转换。在本任务中，您将使用 ASDM 在 ASA 上配置 DMZ 服务器、静态 NAT 和 ACL。

请按照项目八的任务 4 完成操作。

任务 8：无客户端 SSL VPN 远程访问的配置

在本任务中，您需要使用 ASDM 的无客户端 SSL VPN 向导配置 ASA，以支持无客户端 SSL VPN 远程访问，并使用 PC-C 上的浏览器验证您的配置。

请按照项目十的任务 2 完成操作。

任务 9：站点间 IPSec VPN 的配置

在本任务中，您需要使用 CLI 在 R3 上配置 IPSec VPN 隧道，并使用 ASDM 的站点间向导在 ASA 上配置 IPSec 隧道的另一端。

请按照项目九完成操作。